U0912671

装备制造大类专业
“AI 赋能与创新”系列教材

液压传动

主　编　吴晓路　刘　彬　李美芳
副主编　齐爱霞　孟朝霞
　　　　陈　霞　吴春旺

中国教育出版传媒集团
高等教育出版社·北京

内容提要

本书根据高等职业教育的教学要求，为适应现代企业对液压技术人才的需求编写而成。全书以 MJ-50 数控车床液压系统贯穿始终，以典型工作任务引导，共分为 9 个项目。通过学习，不仅可以掌握液压传动相关的理论知识，还可以在任务实施的过程中提升解决问题的能力和实践技能。

本书依据液压技术职业岗位能力需求，将理论和实践深度融合，把产业发展的新标准、新规范融入其中，增强了针对性和实用性。书中配有大量数字化教学资源，便于理解和掌握知识。书中设计了 AI 助力任务实施，通过检索并分析相关问题，引导学生运用 AI 技术探索解决专业问题的方法。

本书可作为高等职业院校机电设备类及其他相关专业的教学用书，也可作为岗前培训教材，以及企业专业技术人员的参考工具书。

授课教师如需本书配套的教学课件，请登录“高等教育出版社产品信息检索系统”（https://xuanshu.hep.com.cn/）免费下载。

图书在版编目（CIP）数据

液压传动 / 吴晓路，刘彬，李美芳主编. -- 北京：高等教育出版社，2025. 8. -- ISBN 978-7-04-064539-2

Ⅰ. TH137

中国国家版本馆 CIP 数据核字第 2025E0F612 号

液压传动
YEYA CHUANDONG

策划编辑 张　璋　　责任编辑 张　璋　　封面设计 张志奇　　版式设计 明　艳
责任绘图 于　博　　责任校对 陈　杨　　责任印制 赵　佳

出版发行	高等教育出版社	网　　址	http://www.hep.edu.cn
社　　址	北京市西城区德外大街 4 号		http://www.hep.com.cn
邮政编码	100120	网上订购	http://www.hepmall.com.cn
印　　刷	涿州市星河印刷有限公司		http://www.hepmall.com
开　　本	787 mm × 1092 mm　1/16		http://www.hepmall.cn
印　　张	15.75		
字　　数	330 千字	版　　次	2025 年 8 月第 1 版
购书热线	010-58581118	印　　次	2025 年 8 月第 1 次印刷
咨询电话	400-810-0598	定　　价	46.80 元

本书如有缺页、倒页、脱页等质量问题，请到所购图书销售部门联系调换
版权所有　侵权必究
物 料 号　64539-00

前　言

液压传动课程在机电一体化技术及相关专业的学习中有着重要的作用。现代机电设备是机械、电子、液压等技术融合的产物，而液压技术是机械和电子技术的桥梁，它是机电设备动力传递与控制的关键技术之一，能够提供动力输出和精确控制，是现代机电设备高效、稳定运行的重要保障。

本书以培养具备扎实的液压专业知识和技能、能够适应产业发展需求的高素质技能人才为目标，坚持以党的二十大精神为指引，着力提升学生的职业素养、团队协作精神和社会责任感，组织教材内容。

本书以典型案例 MJ-50 数控车床液压系统为主线，通过逐层分析其液压油的选用、液压元件的选择及拆装、液压基本回路的搭建到液压系统的综合解析，带领学生由浅入深，逐步掌握液压技术的基本知识和实践技能，符合学生认知特点，体现了人才培养模式的改革方向。

全书分为 9 个项目，每个项目均由“项目引入—思维导图—学习目标—理论知识—任务实施—知识拓展—巩固与提高—职业与素养”等环节组成，实现知识、技能和职业素养的有机融合，符合现代职业教育理念。

全书具有以下特点。

1. 围绕企业典型液压案例，设置学习项目和工作任务，每个项目承担不同的学习目标，相对独立又相互关联，可满足项目化的教学需求。从项目引入到任务实施，有效激发学生的学习兴趣和创新潜能。

2. 各项目“职业与素养”部分的内容包括企业管理模式、液压职业素质的培养、液压职业技能提升和液压前沿技术等，在课程中融入企业文化和企业精神，使学生形成良好的职业习惯。

3. 书中加入大量数字化教学资源，所有资源以二维码扫码形式展示，通过可视化的资源，降低学习难度，使复杂的问题变得简单、形象。

4. 书中加入 AI 技术的应用，以 AI 助力教学，从而培养自学能力、创新能力和判断能力。

5. 附录“常用液压元件图形符号”摘自新修订的国家标准 GB/T 786.1—2021《流体传动系统及元件　图形符号和回路图　第 1 部分：图形符号》，书中液压元件和液压回路的图形符号画法也采用了最新标准，对新修订的国家标准理解和应用起到了引导作用。

本书建议教学学时为 64 学时，参考学时分配见下表：

参考学时分配表

<table>
<tr><th>项目</th><th>理论知识</th><th>任务实施</th><th>学时分配</th></tr>
<tr><td>项目一
液压系统认知</td><td>一、液压传动的工作原理
二、液压系统的组成
三、液压系统的图形符号
四、液压传动的优缺点</td><td>任务一　MJ-50 数控车床液压系统的元件组成分析
任务二　认识液压实验台</td><td>4</td></tr>
<tr><td>项目二
液压油的选用</td><td>一、液压油
二、液压传动的基本理论</td><td>任务　MJ-50 数控车床液压系统液压油的选用</td><td>6</td></tr>
<tr><td>项目三
液压动力元件的选用与拆装</td><td>一、液压泵概述
二、齿轮泵
三、叶片泵
四、柱塞泵
五、液压泵的选用</td><td>任务　MJ-50 数控车床液压系统中变量叶片泵的拆装</td><td>8</td></tr>
<tr><td>项目四
液压执行元件的选用与拆装</td><td>一、液压缸
二、液压马达</td><td>任务　MJ-50 数控车床液压系统中液压缸的拆装</td><td>6</td></tr>
<tr><td>项目五
方向控制回路的搭建与调试</td><td>一、液压阀概述
二、方向控制阀
三、方向控制回路</td><td>任务　MJ-50 数控车床液压系统中换向回路的搭建与调试</td><td>8</td></tr>
<tr><td>项目六
压力控制回路的搭建与调试</td><td>一、压力控制阀
二、压力控制回路</td><td>任务　MJ-50 数控车床液压系统中减压回路的搭建与调试</td><td>10</td></tr>
<tr><td>项目七
速度控制回路的搭建与调试</td><td>一、流量控制阀
二、速度控制回路</td><td>任务　MJ-50 数控车床液压系统中调速回路的搭建与调试</td><td>8</td></tr>
<tr><td>项目八
多缸动作回路的搭建与调试</td><td>一、顺序动作回路
二、同步回路
三、多缸快慢速互不干扰回路</td><td>任务　MJ-50 数控车床液压系统中回转刀架顺序动作回路的搭建与调试</td><td>6</td></tr>
<tr><td rowspan="2">项目九
典型液压系统的应用分析</td><td>一、液压系统图的识读
二、MJ-50 数控车床概述
三、MJ-50 数控车床液压系统的工作过程及原理</td><td>任务　MJ-50 数控车床液压系统分析</td><td rowspan="2">8</td></tr>
<tr><td colspan="2">应用案例一　组合机床动力滑台液压系统
应用案例二　液压机液压系统
应用案例三　单斗挖掘机液压系统</td></tr>
<tr><td colspan="3">合计</td><td>64</td></tr>
</table>

本书由吴晓路、刘彬、李美芳担任主编，齐爱霞、孟朝霞、陈霞、吴春旺担任副主编。编者均长期从事高等职业教育相关教学和科研工作，主持和参与了液压系统的维修与应用等多门省级精品课程的建设，有丰富的课程开发和教材开发经验。同时，济南二机床集团有限公司高级工程师赵兵为本书提供技术支持，济南科明数码技术股份有限公司和费斯托（中国）有限公司为本书提供大量素材和技术支持。

由于编者水平有限，书中难免有不足和错漏之处，恳请读者批评指正。

编　者

2025 年 3 月

目　录

引　言

液压传动是一重要且应用广泛的技术领域。它利用液体的压力能来传递动力和运动，具有诸多独特的优势。在工业生产中，液压传动广泛应用于各种机械设备，为其提供强大而精准的动力支持。

数控车床（图 0.1）上的一些动作可以通过液压系统来实现，如动力卡盘的夹紧与松开，尾座套筒的伸出与缩回，刀架的夹紧与转位，以及刀架的快速移动等。

采用液压系统的数控车床主要有三大优势：可以提高车床工作效率；可以保证车床的稳定性；可以配合数控系统，实现加工的自动化，提高生产加工的效率和精度。

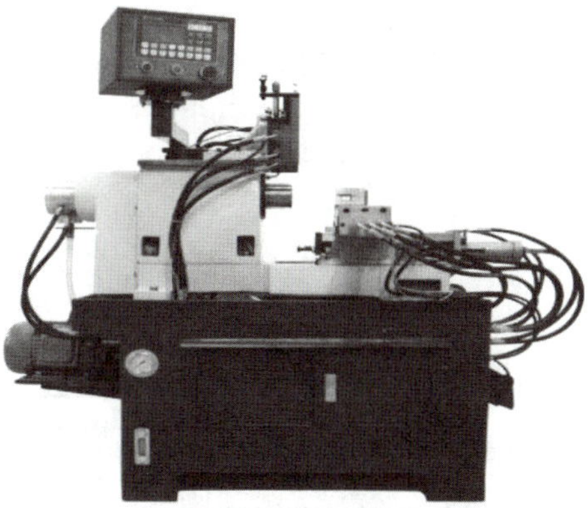

图 0.1　数控车床

在 MJ-50 数控车床中（图 0.2），动力卡盘的夹紧与松开、动力卡盘夹紧力的高低压转换、回转刀架的松开与夹紧、回转刀架的正转与反转、尾座套筒的伸出与缩回等运动，都是由液压系统驱动的。

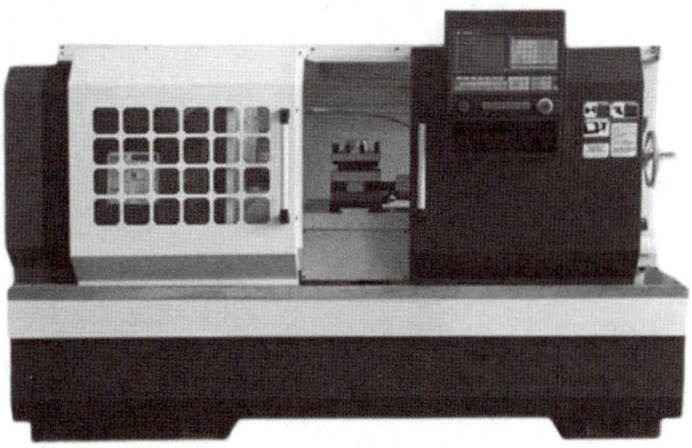

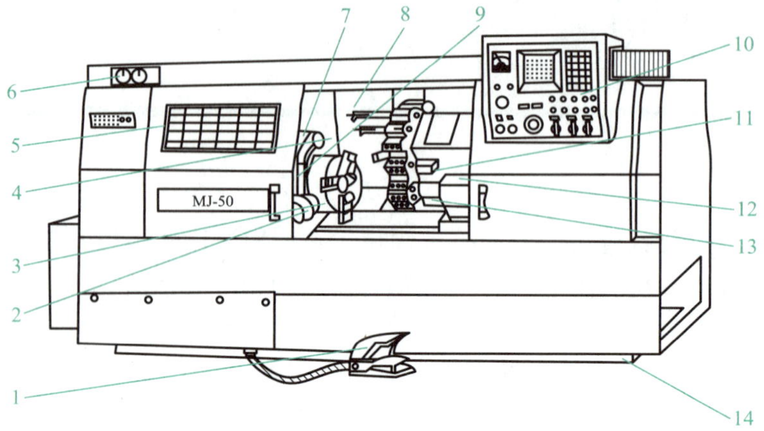

1—脚踏开关；2—对刀仪；3—动力卡盘；4—主轴箱；5—机床防护门；6—压力表；
7—对刀仪防护罩；8—导轨防护罩；9—转臂；10—操作面板；11—回转刀架；
12—尾座；13—滑板；14—床身

图 0.2 MJ-50 数控车床

本书将以 MJ-50 数控车床液压系统为载体，通过逐层分析其液压元件的选用、基本回路的搭建及液压系统的综合解析，带领大家一起学习液压传动。

思维导图

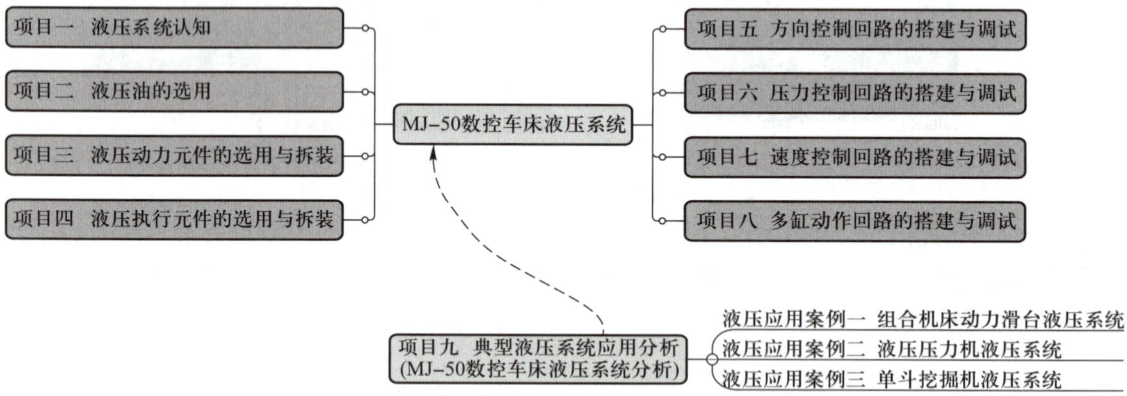

项目一　液压系统认知

项目引入

液压传动是以液体为工作介质进行能量传递和转换的一种传动形式。液压传动有诸多突出的优点，应用非常广泛。分析 MJ-50 数控车床液压系统中的液压元件有哪些，它们在液压系统中分别起到什么作用。

思维导图

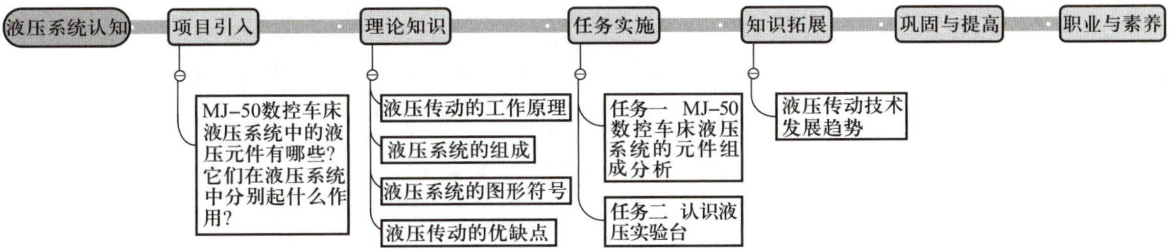

学习目标

1. 掌握液压传动的基本原理。
2. 掌握液压系统的组成及各部分作用。
3. 认识液压元件的图形符号。
4. 了解液压传动的特点。

理论知识

一、液压传动的工作原理

液压传动是以液体作为工作介质并以压力能的方式来进行能量传递和控制的一种传动形式。液压传动和气压传动称为流体传动，是根据 17 世纪帕斯卡提出的液体静压力传动原理而发展起来的一门技术。如今，液压与气动技术已经在一般机械加工、工程机械、农业机械、汽车制造、水利工程、军事领域、工业机器人等行业得到广泛应用（图 1.1）。其中，液压传动的应用见表 1-1。

图 1.1　液压与气动技术应用实例

表 1-1　液压传动的应用

行业领域	应用实例
一般工业	塑料加工机械、压力机械、机床等
行走机械	工程机械、建筑机械、农业机械、汽车等
土木水利工程	防洪闸门及堤坝装置、河床升降装置、桥梁操纵机构等
发电厂	涡轮机调速装置、核发电厂等
船舶	甲板起重机械（绞车）、船头门、舱壁阀、船尾推进器等
特殊技术	巨型天线控制装置、测量浮标、升降旋转舞台等
军事工业	火炮操纵装置、船舶减摇装置、飞行器仿真、飞机起落架的收放装置和方向舵控制装置等

液压千斤顶是一个简单而典型的液压传动装置，下面以它为例简述液压传动的工作原理。图 1.2 所示为液压千斤顶及其工作原理图，由图（b）可知，大缸体 9 和大活塞 8 组成举升液压缸；杠杆手柄 1、小缸体 2、小活塞 3、单向阀 4 和 7 组成手动液压泵。液压千斤顶的工作过程如下：

1）当提起杠杆手柄 1 使小活塞 3 向上移动时，小活塞下端油腔容积增大，形成局部真空，此时单向阀 4 被打开，通过吸油管 5 从油箱 12 中吸油。

2）当压下杠杆手柄 1 时，小活塞 3 下移，小活塞下腔压力升高，单向阀 4 关闭，单向阀 7 被打开，下腔的油液经管道 6 流入大缸体 9 的下腔，使大活塞 8 向上移动，从而顶起重物。再次提起杠杆手柄 1 吸油时，单向阀 7 自动关闭，使油液不能倒流，从而保证了重物不会自行下落。

3）往复扳动杠杆手柄 1，就能不断地将油液压入举升液压缸下腔，使重物逐步升起。

4）工作完成后，打开截止阀 11，举升缸下腔的油液通过管道 10、截止阀 11 流回油箱，大活塞 8 在重物和自重作用下回到初始位置。

通过以上液压千斤顶工作过程的分析，液压传动的工作原理可以概括为：

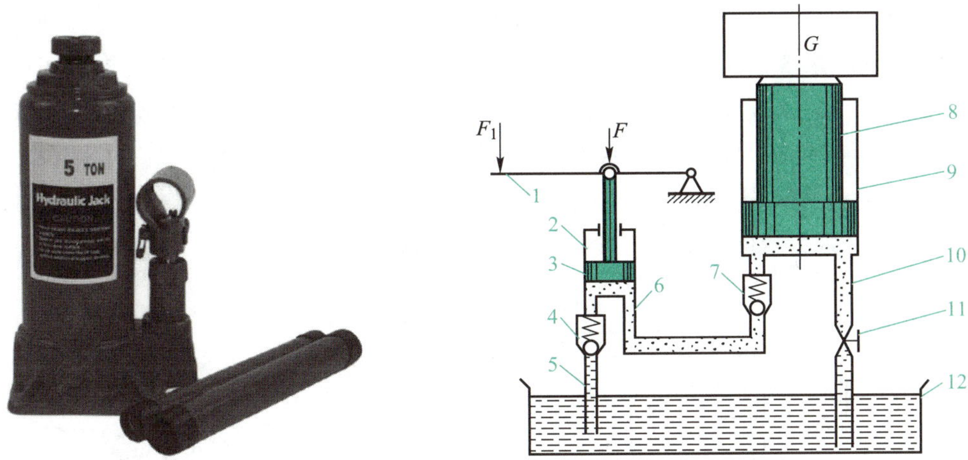

(a) 实物图　　(b) 工作原理图

1—杠杆手柄；2—小缸体；3—小活塞；4、7—单向阀；5—吸油管；6、10—管道；
8—大活塞；9—大缸体；11—截止阀；12—油箱

图 1.2　液压千斤顶及其工作原理图

1）液压传动是以液体为工作介质来传递运动和动力的，并且在传递的过程中实现了两次能量转换：先把机械能转换为压力能，再把液体的压力能转换为机械能对外做功。

2）油液需在密封系统中传递，并且密封容积要有变化。

二、液压系统的组成

图 1.3 所示为一平面磨床，其液压系统更为全面，通过这个系统，可以更清晰地了解液压系统的组成。

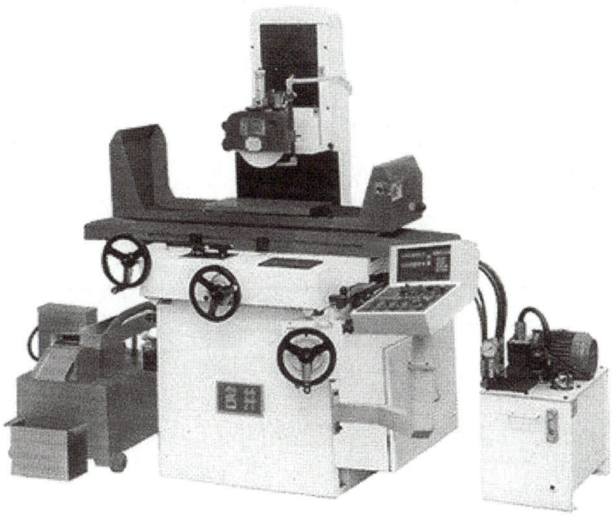

图 1.3　平面磨床

图 1.4 所示为平面磨床工作台的液压系统工作原理图。油液由油箱 1 经滤油器 2 被吸入液压泵 3，液压泵 3 输出的压力油经节流阀 5、换向阀 6 进入液压缸 7 的左腔（或右腔），液压缸 7 右腔（或左腔）的油液则经换向阀 6 流回油箱 1，此时工作台 9 随液压缸 7 中的活塞 8 实现向右（或向左）移动。当换向阀处于中位时，工作台停止运动。工作台实现往复运动时，其速度由节流阀 5 调节，克服负载所需的工作压力则由溢流阀 4 控制。图 1.4（a）、（b）、（c）所示分别为换向阀处于三个工作位置时，阀口 P、T、A、B 的接通情况。

平面磨床工作台的液压系统工作原理

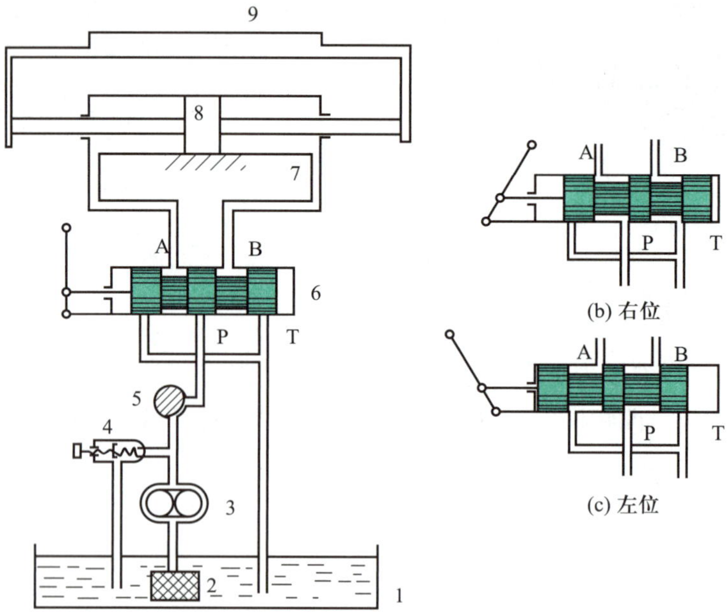

(a) 中位　(b) 右位　(c) 左位

1—油箱；2—滤油器；3—液压泵；4—溢流阀；5—节流阀；6—换向阀；7—液压缸；8—活塞；9—工作台

图 1.4　平面磨床工作台的液压系统工作原理图

通过分析平面磨床工作台的工作过程可知，一个完整的液压系统应由动力元件、执行元件、控制元件、辅助元件及工作介质等部分组成，见表 1-2。

表 1-2　液压系统组成

组成部分	功用	举例
动力元件	将机械能转换为液体的压力能	液压泵
执行元件	将液体的压力能转换为机械能	液压缸、液压马达
控制元件	控制液体的压力、流量和方向，以保证执行元件完成预期的动作要求	方向阀、压力阀、流量阀等
辅助元件	起连接、储油、过滤、测量等作用	油管、油箱、滤油器、压力表等
工作介质	传递运动的媒介	液压油

三、液压系统的图形符号

如图 1.4 所示的液压系统工作原理图较直观、容易理解，但其图形较复杂，难以绘制。在实际工作中，常用图形符号来绘制液压系统图，如图 1.5 所示。图形符号不表示元件的具体结构，只表示元件的功能，使系统图简化，原理简单明了，便于阅读、分析、设计和绘制。

平面磨床工作台的液压系统图

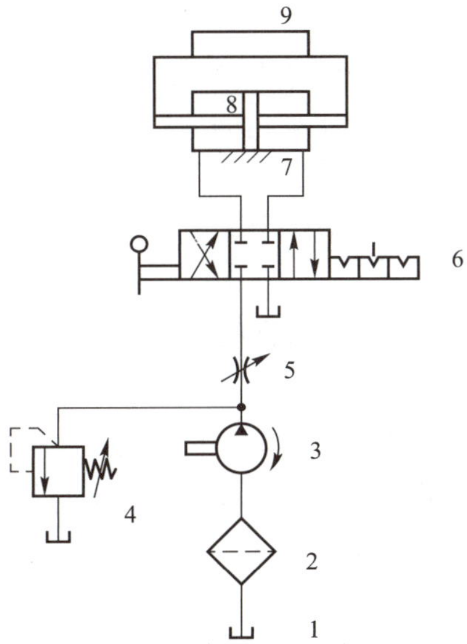

1—油箱；2—滤油器；3—液压泵；4—溢流阀；5—节流阀；6—换向阀；
7—液压缸；8—活塞；9—工作台

图 1.5　平面磨床工作台的液压系统图

液压元件图形符号主要遵循 GB/T 786.1—2021《流体传动系统及元件　图形符号和回路图　第 1 部分：图形符号》（常用液压元件图形符号见附录），其具体要求包括：

1）标准中规定的液压元件图形符号，主要用于绘制液压系统图。

2）液压元件图形符号一般应以元件的静态或零位来表示，但当组成系统的动作另有说明时可作例外。

3）图形符号只表示元件的职能和连接系统的通路，不表示元件的具体结构和参数，也不表示系统管路的具体位置和元件的安装位置。

4）除有方向性的元件图形符号（如油箱和仪表等）外，图形符号可根据具体情况水平或垂直绘制。

5）元件的名称、型号和参数一般应在液压系统图的表中标明，必要时可标注在元件图形符号旁边。

6）标准中未规定的图形符号，可根据标准的原则和所列图例的规律性进行派生。当无法直接引用和派生时，允许局部采用结构简图表示。特殊液压元件若无法采用图形符号表达时，亦可以采用结构简图表示。

7）元件图形符号的大小以清晰、美观为原则，根据图样幅面的大小斟酌规划，但应保证图形符号本身的比例。

这些图形符号的规定有助于确保液压系统图的规范性、准确性和可读性，方便液压技术人员进行交流、设计、分析和维护液压系统。

四、液压传动的优缺点

液压传动与机械传动、电气传动相比有以下主要优点：

1）体积小、质量轻，如同功率液压马达的质量只有电动机的 10%～20%。因此，其惯性力较小，当液压传动突然过载或停车时，不会发生大的冲击。

2）能在给定范围内平稳地自动调节牵引速度，并可实现无级调速，且调速范围最大可达 2 000（一般为 100）。

3）换向容易，在不改变电动机旋转方向的情况下，可以较方便地实现工作机构旋转和直线往复运动的转换。

4）液压泵和液压缸或马达之间用油管连接，在空间布置上彼此不受严格限制。

5）由于工作介质为油液，元件相对运动的表面之间能自行润滑，故磨损小，使用寿命长。

6）操纵控制简便，自动化程度高。

7）容易实现过载保护。

8）液压元件实现了标准化、系列化、通用化，便于设计、制造和使用。

液压传动也存在如下缺点：

1）液压传动的维护要求高，液压油要始终保持清洁。

2）液压元件的制造精度要求高，制造工艺复杂，成本较高。

3）液压元件的维修较复杂，且维修人员须有较高的技术水平。

4）液压传动对油温变化较敏感，油温会影响它的工作稳定性。因此，液压传动不宜在很高或很低的温度下工作，一般工作温度在 −15～60 ℃范围内较合适。

5）在能量转化的过程中，特别是在节流调速系统中，液压传动的压力大，流量损失大，故系统效率较低。

6）液压传动中的泄漏和液体的可压缩性，使这种传动无法保证严格的传动比。

任务实施

任务一　MJ-50 数控车床液压系统的元件组成分析

图 1.6 所示为 MJ-50 数控车床液压系统图，对照附录中的常用液压元件图形符号，分析其中包含哪些元件、它们属于液压元件的哪一种类型，以及其在液压系统中所起到的作用。

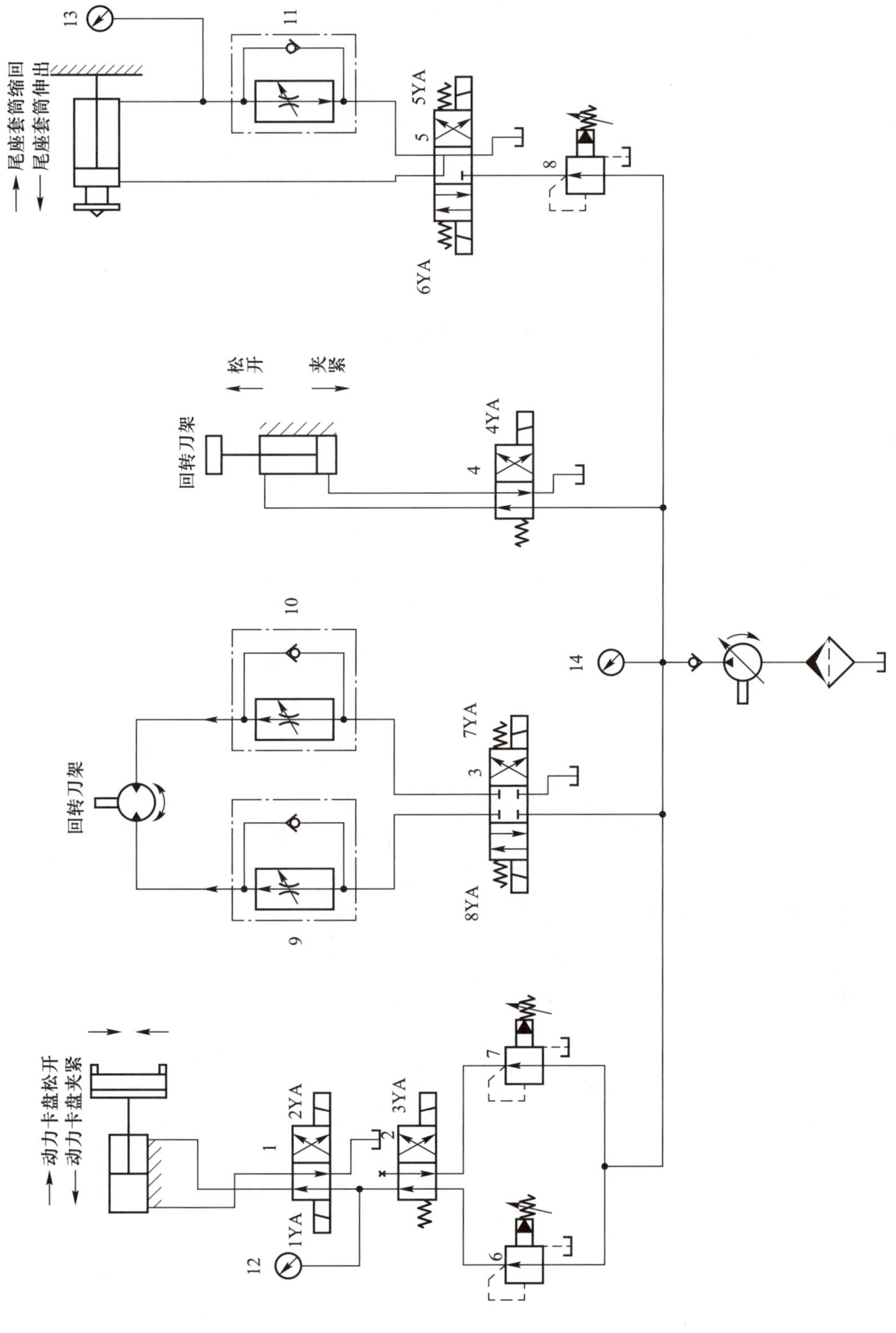

图 1.6 MJ-50 数控车床液压系统图

一、实施流程

（一）实施准备

MJ-50数控车床液压系统满足规定的工况要求，能够完成工作循环：动力卡盘夹紧工件—尾架套筒伸出顶住工件—回转刀架回转选刀加工。这种型号数控车床的液压系统由三个工作机构组成，每个组成部分都有自己的工作形式：动力卡盘能够夹紧与松开；回转刀架可以正向转动与反向转动，并可松开与夹紧；尾座套筒可以伸出与缩回。

（二）实施步骤（表1-3）

表1-3 工作任务单

工作任务	认识MJ-50数控车床液压系统的组成
任务描述	分组对MJ-50数控车床液压系统图进行分析，说出该系统中各元件的名称，简述其在液压系统中属于哪个组成部分及其作用
任务要求	1）掌握液压传动的工作原理； 2）掌握液压系统的组成； 3）认识液压元件图形符号； 4）能说出MJ-50数控车床液压系统中各元件的名称； 5）能简述各元件在液压系统中属于哪个组成部分及其作用
提交成果	液压动力元件、执行元件、控制元件、辅助元件清单

（三）AI助力

利用AI提问，判断AI描述内容的正误并把正确的答案填写在表1-4中。

问题1：液压传动的工作原理是什么？

问题2：液压系统由哪些部分组成？各部分分别有什么作用？

问题3：在国家标准GB/T 786.1—2021中，主要液压元件的图形符号是怎样表示的？

问题4：MJ-50数控车床液压系统需要实现哪些动作循环？

问题5：参考国家标准图形符号，分析MJ-50数控车床液压系统中包括哪些液压元件？它们属于液压系统组成部分中的哪一类？

表1-4 AI助力任务实施

序号	内容描述	
问题1		
问题2	组成部分	作用

续表

<table>
<tr><td>序号</td><td colspan="2">内容描述</td></tr>
<tr><td rowspan="5">问题 2</td><td>组成部分</td><td>作用</td></tr>
<tr><td></td><td></td></tr>
<tr><td></td><td></td></tr>
<tr><td></td><td></td></tr>
<tr><td></td><td></td></tr>
<tr><td>问题 3</td><td colspan="2"></td></tr>
<tr><td>问题 4</td><td colspan="2"></td></tr>
<tr><td rowspan="8">问题 5</td><td>元件名称</td><td>所属类别</td></tr>
<tr><td></td><td></td></tr>
<tr><td></td><td></td></tr>
<tr><td></td><td></td></tr>
<tr><td></td><td></td></tr>
<tr><td></td><td></td></tr>
<tr><td></td><td></td></tr>
<tr><td></td><td></td></tr>
</table>

二、任务评价（表 1–5）

表 1–5　实践考核评价单

姓名		班级		组别		日期	

序号	考核内容	小组评价（50%）	教师评价（50%）	总评
1	遵守纪律（10 分）			
2	能叙述液压传动的工作原理（20 分）			
3	能正确说出 MJ–50 数控车床液压系统中各元件的名称（20 分）			
4	能简述各元件在液压系统中属于哪个组成部分及其作用（20 分）			
5	能完整列出元件清单（30 分）			

任务二 认识液压实验台

学习实训室安全操作规程，了解实验台的组成及安全操作步骤，认识实验台中的液压元件，能在实验台找出 MJ-50 数控车床液压系统中对应的元件实物，做好 6S 管理工作。

一、实施流程

（一）实施准备

1）液压实验台。

2）液压元件：见液压系统图（图 1.6）。

（二）实施步骤（表 1-6）

表 1-6 工作任务单

工作任务	认识液压实验台
任务描述	学习实训室安全操作规程及实验台安全操作步骤，认识实验台中的液压元件，能在实验台找出 MJ-50 数控车床液压系统中对应的元件实物
任务要求	1）掌握实训室安全操作规程； 2）了解实验台的组成及安全操作步骤（表 1-7）； 3）认识实验台中的液压元件（图 1.7）； 4）认识 MJ-50 数控车床液压系统中的元件； 5）做好 6S 管理工作
提交成果	在实验台中找出 MJ-50 数控车床液压系统中对应的元件实物，并列出清单

表 1-7 实验台安全操作步骤

序号	图示	步骤	序号	图示	步骤
1	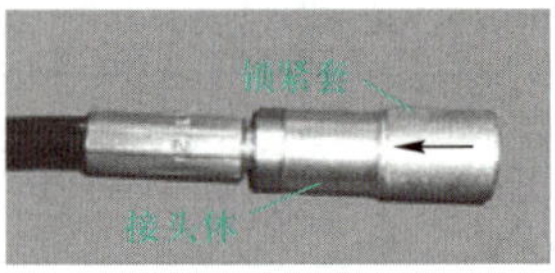 油管接头	连接有关接头时，需要将锁紧套和接头体连接紧密。锁紧套可以沿接头体按箭头所示方向运动	3	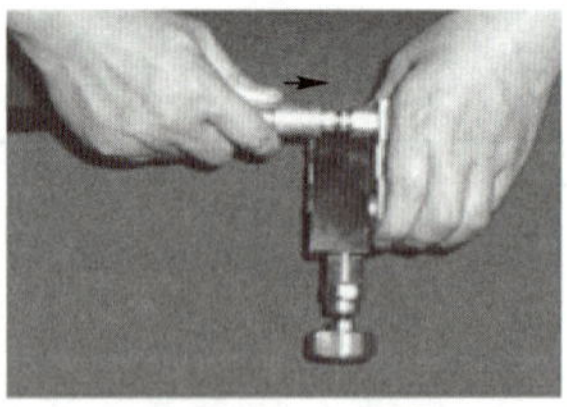 连接油管接头与阀体	双手分别握住油管接头与阀体，将油管上的接头对准阀体上的接头，按箭头所示方向用力插入即可将两者相连
2	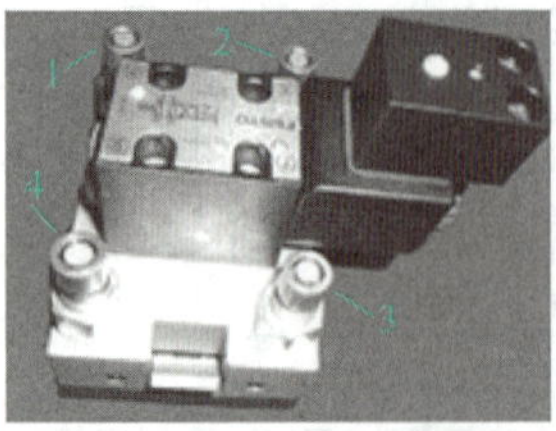 阀接头	将油管与阀接头连接。图中 1~4 标注的都是阀接头，它们可以与油管接头相配合	4	 在安装板上连接	也可以先将阀体装在安装板上，然后再将油管接头与阀体相连

续表

序号	图示	步骤	序号	图示	步骤
5	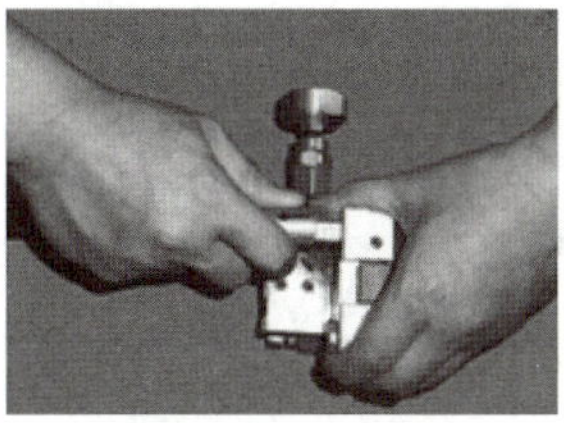 检查不合格要拆卸	连接好油管接头与阀体之后，应仔细检查是否已连接可靠。若连接不合格需要拆开时，首先用双手分别抓住油管和阀体，然后用拇指和食指捏住锁紧套，并向左拉动锁紧套，此时油管接头即可自行脱落	7	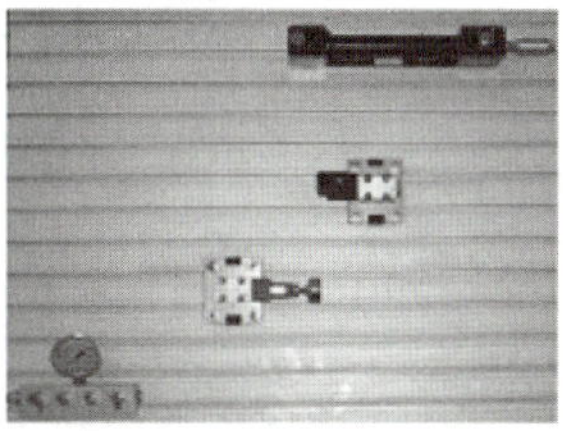 在安装板上排列元件	安装液压回路时，首先要根据回路要求，选出所需使用的液压元件，然后将各元件按照执行元件→主控阀→辅助控制阀→溢流阀的顺序，以及从上至下的原则依次有序地卡在安装板上
6	 在安装板上拆卸	如果阀体是装在安装板上的，用单手即可将连接断开。拆卸的时候，用拇指和食指捏住锁紧套，其余手指一定要握住油管接头的其余部位，严禁死拉、硬拽	8	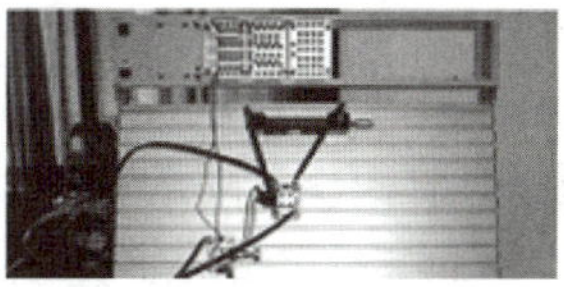 检查回路连接	安装完毕后应仔细检查回路连接是否正确，特别是各阀口的进、出油口与油管及液压缸的连接是否正确。只有经检查正确无误后才可开启液压泵向系统供油

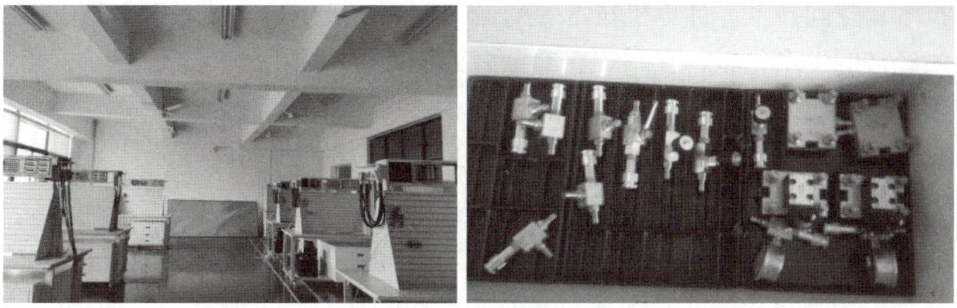

图 1.7　实验台及液压元件

二、任务评价（表 1-8）

表 1-8　实践考核评价单

<table>
<tr><td colspan="2">姓名</td><td></td><td>班级</td><td></td><td colspan="2">组别</td><td colspan="2"></td><td colspan="2">日期</td><td></td></tr>
<tr><td>序号</td><td colspan="5">考核内容</td><td colspan="2">小组评价（50%）</td><td colspan="2">教师评价（50%）</td><td colspan="2">总评</td></tr>
<tr><td>1</td><td colspan="5">遵守实训室安全操作规程（10 分）</td><td colspan="2"></td><td colspan="2"></td><td colspan="2"></td></tr>
<tr><td>2</td><td colspan="5">遵守纪律（10 分）</td><td colspan="2"></td><td colspan="2"></td><td colspan="2"></td></tr>
<tr><td>3</td><td colspan="5">能正确说出实验台中的液压元件名称（20 分）</td><td colspan="2"></td><td colspan="2"></td><td colspan="2"></td></tr>
</table>

续表

序号	考核内容	小组评价（50%）	教师评价（50%）	总评
4	能在实验台找出 MJ-50 数控车床液压系统中对应的元件实物（20 分）			
5	能完整列出元件清单（20 分）			
6	团队协作（10 分）			
7	做好 6S 管理工作（10 分）			

知识拓展

液压传动技术发展趋势

液压传动技术的发展是与流体力学理论的发展密切相关的。18 世纪末世界上第一台水压机的问世，标志着液压传动技术开始进入工程领域。

第二次世界大战期间，一些武器装备上使用了功率大、反应快、动作准的液压传动和控制装置，大大提高了武器装备的性能，也大大促进了液压传动技术本身的发展。

战后，液压传动技术迅速由军事转入民用，在机械制造、工程机械、锻压机械、冶金机械、汽车、船舶等行业中得到了广泛的应用和发展。特别是在 20 世纪 60 年代以后，随着原子能技术、空间技术、计算机技术等的迅速发展，液压传动技术也得到了很大的发展，渗透到国民经济的各个领域，在军工、冶金、工程机械、农机、汽车、轻纺、船舶、石油、航空和机床工业中都得到了普遍应用。

20 世纪后期，随着液压机械自动化程度的不断提高，所用液压元件的数量急剧增加，因此元件小型化、集成化就成为液压传动技术发展的必然趋势。

随着现代工业的不断发展，液压设备在各个行业中的应用越来越广泛。作为一种效率高、可靠性强的动力传递装置，液压设备在工程、冶金、航空航天、石油化工等领域中发挥着重要的作用。

液压传动技术的发展趋势主要包括以下几个方面：

1）智能化方向　随着科技的不断进步，液压设备制造业正加速实现自动化和智能化。通过引入先进的传感器、控制系统和人工智能技术，液压设备能够更加精确地感知和响应外界环境的变化，从而提高生产效率和产品质量。

2）绿色环保方向　随着全球环境问题的日益严重，液压设备制造业也在积极寻求绿色和可持续的发展方式。通过改进设计和使用环保材料，减少能源消耗和废弃物排放，液压设备能够更好地满足环境保护的要求。

3）高效节能方向　效率高、节能是当前工业领域的一个重要发展趋势。液压设备制造业通过优化设计和改进工艺，从而提高能源利用率和工作效率，降低能源消耗和生产成本。这不仅有助于企业提高竞争力，还能减少对环境的影响。

巩固与提高

一、填空题

1. 液压传动是以 ______ 为工作介质进行能量传递和控制的一种传动形式。

2. 液压系统主要由 ______、______、______、______ 及工作介质等部分组成。

3. 动力元件是把 ______ 转换为液体的压力能的元件，执行元件是把液体的 ______ 转换为机械能的元件，控制元件是对液压系统中液体的 ______、______ 和 ______ 进行控制调节的元件。

二、判断题

1. 液压传动可在较大范围内实现无级调速。 （ ）
2. 液压元件的制造精度要求高。 （ ）
3. 液压系统中，常用的工作介质是汽油。 （ ）
4. 液压传动必须在密封系统中进行传递。 （ ）
5. 液压传动可以实现过载保护。 （ ）

三、选择题

1. 把机械能转换为液体压力能的元件是（ ）。

A. 动力元件 B. 执行元件 C. 控制元件 D. 辅助元件

2. 以下为液压传动优点的是（ ）。

A. 比机械传动功率大 B. 传动效率低 C. 传动比稳定 D. 成本低

3. 液压系统中，液压泵属于（ ），液压缸属于（ ），溢流阀属于（ ），油箱属于（ ）。

A. 动力元件 B. 执行元件 C. 辅助元件 D. 控制元件

四、问答题

1. 什么是液压传动？
2. 液压系统有哪些基本组成部分？各部分的作用是什么？

职业与素养——6S 管理

在当今竞争激烈的市场环境中，6S 管理作为一种有效的企业管理方法，正发挥着越来越重要的作用。6S 是指整理、整顿、清扫、清洁、素养和安全。

整理（Seiri）：将工作场所内的物品区分为必要的与不必要的，清除不必要的物品，以腾出空间。

整顿（Seiton）：合理放置必要的物品，使其整齐有序，便于取用和管理。

清扫（Seiso）：定期清扫工作场所，保持环境干净、整洁。

清洁（Seiketsu）：维持整理、整顿、清扫的成果，使其规范化、制度化。

素养（Shitsuke）：培养员工良好的工作习惯和职业素养，提高团队整体素质。

安全（Safety）：确保工作场所安全，消除安全隐患，保障员工生命财产安全。

这 6 个方面，相互关联、相互促进，共同构成了一个完整的管理体系。

首先，整理和整顿有助于优化工作环境，提高工作效率。通过清理不必要的物品，合理布局工作场所，能够减少寻找物品的时间，使工作流程更加顺畅，从而提升生产效率。

其次，清扫和清洁能够保持工作场所的干净、整洁，营造舒适的工作氛围。这不仅有利于员工的身心健康，还能提升企业形象，增强客户对企业的信任感。

素养的培养则是 6S 管理的核心所在。它促使员工养成良好的工作习惯和职业素养，提高员工的自律性和责任感，使整个企业形成积极向上的文化氛围。

安全更是企业发展的基石。6S 管理通过规范工作流程，消除安全隐患，保障员工的生命安全和企业的稳定运营。

总之，6S 管理在企业中具有不可忽视的作用。通过实施 6S 管理，可以提高工作效率，提升产品质量，降低成本，营造安全舒适的工作环境，增强企业的竞争力，为企业的可持续发展奠定坚实的基础。

项目二　液压油的选用

项目引入

液体是液压系统传递运动和动力的工作介质，液压系统能否可靠有效地工作，在很大程度上取决于系统所用工作介质的质量，且液压系统的故障往往与液压油的选择和使用不当有关。分析 MJ-50 数控车床液压系统适合选用何种类型液压油。

思维导图

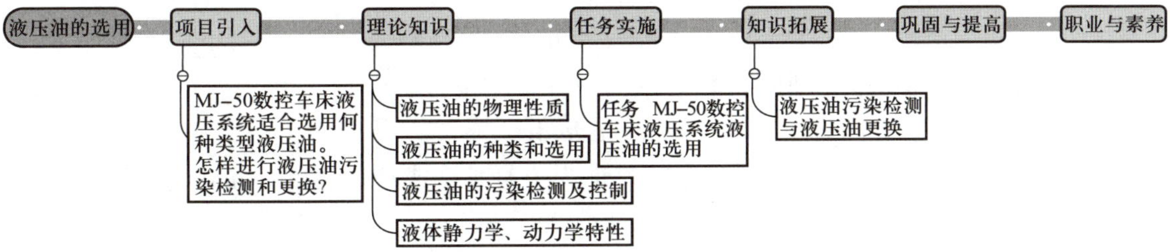

学习目标

1. 掌握液压油的物理性质。
2. 能识别液压油的牌号。
3. 能根据液压设备的类型和工作条件选用液压油。
4. 掌握液体静力学特性。
5. 掌握液体动力学特性。
6. 了解液压油污染原因及检测、更换液压油的方法。

理论知识

一、液压油

液压系统最常用的工作介质是液压油，液压油在液压系统中起到传递运动和动力以及润滑、密封和冷却等作用。液压油的基本性质和合理选用对液压系统的工作状态影响很大。

（一）液压油的物理性质

1. 黏性

液体在外力作用下流动时，其分子间的内聚力阻碍分子的相对运动，而在液体内部产生内摩擦力。液体流动时其内部产生内摩擦力的性质被称为黏性，如图 2.1 所示。

油液的黏性

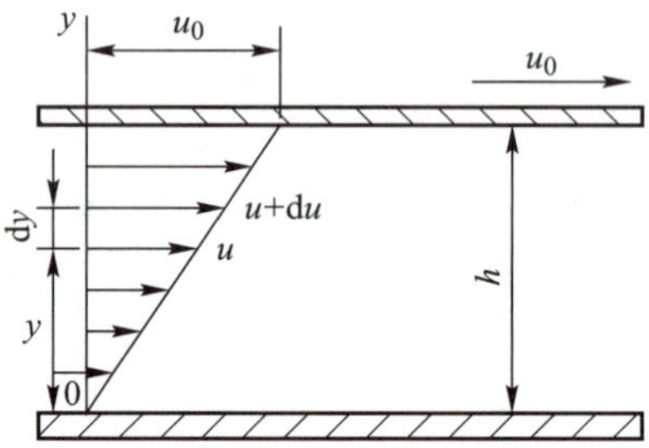

图 2.1 液体黏性示意图

实验测定，液体流动时相邻液层间的内摩擦力大小为：

$$F = \mu A \mathrm{d}u/\mathrm{d}y \tag{2-1}$$

以 $\tau = F/A$ 表示切应力，则有：

$$\tau = \mu \mathrm{d}u/\mathrm{d}y \tag{2-2}$$

式中：μ 为衡量液体黏性的比例系数，称为绝对黏度或动力黏度；du/dy 表示液层间速度差异的程度，称为速度梯度。

液体的黏性大小用黏度来表示。常用的黏度有三种：动力黏度、运动黏度和相对黏度。

（1）动力黏度 μ

动力黏度直接表示流体的黏性，即内摩擦力的大小。动力黏度 μ 的物理意义是当速度梯度 du/dy =1 时，单位面积上内摩擦力的大小。

在我国法定计量单位及 SI（国际单位制）中，动力黏度的单位为 N · s/m^2（牛顿 · 秒 / 米^2），或为 Pa · s（帕 · 秒）。

（2）运动黏度 ν

运动黏度是动力黏度 μ 与密度 ρ 的比值：

$$\nu = \mu/\rho \tag{2-3}$$

运动黏度没有明确的物理意义，因为其单位中只有长度和时间的量纲，所以称为运动黏度。在我国法定计量单位及 SI 中，运动黏度的单位为 m^2/s（米^2/ 秒），过去常用单位为 St（斯，cm^2/s）和 cSt（厘斯，mm^2/s），它们的换算关系为 1 m^2/s = 10^4 St = 10^6 cSt。

各类液压油的牌号是按油液的运动黏度来标定的。如牌号为 L−HL32 的液压油，是指该普通液压油（L−HL）在温度为 40 ℃时运动黏度的平均值为 32 mm^2/s，其黏度等级为 32。

（3）相对黏度

相对黏度又称条件黏度，它是采用特定的黏度计在规定的条件下测量出来的黏度。根据测量条件的不同，各国采用的相对黏度的单位也不同，我国采用恩氏黏度°E_t。

恩氏黏度用恩氏黏度计测定，其测定方法是：将 200 mL 温度为 t（以℃为单位）的被测液体装入黏度计的容器，液体经黏度计底部直径为 2.8 mm 的小孔流出，测出液体流尽所需时间 t_1，再测出 200 mL 温度为 20 ℃的蒸馏水在同一黏度计中流尽所需时间 t_2；这两个时间的比值即为被测液体在温度 t 下的恩氏黏度，即：

$$°E_t = t_1/t_2 \tag{2-4}$$

工业上经常用 20 ℃、50 ℃、100 ℃作为测定恩氏黏度的标准温度，其相应的恩氏黏度用°E_{20}、°E_{50}、°E_{100} 表示。

影响液体黏度的主要因素是压力和温度。

当液体所受的压力增加时，其分子间的距离将减小，于是内摩擦力将增加，即黏度也将随之增大，但一般在中、低压液压系统中压力变化很小，因此压力对黏度的影响通常可忽略不计。

液压油的黏度随温度变化的性质称为黏温特性，如图 2.2 所示。由图可知，液压油的黏度对温度的变化十分敏感，温度升高，黏度下降。一般高温下应选择黏度大的液压油，以减少泄漏；低温下应选择黏度小的液压油，以减小摩擦。

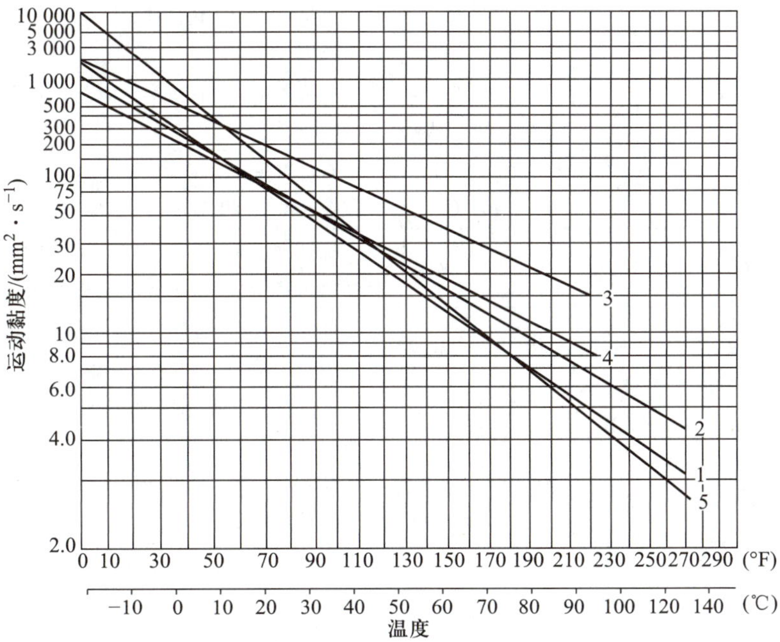

1—石油型普通液压油；2—石油型高黏度指数液压油；3—水包油乳化液；4—水－乙二醇；5—磷酸酯液

图 2.2　几种常见工作介质的黏温特性曲线

2. 可压缩性

液体受压力后其容积发生变化的性质，称为液体的可压缩性。

一般在中、低压液压系统中，油液的可压缩性很小，因此可以认为油液是不可压缩的。而在压力变化很大的高压系统中，就需要考虑液体可压缩性的影响。当油液中混入空气时，其可压缩性将显著增加，并将严重影响液压系统的工作性能，因而在液压系统中应使油液中的空气含量减少到最低限度。

（二）液压油的种类和选用

1. 液压油的种类

液压油主要分为石油型、乳化型和合成型三大类。目前 90% 以上液压设备采用石油型液压油，这类液压油是以石油馏分出的机械油为原料，经进一步精炼，去除杂质，并根据需要加入适当的添加剂制成，是多种碳氢化合物的混合物。液压油所用的添加剂有两类，一类是用以改善其物理性质的，如抗磨剂、增黏剂、降凝剂、防爬剂等；另一类是用以改善其化学性能的，如抗氧化剂、防腐剂、缓蚀剂等。不同种类的液压油精制的程度不同，添加剂不同，故适用的场合也不同。常见液压油的类型、特性和用途见表 2-1。

表 2-1 常见液压油的类型、特性和用途

类型		代号	黏度等级	特性和用途
石油型	普通液压油	L-HL	15，22，32，46，68，100	有抗氧化和防锈性能，常用于一般设备的中、低压液压系统
	抗磨液压油	L-HM	15，22，32，46，68，100，150	有抗氧化、防锈抗磨性能，适用于工程机械、车辆的液压系统
	低温液压油	L-HV	15，22，32，46，68	有抗氧化和防锈性能，黏温特性较好，可用于环境温度在 −40～−20 ℃的液压系统
	液压导轨油	L-HG	32，68	抗氧化，具有防锈、抗磨、防爬性能，适用于液压和导轨润滑为同一油路系统的精密机床
乳化型	水包油乳化液	L-HFA	10，15，22，32	难燃、黏温特性好，有防锈性能，润滑性差，易泄漏，适用于抗燃、用油量大且泄漏严重的液压系统
	油包水乳化液	L-HFB	22，32，46，68，100	有抗磨、防锈性能和抗燃性，适用于有抗燃要求的中压液压系统
合成型	水－乙二醇液	L-HFC	10，15，22，32，46，68，100	黏温特性好、难燃和抗蚀性好，适用于有抗燃要求的中低压液压系统
	磷酸酯液	L-HFDR	10，15，22，32，46，68，100	难燃、润滑性好，抗磨性能和抗氧化性能良好，能在较广温度范围内使用，适用于有抗燃要求的高压精密液压系统

2. 液压油的选用

正确合理选择和使用液压油，是保证液压系统正常工作和高效率工作的条件，对延长系统和元件的寿命、提高设备运转的可靠性以及防止事故发生等，都有着重要影响。

通常采用两种方法选用液压油：一是按液压元件生产厂家所提供的说明书中推荐的油类品种和规格选用液压油；二是根据液压系统的具体情况，例如工作压力高低、工作温度高低、运动速度大小、液压元件的种类等因素，全面考虑选用液压油。在选用时，主要是确定液压油的黏度范围、类型及系统工作时的特殊要求。

对于各类液压系统，选择液压油的黏度范围时主要考虑以下几个因素。

（1）环境温度

矿物油的黏度受温度影响变化很大，为保证在工作温度下有较适宜的黏度，选用过程中，当环境温度较高时，宜选用黏度较大的液压油；当环境温度较低时，宜选用黏度较小的液压油。

（2）工作压力

当系统工作压力较高时，宜选用黏度较大的液压油，以免系统泄漏过多，效率过低；当系统工作压力较低时，宜选用黏度较小的液压油，以减少压力损失。例如机床工作压力一般低于 6.3 MPa，宜选用（20～60）$\times 10^{-6}$ m^2/s 的油液；工程机械工作压力属于高压，多选用黏度较大的油液。

（3）运动速度

当工作部件运动速度较高时，为减少与液体摩擦而造成的能量损失，宜选用黏度较小的液压油；反之，当工作部件运动速度较低时，宜选用黏度较大的液压油。

（4）工作机的类型

精密机械与一般机械对液压油黏度的要求不同，为了避免温度升高而引起机件变形，影响工作精度，精密机械宜选用黏度较小的液压油。例如机床液压伺服系统，为保证伺服机构动作灵敏性，宜选用黏度较小的液压油。

（5）液压泵的类型

液压泵是液压系统的重要元件，在系统中它的运动速度、压力和温升都较高，工作时间又较长，因而对液压油黏度要求较严格，所以选择液压油黏度时应优先考虑液压泵。否则，液压泵磨损过快，容积效率降低，甚至可能破坏液压泵的吸油条件。在一般情况下，可将液压泵要求的液压油黏度作为选择液压油的基准，可参考表 2-2 根据液压泵类型及工况条件选择液压油的黏度等级。

表 2-2　液压油黏度等级选择

液压泵类型		环境温度 5～40 ℃时	环境温度 40～80 ℃时
叶片泵	7 MPa 以下	32，46	46，68
	7 MPa 以上	46，68	68
齿轮泵		32，46，68	68，100，150
柱塞泵		46，68	68，100，150
螺杆泵		32，46	46，68

液压油类型选择的是否合适，对液压系统的工作影响也较大，通常应根据液压系统的工作环境、工况条件和液压泵类型等来选择液压油的类型。一般而言，齿轮泵对液压油的抗磨性要求比叶片泵和柱塞泵低，因此齿轮泵可以选用 L–HL 或 L–HM 油，而叶片泵和柱塞泵应选用 L–HM 油。液压油类型的选择通常可以参考表 2–1。

（三）液压油的污染检测及控制

液压系统能否正常工作，除系统设计、元件制造和维护外，油液的清洁度亦是十分重要的因素。油液的污染会影响系统的正常工作和使元件过度磨损，甚至会造成设备的故障。液压油对液压设备犹如血液对生命，清洁的液压油在内循环流动是保证设备正常运行和润滑的重要条件。有关资料表明，工程现场 70%～80% 液压系统的工作不稳定和故障都与液压油的污染有关。

1. 液压油的污染原因（表 2–3）

表 2–3 液压油的污染原因

污染类型	污染原因
潜在污染	1）自制件中残存的污染物； 2）外购件中潜伏的污染物
侵入污染	1）装配时侵入了污染物； 2）使用过程中侵入了污染物； 3）液压油带入了污染物； 4）修理时侵入了污染物
再生污染	1）零件磨损产生的污染物； 2）液压油发生物理和化学变化产生的生成物及衍生物

2. 液压油的污染危害

液压油严重污染将导致液压系统工作性能变差，经常出现故障；液压元件磨损加剧，寿命缩短，甚至产生破坏性故障。液压油的污染危害主要如下：

1）对于泵类元件，污垢颗粒会使泵的滑动部分磨损加剧，缩短泵的使用寿命。

2）对于阀类元件，污垢颗粒会加速元件磨损，使阀芯卡紧，把节流孔和阻尼孔堵塞，从而使阀的性能变差或动作失灵，同时加大内泄漏；对于伺服阀来说，污垢颗粒会使阀芯与阀套间的摩擦力加大，这种摩擦将使伺服阀的滞后增加。

3）对于液压缸来说，污垢颗粒会加速密封件的磨损，使泄漏增大。

4）当固体颗粒和胶状生成物堵塞过滤器的滤孔时，液压泵吸油困难，回油不畅，会产生气蚀、振动和噪声；过滤器严重堵塞时，往往会因压力过大而将滤网击穿，过滤器完全丧失过滤能力，造成液压系统油液污染的恶性循环。

5）水分混入液压油会腐蚀金属，使油变质、结冰，促进细菌生长，使油液乳化。空气混入液压油会引起噪声、空穴现象、响应变差、爬行等。

3. 液压油的污染控制

对液压油的污染控制工作主要从两个方面着手：一是防止污染物侵入液压系统；二是把已经侵入的、内部固有的或内部产生的污染物从系统中清除出去。为防止油液污染，在实际工作中常采取如下措施：

1）对新油进行过滤净化。

2）使液压系统在装配后、运转前保持清洁。

3）使液压油在工作中保持清洁。液压系统应保持严格的密封，防止空气、水分和各种固体颗粒侵入。

4）及时更换液压油。

二、液压传动的基本理论

（一）液体静力学特性

1. 液体压力

液体在单位面积上所受的法向力称为压力，物理学中称为压强，压力通常用 p 表示。

若液体的面积 A 上受均匀分布的作用力 F，则压力可表示为：

$$p=\frac{F}{A} \tag{2-5}$$

压力的国标单位为 N/m^2（牛 / 米^2），即 Pa（帕），工程上常用 MPa（兆帕）、bar（巴）和 kgf/cm^2（千克力 / 厘米^2），它们的换算关系为 1 MPa = 10 bar = 10^6 Pa = 10.2 kgf/cm^2。

由于液体不能受拉、受剪，只能受压，故有以下特性：

1）液体静压力垂直于作用面，其方向作用在内法线方向上。

2）静止液体内的任意一点，所受到的各方向静压力均相等。

2. 静压力基本方程

静止液体内部受力情况如图 2.3 所示。设容器中装满液体，在任意一点 A 处取一微小面积 $\mathrm{d}A$，该点距液面深度为 h，距坐标原点高度为 Z，容器液平面距坐标原点高度为 Z_0。为了求得任意一点 A 的压力，可取 $\mathrm{d}A \cdot h$ 这个液柱为分离体［见图（b）］。根据静压力的特性，作用于这个液柱上的力在各方向都呈平衡状态，先求各作用力在 Z 方向的平衡方程。该液柱顶面上的作用力为 $p_0\mathrm{d}A$（方向向下），液柱本身的重力 $G=\rho gh\mathrm{d}A$（方向向下），液柱底面对液柱的作用力为 $p\mathrm{d}A$（方向向上），则平衡方程为：

$$p\mathrm{d}A=p_0\mathrm{d}A+\rho gh\mathrm{d}A$$

故

$$p=p_0+\rho gh \tag{2-6}$$

式（2-6）即为液体静压力方程，分析可知：

1）静止液体内任意一点的压力均由两部分组成，即液面上的压力 p_0 和液体自重所引起的对该点的压力ρgh。

2）同一容器（同一系统）中同一种液体的静压力随液体深度h的增加而线性增加。

3）连通器内，同一种液体相同深度处压力相等，压力相等的所有点组成的面为等压面，很显然，在重力作用下静止液体的等压面为一个平面。

3. 静压力传递

在密封容器内，施加于静止液体内任意一点的静止压力将等值传递到液体内部各点，这就是帕斯卡原理或静压力传递原理。如图 2.4 所示，A_1、A_2分别为液压缸 1 和 2 的活塞面积，两缸用管道连通。活塞缸 1 内的活塞上有重力F_1，当给活塞缸 2 的活塞上施加力F_2时，液体中就产生了$p=\dfrac{F_2}{A_2}$的压力。随着F_2的增加，液体的压力也不断增加，当压力$p=\dfrac{F_1}{A_1}$时，活塞缸 1 的活塞开始运动。

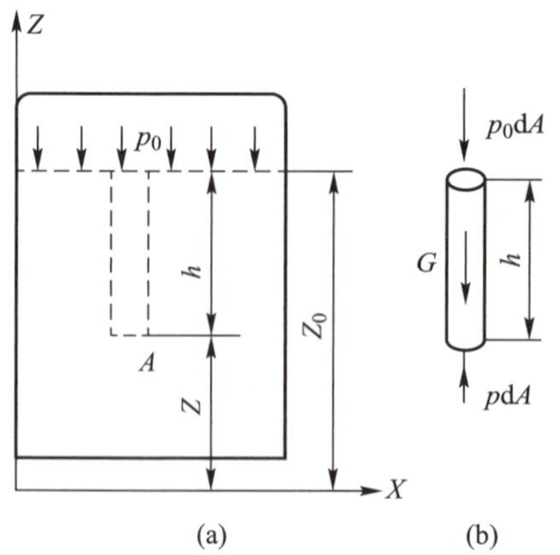

图 2.3 静止液体内部受力情况

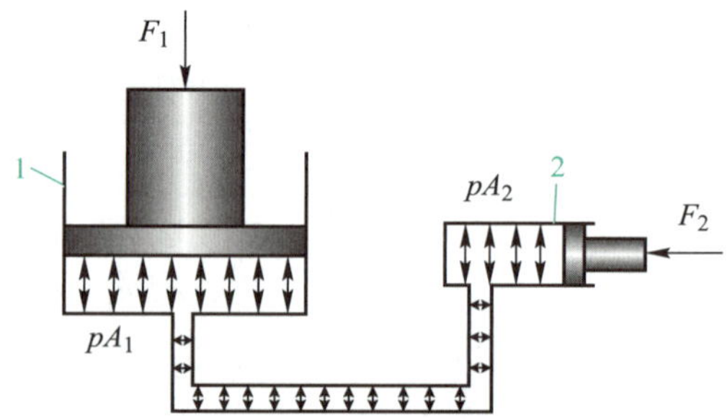

1、2—液压缸

图 2.4 帕斯卡原理

可见，静压力传递有以下特点：

1）传递必须在密封容器内进行。

2）系统内压力的大小取决于外负载的大小。也就是说，液体的压力是由于受到各种形式的阻力而形成的，当外负载为零时，$p=0$。

3）液压传动可以将力放大，力的放大倍数等于活塞面积之比，即：

$$\frac{F_1}{A_1}=\frac{F_2}{A_2} \tag{2-7}$$

4. 压力的表示方法

压力的表示方法有绝对压力和相对压力两种。

以绝对真空（$p=0$）为基准，所测得的压力为绝对压力；以大气压力p_a为基准，所测得的压力为相对压力，由于大多数测压仪表所测得的压力都是相对压力，所以相对压力也称为表压力。

若绝对压力大于大气压力，则相对压力为正值；若绝对压力小于大气压力，则相对压力为负值，比大气压力小的那部分称为真空度。

图 2.5 所示清楚地表达了绝对压力、相对压力和真空度三者之间的关系。

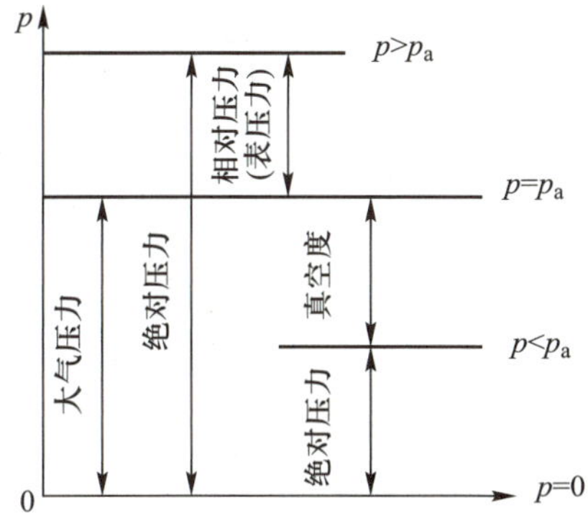

图 2.5　绝对压力、相对压力和真空度的关系

（二）液体动力学特性

1. 流量的概念

流量是指单位时间内流过某一通流截面的液体体积，用 q 表示。流量的国标单位为 m^3/s（米 ^{3}/ 秒），工程上常用的单位是 L/min（升 / 分），它们的换算关系为 $1\ m^3/s = 6\times10^4$ L/min。

油液通过截面面积为 A 的管道或液压缸时，其平均流速用 v 表示，有：

$$v=\frac{q}{A} \tag{2-8}$$

活塞或液压缸的运动速度等于液压缸内油液的平均流速，其大小取决于输入液压缸的流量。

2. 连续性方程

（1）理想液体和恒定流动

液体具有黏性，且黏性只在液体流动时才体现出来，因此在研究流动液体时必须考虑黏性的影响。黏性和可压缩性的存在，使流体的运动规律变得异常复杂。为了简化理论分析，引入理想液体的概念。

理想液体是指既无黏性又不可压缩的液体。

液体的流动状态也非常复杂。为了便于基础性的分析研究，引入恒定流动的概念。

在液体流动过程中，如果液体内任意一点的运动参数压力 p、平均流速 v 及密度 ρ 在不同的时间内都有确定的值，且不随时间 t 变化，则液体的这种运动称为定常流动或恒定流动，如图 2.6（a）所示。在液体的运动参数中，只要有一个运动参数随时间 t 变化，则液体的运动就是非定常流动或非恒定流动，如图 2.6（b）所示。

（2）液流连续性方程

液流连续性方程是质量守恒定律在流体力学中的一种表达形式。理想液体在管道内做恒定流动时，由于其不可压缩，液体在同一时间内流过同一通道两个不同通流截面的体积相等，即流量相等。

如图 2.7 所示管路中，流过截面 1、2 的流量分别为 q_1、q_2，截面面积分别为 A_1、A_2，液体流经截面 1、2 时的平均流速分别为 v_1、v_2。根据液流连续性原理，$q_1=q_2$，即：

$$v_1A_1=v_2A_2=\text{常量} \tag{2-9}$$

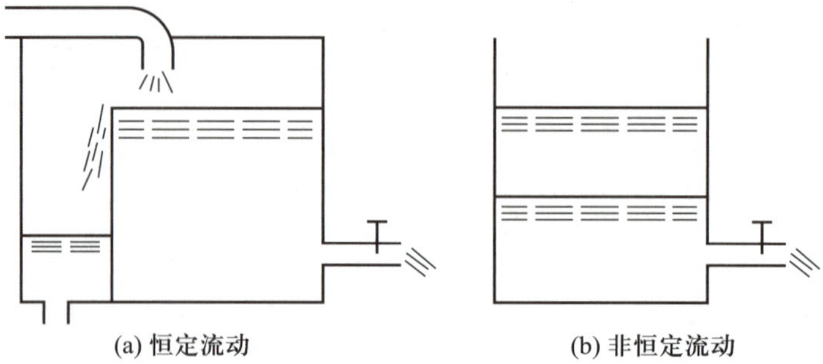

图 2.6　恒定、非恒定流动

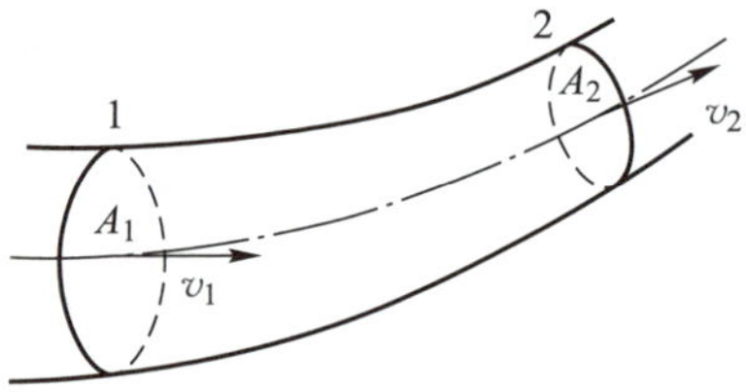

图 2.7　液流连续性原理

式（2-9）即为液流连续性方程，它表明液体在无分支管道中做恒定流动时，流经管道不同截面时的平均流速与截面面积成反比。管道截面面积小的地方，液体平均流速大；管道截面面积大的地方，液体平均流速小。

3. 伯努利方程

理想液体在管道中流动时，具有三种形式的能量：压力能、动能、位能。伯努利方程是能量守恒定律在流体力学中的一种表达形式。

如图 2.8 所示，设液体质量为 m，体积为 V，密度为 ρ。按流体力学和物理学可知，液体在通流截面 1、2 处的能量分别如下：

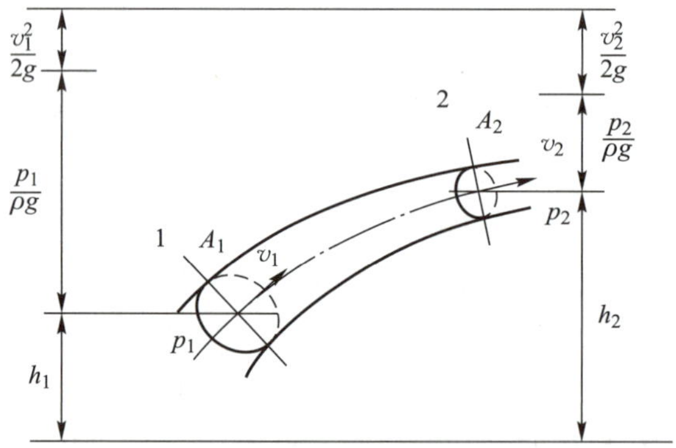

图 2.8　伯努利方程示意图

通流截面 1：

压力能为 p_1V

动能为 $\frac{1}{2}mv_1^2$

位能为 mgh_1

通流截面 2：

压力能为 p_2V

动能为 $\frac{1}{2}mv_2^2$

位能为 mgh_2

按能量守恒定律有：

$$p_1V+\frac{1}{2}mv_1^2+mgh_1=p_2V+\frac{1}{2}mv_2^2+mgh_2 \qquad (2-10)$$

则单位体积的液体所具有的能量守恒为：

$$p_1+\frac{1}{2}\rho v_1^2+\rho gh_1=p_2+\frac{1}{2}\rho v_2^2+\rho gh_2 \qquad (2-11)$$

式（2−11）即为理想液体的伯努利方程，其物理意义是：在密封管道内做恒定流动的理想液体具有三种形式的能量（压力能、动能、位能），在沿管道流动的过程中，三种能量之间可以相互转化，但在管道任一通流截面处，三种能量的总和是一常量。

实际液体有黏性，所以存在内摩擦力，且因管道形状和尺寸的变化会使液体产生扰动，造成能量损失。因而实际液体在流动时的伯努利方程为：

$$p_1+\frac{1}{2}\rho v_1^2+\rho gh_1=p_2+\frac{1}{2}\rho v_2^2+\rho gh_2+\Delta p \qquad (2-12)$$

式中：Δp 是液体从通流截面 1 流到通流截面 2 过程中的压力损失。

在液压系统中，管道的高度 h 一般不超过 10 m，管道内油液的平均流速也较低（一般不超过 7 m/s），因此油液的位能和动能相对于压力能来说是微不足道的。

例如，若系统的工作压力 $p=5$ MPa，管道高度 $h=10$ m，管道内的平均流速 $v=7$ m/s，液体密度 $\rho=900\ \text{kg/m}^3$。则该系统中的三种能量比较如下：

压力能：$p=5$ MPa

动能：$\frac{1}{2}\rho v_1^2=\frac{1}{2}\times 900\times 7^2\ \text{Pa}\approx 22\ \text{kPa}=0.022\ \text{MPa}$

位能：$\rho gh=900\times 9.8\times 10\ \text{Pa}\approx 88\ \text{kPa}=0.088\ \text{MPa}$

由此可见，在液压系统中，压力能比动能和位能的和大得多。所以，动能和位能一般忽略不计，液体主要依靠压力能来做功。则伯努利方程在液压系统中的应用形式为：

$$p_1=p_2+\Delta p \qquad (2-13)$$

4. 液体流动时的压力损失

（1）液体的流动状态

液体在管道中流动时存在两种不同状态，它们的阻力性质也不相同。

实验装置如图 2.9 所示，实验时保持水箱中水位恒定和平稳，然后将阀 A 微微开启，使少量水流流经玻璃管，即玻璃管内平均流速 v 很小。这时，如将颜色水容器的阀 B 也微微开启，使颜色水也流入玻璃管内，可以在玻璃管内看到一条细直而鲜明的颜色流束，而且不论颜色水在玻璃管内的任何位置，它都能呈直线状，这说明管中水流都是平稳地沿轴向运动，液体质点没有垂直于主流方向的横向运动，所以颜色水和周围的液体没有混杂。如果把阀 A 缓慢开大，管内水流的流量和平均流速 v 也将逐渐增大，直至平均流速增加至某一数值时，颜色流束开始弯曲颤动，这说明玻璃管内液体质点不再保持平稳，开始发生脉动，不仅具有横向的脉动速度，还具有纵向的脉动速度。如果阀 A 继续开大，脉动加剧，颜色水就完全与周围液体混杂而不再维持流束状态。

雷诺实验

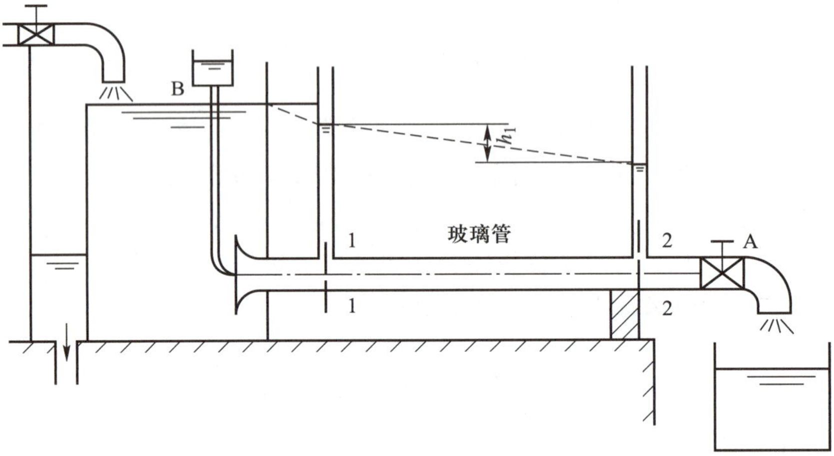

图 2.9　雷诺实验

液体运动时，如果质点没有横向脉动，不引起液体质点混杂，而是层次分明，能够维持平稳的流束状态，这种流动称为层流（图 2.10）。

如果液体流动时质点具有脉动速度，引起流层间质点相互错杂交换，这种流动称为紊流或湍流（图 2.10）。

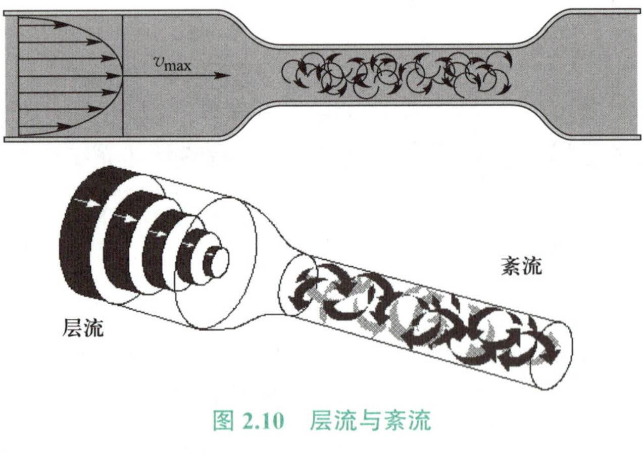

图 2.10　层流与紊流

液体的流动状态是层流还是紊流，需用雷诺数来判别。

实验证明，液体在圆管中的流动状态不仅与管道内的平均流速 v 有关，还和管径 d、液体的运动黏度 ν 有关。决定液体流动状态的是这三个参数所组成的一个称为雷诺数 Re 的无量纲数：

$$Re = vd/\nu \tag{2-14}$$

液流的雷诺数若相同，则液体的流动状态也相同。当液流的雷诺数 Re 小于临界雷诺数 Re_c 时，液流为层流；反之，液流大多为紊流。常见的液流管道的临界雷诺数 Re_c 由实验求得，见表 2-4。

表 2-4　常见的液流管道的临界雷诺数

管道的材料与形状	Re_c	管道的材料与形状	Re_c
光滑的金属圆管	2 000～2 320	带槽的同心环状缝隙	700
橡胶软管	1 600～2 000	带槽的偏心环状缝隙	400
光滑的同心环状缝隙	1 100	圆柱形滑阀阀口	260
光滑的偏心环状缝隙	1 000	锥状阀口	20～100

（2）压力损失

实际液体在流动时存在阻力，在不同的流动状态下阻力大小也有所不同。为了克服阻力就要消耗一部分能量，这样就有了能量损失。在液压传动中，能量损失主要表现为压力损失，这就是实际液体流动的伯努利方程中 Δp 项的含义。液压系统中的压力损失分为两类：沿程压力损失和局部压力损失。

如图 2.11 所示，油液从 A 处流到 B 处，中间经过较长的直管道、弯曲管道、各种阀孔和管道截面的突变等。由于液阻的影响，油液在 A 处的压力 p_A 与在 B 处的压力 p_B 不相等，显然 $p_A>p_B$，引起的压力损失为 Δp，即：

$$\Delta p = p_A - p_B \qquad (2-15)$$

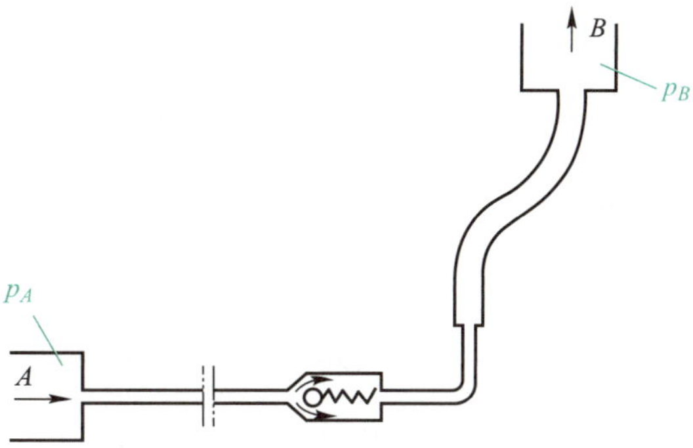

图 2.11　油液的压力损失

1）沿程压力损失　液体在等径直管道中流动时，因内、外摩擦力而产生的压力损失称为沿程压力损失，它主要取决于液体的流速、黏性、管道的长度以及管道的内径及粗糙度。液体的沿程压力损失因液体流动状态不同而有所区别。

2）局部压力损失　液体流经管道的弯头、接头、突变截面以及阀口时，由于流速或流向的剧烈变化，形成漩涡、脱流，因而使液体质点相互撞击而造成的压力损失，称为局部压力损失。

在液压系统中，由于各种液压元件的结构、形状、布局等原因，致使管路的形式比较复杂，因此局部压力损失是主要的压力损失。

油液流动产生的压力损失，会造成功率浪费，油液发热，黏度下降，泄漏增加，同时液压元件受热膨胀也会影响正常工作，甚至“卡死”。因此，必须采取措施尽量减少压力损失。一般情况下，只要油液黏度适当，管道内壁光滑，尽量缩短管道长度和减少管道的截面变化及弯曲，就可以将压力损失控制在很小的范围内。

5. 液体流经小孔的流量

液压传动中常利用液压阀的小孔（称为节流口）来控制流量，以达到调速的目的。尽管节流口的形状很多，但根据理论分析和实验，各种孔口的流量压力特性均可用下列通式表示：

$$q = KA\Delta p^m \tag{2-16}$$

式中：q 为通过小孔的流量；K 为由孔口的形状、尺寸和液体性质决定的系数；A 为节流口的通流截面面积；Δp 为小孔前、后的压差；m 为由孔的长径比（通流长度 l 与孔径 d 之比）决定的指数。图 2.12 所示的薄壁小孔（$\frac{l}{d} \leqslant 0.5$），$m = 0.5$；图 2.13 所示的细长小孔（$\frac{l}{d} > 4$），$m = 1$；$\frac{l}{d}$ 在两者之间的短孔，$m = 0.5 \sim 1$。

油液流经孔径为 d 的薄壁小孔（图 2.12）时，由于液体的惯性作用，使通过小孔后的液流形成一个直径为 d_c 的收缩截面，然后再扩散，这一收缩和扩散过程，就产生了压力损失 $\Delta p = p_1 - p_2$。

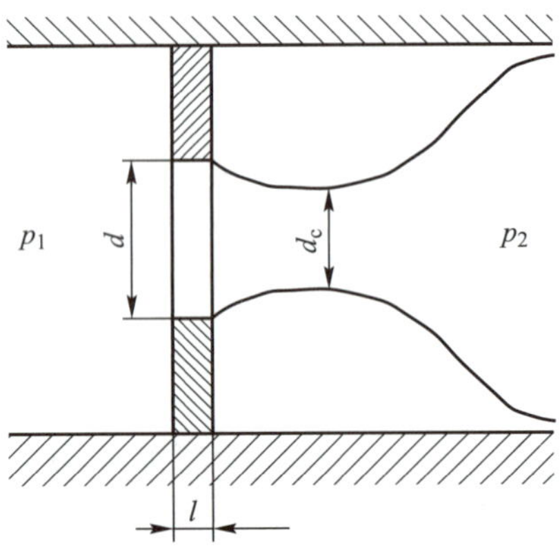

图 2.12 薄壁小孔

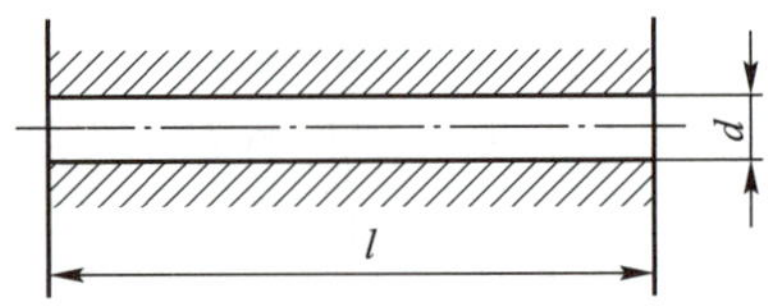

图 2.13 细长小孔

实际应用中，油液流经薄壁小孔时，流量受温度变化的影响较小，所以薄壁小孔常用作液压系统的节流口；细长小孔则常用作阻尼孔。

6. 液体流经间隙的流量

液压元件内各零件间要保证相对运动，就必须有适当的间隙。间隙的大小对液压元件性能的影响极大，间隙太小会使零件卡死；间隙过大会造成泄漏，使系统效率和传动精度降低，同时还污染环境。经研究和实践表明，流经固定平行平板间隙的流量（实际上就是泄漏）与间隙 h 的三次方成正比；而流经环状间隙（如液压缸与活塞的间隙）的流量，不仅与径向间隙有关，还随圆环内外圆偏心距的增大而增大。由此可见，液压元件的制造精度要求一般都较高。

7. 液压冲击和空穴现象

在液压系统中，液压冲击和空穴现象给系统带来诸多不利影响，因此需要了解这些现象产生的原因，并采取措施加以防治。

（1）液压冲击

在液压系统中，由于某种原因使液体压力突然产生很高的峰值，这种现象称为液压冲击。

发生液压冲击时，由于瞬间的压力峰值比正常的工作压力大好几倍，因此对密封元件、管道和液压元件都有损坏影响，还会引起设备振动，产生很大的噪声。液压冲击经常使压力继电器、顺序阀等元件产生误动作。

液压冲击的产生多发生在阀门突然关闭或运动部件快速制动的场合。这时液体的流动突然受阻，液体的动量发生了变化，从而产生了压力冲击波。这种冲击波迅速往复传播，最后由于液体受到摩擦力作用而衰减。

现将减小压力冲击的措施归纳如下：

1）适当延长阀门关闭和运动部件制动换向的时间。

2）在冲击区附近安装卸荷阀、蓄能器等缓冲装置。

3）正确设计阀口，限制管道流速及运动部件速度，使运动部件制动时速度变化比较平稳。

4）如果换向精度要求不高，可使液压缸两腔油路在换向阀回到中位时瞬时互通。

（2）空穴现象

如果流动液体的压力低于其空气分离压，原先溶解在液体中的空气就会分离出来，从而导致液体中充满大量的气泡，这种现象称为空穴现象。

空穴多发生在阀口和液压泵的吸油口处。阀口处液体的流速增大，压力降低，易发生空穴现象；如果液压泵吸油管太细，也会造成真空度过大，发生空穴现象（图 2.14）。

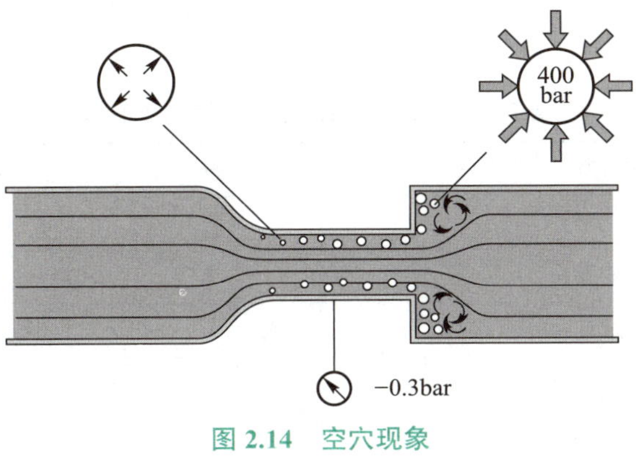

图 2.14　空穴现象

当气泡进入高压部位，气泡在压力作用下溃灭，由于该过程时间极短，气泡周围的液体加速向气泡中心冲击，液体质点高速碰撞，会产生局部高温，温度可达 1 149 ℃，冲击压力高达几百兆帕。在高温高压下，液压油局部氧化、变黑，产生噪声和振动，如果气泡在金属壁面上溃灭，会加速金属氧化、剥落，长时间会形成麻点、小坑，这种现象称为气蚀。

由此可见，空穴现象会引起流量的不连续和压力波动，空气中的游离氧对液压元件有很大的腐蚀（气蚀）作用。

为减少空穴现象带来的危害，通常采取下列措施：

1）减小孔口或缝隙前后的压力降，一般建议相应的压力比<3.5。

2）降低液压泵的吸油高度，适当加大吸油管直径，对于自吸能力差的液压泵要安装辅助泵供油。

3）管路要有良好的密封，防止空气侵入。

4）采用抗腐蚀能力强的金属材料，降低零件表面粗糙度。

任务实施

任务　MJ-50 数控车床液压系统液压油的选用

根据前述液压油选用方法，分析 MJ-50 数控车床液压系统适合选用何种类型液压油。

一、实施流程

（一）实施准备

MJ-50 数控车床液压系统参数见表 2-5，该系统只有一个泵源（变量液压泵），要求系统在工作过程中运行稳定，可以无级调速，合理利用功率，拥有较高的工作效率，较少的热量损失。

表 2-5　MJ-50 数控车床液压系统参数

系统工作压力 p	4～5 MPa
最大进给力 F_w	4.5×10^4 N
进给工作速度 v	100～500 mm/min
最大行程 H	100 mm
启动换向时间 Δt	0.05 s
静摩擦系数 f_s	0.5
动摩擦系数 f_d	0.1
液压缸机械效率 η	0.9

（二）实施步骤（表 2-6）

1）明确机床类型和工作条件　了解机床选用液压泵的类型以及机床的工作压力、温度范围、运动速度等。

2）考虑环境因素　如温度变化、是否有水分或其他污染物等。

3）选择合适的黏度等级　根据机床的工作温度和运行要求以及液压泵的类型，选择合适的黏度等级。

4）选择液压油种类　根据液压系统的工作环境、工况条件和液压泵类型等选择液压油的种类，确保其具有良好的抗氧化、抗磨、防锈等性能。

表 2-6　工作任务单

工作任务	MJ-50 数控车床液压系统液压油的选用
任务描述	分组对 MJ-50 数控车床液压系统的液压泵类型、工作压力、环境温度和工作部件运动速度等进行分析，选择合适类型的液压油
任务要求	1）掌握液压油的牌号； 2）熟悉液压油的种类及特点； 3）掌握液压油选用方法和步骤
提交成果	各小组提交所选 MJ-50 数控车床液压系统液压油的类型和牌号以及分析过程

（三）AI 助力

利用 AI 提问，判断 AI 描述内容的正误并把正确的答案填写在表 2-7 中。

问题 1：液压油有哪些类型？不同类型的代号是什么？

问题 2：不同类型的液压油各适用于什么场合？

问题 3：根据 MJ-50 数控车床液压系统的工况条件和系统参数，分析其适合选用何种类型的液压油？

问题 4：选择液压油黏度等级时要考虑哪些因素？

问题 5：不同的环境下，适合选择哪种黏度等级的液压油？

问题 6：查找 MJ-50 数控车床液压系统说明书，并推荐适合选用的液压油黏度等级。

问题 7：当实际使用环境的温度情况不同时，如何根据温度情况调整黏度等级？

表 2-7　AI 助力任务实施

任务	序号	内容描述
选择液压油类型	问题 1	
	问题 2	
	问题 3	

续表

<table>
<tr><th>任务</th><th>序号</th><th colspan="3">内容描述</th></tr>
<tr><td rowspan="13">选择液压油黏度等级</td><td>问题 4</td><td colspan="3"></td></tr>
<tr><td rowspan="6">问题 5</td><td>高压</td><td colspan="2"></td></tr>
<tr><td>低压</td><td colspan="2"></td></tr>
<tr><td>高温</td><td colspan="2"></td></tr>
<tr><td>低温</td><td colspan="2"></td></tr>
<tr><td>快速</td><td colspan="2"></td></tr>
<tr><td>慢速</td><td colspan="2"></td></tr>
<tr><td>问题 6</td><td colspan="3"></td></tr>
<tr><td rowspan="3">问题 7</td><td>温度正常</td><td colspan="2"></td></tr>
<tr><td rowspan="2">温度异常</td><td>高温</td><td></td></tr>
<tr><td>低温</td><td></td></tr>
</table>

二、任务评价（表 2-8）

表 2-8　实践考核评价单

姓名		班级		组别		日期	
序号	考核内容	小组评价（50%）	教师评价（50%）	总评			
1	遵守纪律（10 分）						
2	能正确说出液压油常用的三种黏度（20 分）						
3	能熟识常见液压油的类型、牌号及特点（20 分）						
4	熟悉液压油选用的方法和步骤（20 分）						
5	根据 MJ-50 数控车床液压系统参数，正确选择液压油并准确表述分析过程（30 分）						

知识拓展

液压油的质量（图 2.15）对液压系统的工作性能、可靠性和使用寿命具有至关重要的影响，需定期检测和更换。

图 2.15　液压油污染前对比后

一、液压油污染检测方法

液压油通常每半年至一年应取样检查一次。对液压油污染状况进行现场简单判断的方法如下：

1. 油液中水分的判断

1）爆裂试验　把薄金属片加热到 110 ℃以上，滴一滴液压油，如果油爆裂，证明油液中含有水分。此方法能检验出含水量 0.2% 以上的油液。

2）试管声音试验　将 2～3 mL 的液压油放入一个干燥试管中，并放置几分钟使油液中的气泡消失。然后加热（例如用打火机加热）油液，如果在试管口顶端能听到微小的“嘭嘭”声，证明油液中含有水分。该声音是油液中的水分碰撞沸腾时产生水蒸气所致。

3）棉球试验　取干净的棉球或棉纸，蘸少许被测液压油，然后点燃，如果发出“噼啪”炸裂声和闪光现象，证明油液中含有水分。

2. 油液颜色的判断（表 2-9）

1）液压油呈乳白色混浊状，表明液压油侵入水分。

2）液压油呈黑褐色，表明液压油高温氧化。

表 2-9　液压油污染程度的判别与处理措施

外观	气味	状态	处理措施
颜色透明	正常	良好	照常使用
透明但颜色变淡	正常	混入别种油液	检查黏度，若符合要求可继续使用
乳白色混浊状	正常	侵入空气和水分	分离除去水分，部分或全部换油
黑褐色	有臭味	氧化变质	全部换油
透明而有小黑点	正常	侵入杂质	过滤后使用或换油
透明而闪光	正常	侵入金属粉末	过滤后使用或换油

3. 油液气味的判断

出现刺激性臭味，表明液压油被高温氧化变质，如果有柴油或汽油味，则有可能误加入了燃油。

4. 油液黏度的判断

1）“手捻”法　用手来判断黏度的大小。由于黏度会随温度发生变化且个人感观存在差异，因此使用该方法进行判断往往会有较大的误差，但用这种方法比较同一油品使用前后黏度的变化是可行的。

2）玻璃倾斜观测法　将两种不同液压油各取一滴，滴在一块倾斜的干净玻璃上，观察油液流速，流动较快的，则其黏度较小。

5. 油滴斑点试验

取一滴被测液压油置于滤纸上，观察斑点的变化情况，若液压油迅速扩散，中间无沉积物，表明油品正常；若液压油扩散慢，中间出现沉积物，表明油已变质。

二、液压油的更换

更换液压系统内液压油的原因有：液压油劣化严重，因侵入水分而引起乳化，大量的金属粉末、尘埃等夹杂物侵入液压油，两种不同质量的液压油混合在一起等。若有特殊情况，如需长期保管液压装置等，也需要更换其中的液压油。

液压系统更换液压油一般采用以下方式：

1）定期更换，一般每隔 2 000～4 000 h 换一次油。

2）按照规定的换油性能指标及化验结果，科学地确定是否换油。

换油时，要注意清洁，防止脏物侵入液压系统，不可混用和错换液压油，换油时主要有以下要求：

1）更换的新油或补加的新油必须是本系统所规定使用的油，经过化验确认其油质达到规定的性能指标，才能加入。

2）为保持新油的清洁，换油前要将油箱内部及主要管道内旧油放尽，并进行冲洗作业。冲洗作业的目的是除去附着于泵、阀等装置及其配管内壁的液压油劣化生成物、锈、防锈油漆、非油容性杂质等以及沉淀于油箱底部的各种杂质。加油时油液必须经过过滤，对已疲劳损坏的滤网应及时更换。

3）加入的油量要达到油箱的油标位置，加油方法是：先加油至油箱最高油标线，启动液压泵电动机，把油供至系统各管道，再加油至油箱油标线，再启动电动机，这样多次进行，直至油液保持在油标线内为止。

4）每天检查液压油油位，油位应保证在最低与最高油标线之间。

巩固与提高

一、填空题

1. 随着温度的升高，液压油的黏度会 ____________，液压油的这个特性称为 ____________。

2. 油液压力的大小取决于 ____________，而流量的大小决定了执行元件的 ____________。

3. 理想液体是指既 ____________ 又 ____________ 的液体。

4. 液体的流动状态分为 ____________ 和 ____________，判别流动状态依据的参数是 ____________。

5. 液压系统中的压力损失可分为两种，一种是 ____________，另一种是 ____________。

6. 在液压系统中，由于某些原因使液体压力突然急剧上升，形成很高的压力峰值，这种现象称为 ____________。

二、判断题

1. 液体在水平放置的变径管道中流动时，其管道直径越细的部位流速越快。（　　）

2. 液压传动是利用密封系统的受压液体来传递运动和动力的传动方式。（　　）

3. 真空度是以绝对真空为基准来测量的液体压力。 (　　)

4. 液压油牌号 32 是指这种油液在温度为 40 ℃时，其运动黏度的平均值为 32 mm^2/s。 (　　)

5. 液流连续性方程是能量守恒定律在流体力学中的一种表达形式。 (　　)

6. 液压缸中，作用在活塞上的推力越大，活塞的运动速度就越快。 (　　)

7. 油液流经无分支管道时，横截面面积较大的截面通过的流量较大。 (　　)

8. 临界雷诺数是判断层流和紊流的依据。 (　　)

三、问答题

1. 什么是液体的黏性？黏度有几种表示方法？
2. 液压系统中的油液污染有何危害？应如何预防？
3. 更换液压油时需注意什么？
4. 理想液体的伯努利方程的物理意义是什么？其应用形式是什么？
5. 空穴现象产生的原因和危害是什么？如何减少这些危害？
6. 液压冲击产生的原因和危害是什么？如何减小压力冲击？

四、计算题

1. 如图 2.16 所示，有一直径为 d，重量为 G 的活塞浸在液体中，并在力 F 的作用下处于静止状态。若液体的密度为 ρ，活塞浸入深度为 h，试确定液体在测压管内的上升高度 x。

2. 如图 2.17 所示的连通器，假设小活塞 1 的面积 $A_1 = 1.13 \times 10^{-4}\ m^2$，大活塞 2 的面积 $A_2 = 9.62 \times 10^{-4}\ m^2$，管道 3 的截面面积 $A_3 = 0.13 \times 10^{-4}\ m^2$。已知小活塞 1 向下运动速度 $v_1 = 0.2$ m/s，试求大活塞 2 向上运动速度 v_2 和液体在管道内的流动速度 v_3。

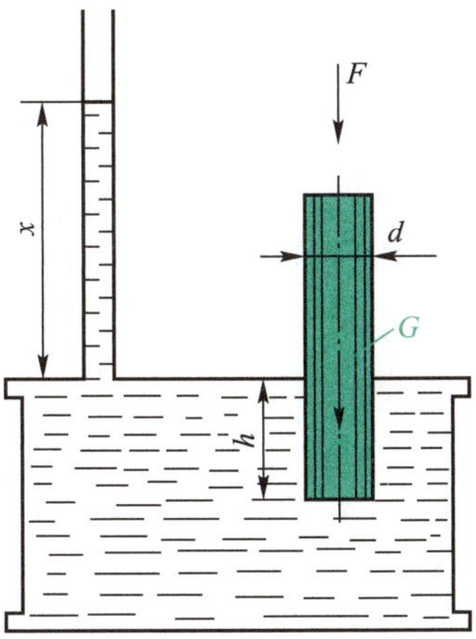

图 2.16　测压管

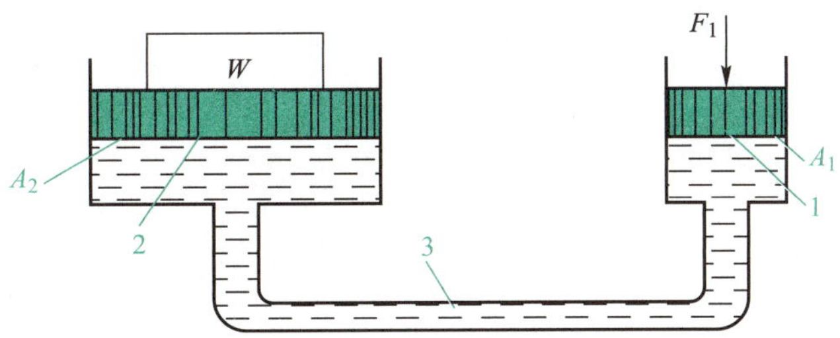

1—小活塞；2—大活塞；3—管道

图 2.17　连通器

3. 图 2.18 所示为一抽吸设备，其水平管出口通大气，当水平管内液体流量达到某一数值时，处于面积为 A_1 处的垂直管将从液箱内抽吸液体。液箱表面所受为大气压力。水平管内液体（抽吸用）和被抽吸介质相同。有关尺寸如下：$A_1 = 3.2\ cm^2$，$A_2 = 4A_1$，$h = 1$ m。不计液体流动时的能量损失，试问水平管内流量达多少时才能开始抽吸。

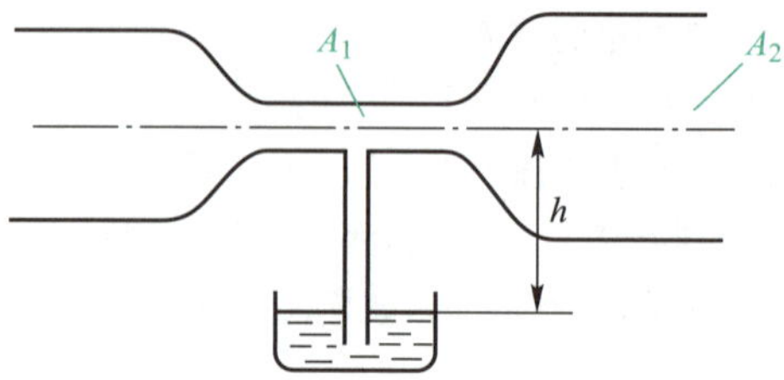

图 2.18 抽吸设备

职业与素养——品质至上，责任担当

某大型企业在进行一项重要生产任务时，负责采购的人员贪图便宜，购买了一批低价但品质较差的液压油。在设备运行过程中，液压系统频繁出现故障，导致生产停滞，造成了巨大的经济损失。不仅如此，还延误了客户的交货时间，对企业的声誉造成了严重影响。

通过这个案例可以看出液压油品质的重要性，它直接关系到设备的正常运行和生产效率，在工作中要坚守对品质的追求，不能为了一时的利益而选择不合格的液压油，这是对工作、对企业不负责任的做法。在涉及关键设备液压油的选择和使用时，必须要有严谨科学的态度，任何疏忽都可能带来严重后果，认真细致的做事风格是对企业负责任的做法。我们应该积极思考如何改进液压油的性能，研发更优质、环保的液压油，为行业企业发展贡献自己的力量，进一步体现当代大学生科学和创新推动进步的理念。希望同学们在未来的职业生涯中始终把品质和责任放在首位。

项目三　液压动力元件的选用与拆装

项目引入

液压泵是液压系统中的能源装置，是整个系统的核心元件。液压泵作为液压系统的“心脏”，为液压系统提供“血液”——液压油。合理选择和使用液压泵，对降低系统能耗、提高系统效率、降低噪声、改善工作性能和保证系统的可靠性都十分重要。在MJ-50数控车床中，动力卡盘、回转刀架及尾座套筒的动作，都是靠液压系统实现的，那么对该系统选用的液压泵，应怎样进行正确拆装和故障分析呢？

思维导图

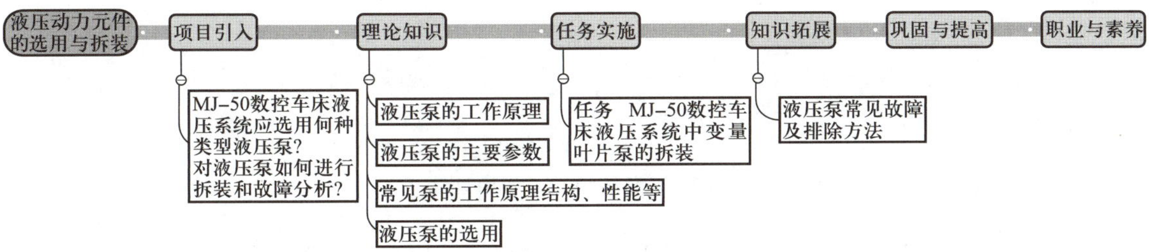

学习目标

1. 掌握液压泵的工作原理、类型和图形符号。
2. 掌握液压泵主要参数的计算方法。
3. 理解常用液压泵的结构，熟悉泵的拆装步骤。
4. 掌握液压泵的性能比较及选用。
5. 了解液压泵的常见故障。

理论知识

一、液压泵概述

液压泵是液压系统的动力元件，它可以将原动机的机械能转换为输出油液的压力能，为液压系统提供压力和流量。

（一）液压泵的工作原理

液压泵的工作原理图如图 3.1 所示，泵体 3 和柱塞 2 构成一个密封容积，偏心轮 1 由原动机带动旋转，当偏心轮 1 由图示位置向下转动半周时，柱塞 2 在弹簧 4 的作用下向右移动，密封容积逐渐增大，形成局部真空，油箱内的油液在大气压作用下顶开单向阀 6 进入密封腔 a 中，实现吸油；当偏心轮 1 继续再转半周时，它推动柱塞 2 向左移动，密封容积逐渐减小，油液受柱塞 2 挤压而产生压力，使单向阀 6 关闭，油液顶开单向阀 5 输入系统，实现压油，液压泵的供油压力为 p，供油流量为 q。

容积式泵的工作原理

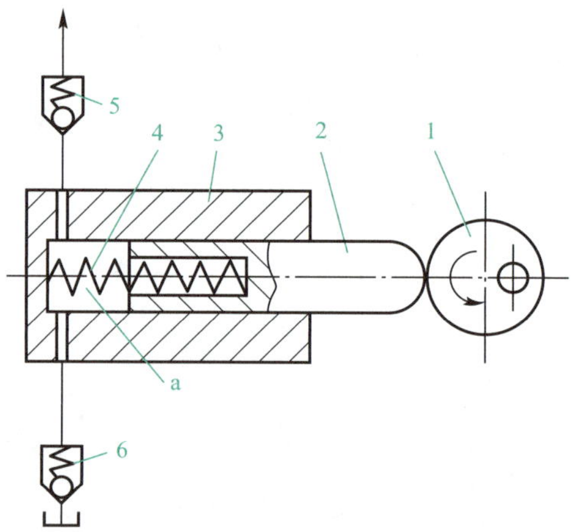

1—偏心轮；2—柱塞；3—泵体；4—弹簧；5、6—单向阀

图 3.1 液压泵的工作原理图

上述液压泵是通过密封容积的变化来完成吸油和压油的，其排油量的大小取决于密封腔的容积变化值，因而这种液压泵又称为容积式泵。由上述分析可知，液压泵正常工作的必备条件是：

1）应具有密封容积，并且密封容积的大小能交替变化。

2）应有配油装置。配油装置的作用是保证密封容积在吸油过程中与油箱相通，同时关闭供油通路；压油时与供油管路相通而与油箱切断。图 3.1 中的单向阀 5 和 6 就是配油装置，配油装置的形式随着泵的结构差异而不同。

3）吸油过程中，油箱必须和大气相通或形成充压油箱。

（二）液压泵的主要参数

1. 压力

1）工作压力　指泵在工作时输出油液的实际压力，其大小由工作负载决定。

2）额定压力　指泵在正常工作条件下，连续运转时所允许的最高压力。液压泵的额定压力受泵本身的泄漏和结构强度所制约，它反映了泵的能力，一般泵铭牌上所标的就是额定压力。

3）最高压力　泵的最高压力可以看作泵的能力极限，它比额定压力稍高，一般不希望泵长期在最高压力下运行。

由于液压传动的用途不同，系统所需要的压力也不相等，液压泵的压力分为几个等级，见表3-1。

表3-1　压力分级

压力等级	低压	中压	中高压	高压	超高压
压力/MPa	≤2.5	>2.5～8	>8～16	>16～32	>32

2. 流量

液压泵的流量有理论流量、实际流量和额定流量之分。

1）理论流量 $q_{理}$　在不考虑泄漏的情况下，液压泵在单位时间内排出液体的体积，其大小为液压泵每转排出的液体体积量 V（简称排量）和转速 n 的乘积，即：

$$q_{理}=Vn \tag{3-1}$$

2）实际流量 $q_{实}$　指液压泵在某一工作压力下实际排出的流量。由于液压泵存在泄漏，所以液压泵实际能提供的流量较理论流量小，即：

$$q_{实}=q_{理}-\Delta q \tag{3-2}$$

式中：Δq 为液压泵的泄漏流量。

3）额定流量 $q_{额}$　指液压泵在正常工作条件下，按试验标准规定（如在额定压力和额定转速下）必须保证的流量。

3. 液压泵的效率和功率

1）容积效率 η_v　液压泵因泄漏而引起的流量损失，可用容积效率 η_v 表示，其大小为液压泵的实际流量和理论流量之比，即：

$$\eta_v=\frac{q_{实}}{q_{理}} \tag{3-3}$$

2）机械效率 η_m　由机械运动副之间的摩擦而产生的转矩损失，可用机械效率 η_m 表示。驱动液压泵的实际转矩总是大于理论上需要的转矩，机械效率为理论转矩 $T_{理}$ 与实际转矩 $T_{实}$ 之比，即：

$$\eta_m=\frac{T_{理}}{T_{实}} \tag{3-4}$$

3）总效率 η　液压泵的实际输出功率 $P_{出}$ 与驱动液压泵的输入功率 $P_{入}$ 之比，它也等于容积效率和机械效率的乘积，即：

$$\eta=\frac{P_{出}}{P_{入}}=\eta_v\cdot\eta_m \tag{3-5}$$

4）液压泵的输出功率 $P_{出}$ 为泵的工作压力 p 和实际流量 q 的乘积，即：

$$P_{出}=pq \tag{3-6}$$

5）液压泵的输入功率 $P_{入}$ 也是驱动液压泵的电动机的功率 $P_{电}$，即：

$$P_{电}=\frac{pq}{\eta} \tag{3-7}$$

（三）液压泵的分类

液压泵的种类很多，按结构形式不同可分为齿轮式、叶片式、柱塞式等；按流量能否改变可分为定量式和变量式；按液流方向能否改变可分为单向式和双向式等。

液压泵的图形符号见表 3-2。

表 3-2 液压泵的图形符号

类型	单向定量	双向定量	单向变量	双向变量
图形符号	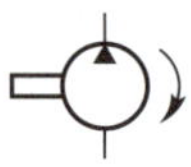	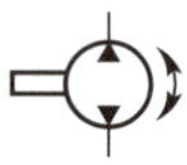	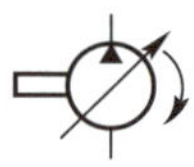	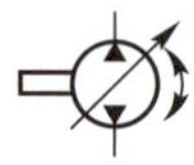

二、齿轮泵

齿轮泵是一种常用的液压泵，其主要特点是：抗油液污染能力强，体积小，价格低廉；内部泄漏比较大，噪声大，流量脉动大，排量不能调节。齿轮泵通常用于工作环境比较恶劣的各种中、低压系统中，尤其是低压系统。

齿轮泵中齿轮的齿形以渐开线居多。结构上，齿轮泵可分为外啮合齿轮泵和内啮合齿轮泵，其中外啮合齿轮泵应用广泛。

（一）外啮合齿轮泵（图 3.2）

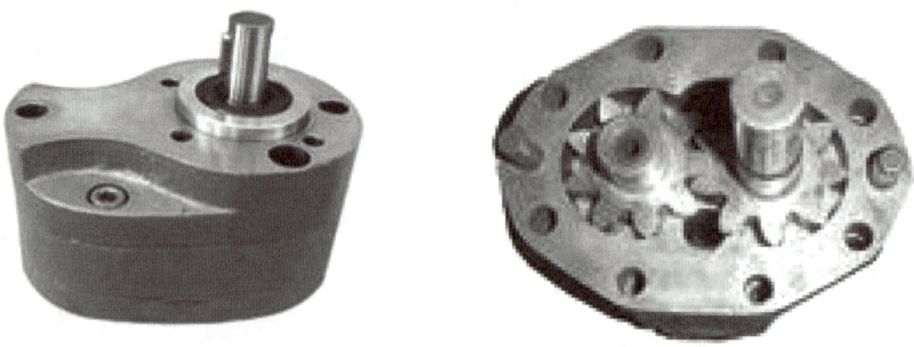

图 3.2 外啮合齿轮泵实物图

1. 工作原理

外啮合齿轮泵由前、后泵盖，泵体，一对齿数、模数完全相同的渐开线外啮合齿轮组成，其工作原理图如图 3.3 所示。在泵体内有一对齿轮，当吸油口和压油口分别用油管与油箱和系统接通后，齿轮各齿槽和泵体，以及齿轮前、后端面贴合的前、后泵盖间形成密封腔，而啮合齿轮的接触线又把它们分隔为两个互不串通的吸油腔和压油腔。

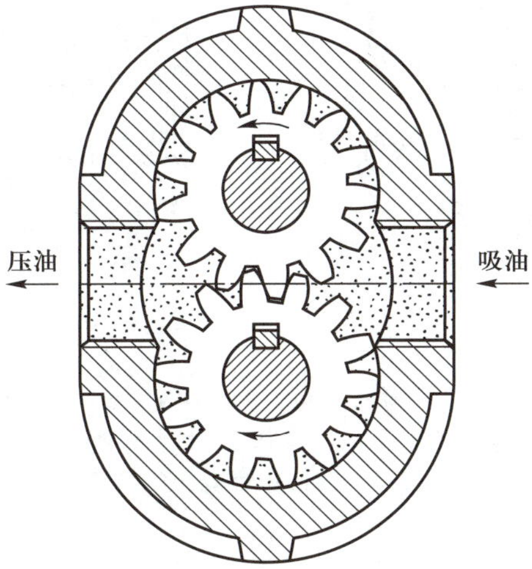

图 3.3 外啮合齿轮泵的工作原理图

当齿轮按图示方向旋转时，泵的右侧（吸油腔）轮齿脱开啮合，使密封容积逐渐增大，形成局部真空，油箱中的油液在大气压作用下被吸入吸油腔内，并充满齿间；随着齿轮的回转，吸入轮齿间的油液便被带到左侧（压油腔）；当左侧齿与齿进入啮合时，密封容积不断减小，油液即从齿间被挤出并输送到系统。

2. 结构特点

CB-B 齿轮泵的结构如图 3.4 所示，泵的前、后泵盖 8、4 和泵体 7 由两个定位销 17 定位，用 6 个螺钉 9 固紧。为了保证齿轮 6 能灵活地转动，同时又要保证泄漏最小，在齿轮端面和泵盖之间应有适当间隙（轴向间隙），对小流量泵轴向间隙为 0.025～0.04 mm，大流量泵为 0.04～0.06 mm。对于齿顶和泵体内表面间的间隙（径向间隙），由于径向泄漏通道较长，同时齿顶线速度形成的剪切流动又和油液泄漏方向相反，故其对泄漏的影响较小。这里要考虑的问题是：当齿轮受到不平衡的径向力后，应避免齿顶和泵体内壁相碰，所以径向间隙可稍大，一般为 0.13～0.16 mm。

为了防止压力油从泵体和泵盖间泄漏到泵外，并减小压紧螺钉的拉力，在泵体两侧的端面上开有泄油槽 16，使渗入泵体和泵盖间的压力油引入吸油腔。泵盖和从动轴 15 上有小孔，其作用是将泄漏到轴承端部的压力油引入泵的吸油腔，防止油液外溢，同时也润滑了滚针轴承。

外啮合齿轮泵结构

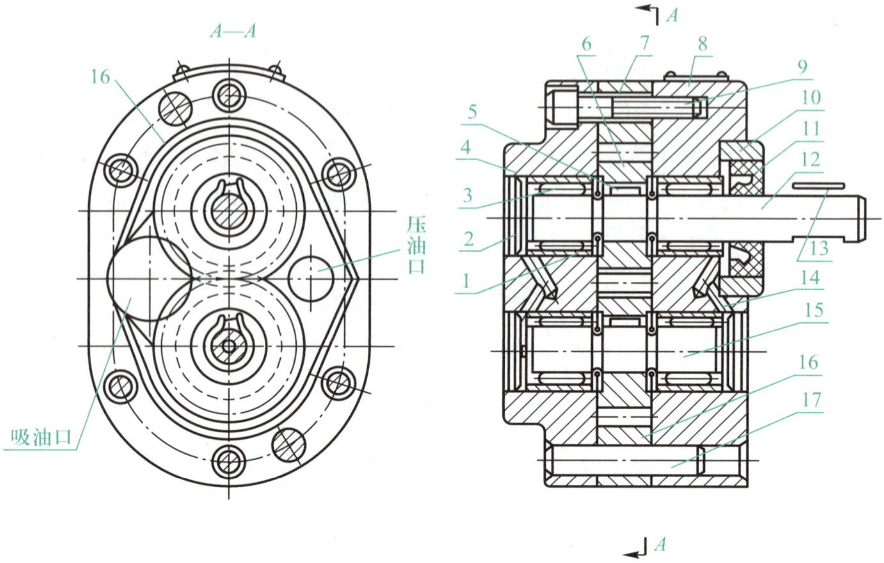

1—轴承外环；2—堵头；3—滚子；4—后泵盖；5—键；6—齿轮；7—泵体；8—前泵盖；9—螺钉；10—压环；11—密封环；12—主动轴；13—键；14—泄油孔；15—从动轴；16—泄油槽；17—定位销

图 3.4 CB-B 齿轮泵的结构

3. 流量计算

若假设外啮合齿轮泵中齿轮的齿槽容积等于轮齿体积，则当齿轮齿数为 z、模数为 m、节圆直径为 D、齿宽为 B、有效齿高 $h=2$ m、转速为 n 时，齿轮泵的排量近似为：

$$V=\pi DhB=2\pi zm^2B \tag{3-8}$$

实际上，齿槽容积比轮齿体积稍大一些，所以通常用 3.33 取代 π 加以修正，则齿轮泵的平均实际流量为：

$$q=6.66zm^2Bn\eta_{\mathrm{v}} \tag{3-9}$$

从式（3-9）可以看出流量和几个主要参数的关系为：

1）流量与齿轮模数 m 的平方成正比。

2）在泵的体积一定时，齿数减少，模数变大，则流量增加，但其流量脉动大；齿数增加，模数变小，则流量减少，其流量脉动小。用于机床上的低压齿轮泵，取 $z=13\sim19$，中高压齿轮泵，取 $z=6\sim14$，齿数 $z<14$ 时，要进行修正。

3）流量和齿宽 B、转速 n 成正比。一般齿宽 $B=(6\sim10)m$；转速 n 为 750 r/min、1 000 r/min、1 500 r/min，转速过高，会造成吸油不足，转速过低，泵则不能正常工作。一般齿轮的最大圆周速度不应大于 5～6 m/s。

另外，式中的流量是指泵的平均流量，实际上齿轮泵的输油流量是有脉动的，并且齿数越少，流量脉动越大。设 q_{max} 和 q_{min} 分别表示齿轮泵的最大、最小瞬时流量，则流量脉动率 δ_q 为

$$\delta_q = \frac{q_{max} - q_{min}}{q} \times 100\% \quad (3-10)$$

表 3-3 给出了不同齿数外啮合齿轮泵的流量脉动率。在相同情况下，内啮合齿轮泵的流量脉动率要小得多。

表 3-3　不同齿数外啮合齿轮泵的流量脉动率

z	6	8	10	12	14	16	20
δ_q	0.347	0.263	0.212	0.178	0.153	0.134	0.107

4. 存在的问题

（1）困油现象

若想齿轮泵平稳工作、连续供油，齿轮啮合的重叠系数必须大于 1，也就是在前一对轮齿即将脱开啮合之前，后面的一对轮齿要进入啮合。这样，在两对轮齿同时啮合的这部分区域，会有一部分油液被围困在这个封闭容腔内，该部分容积称为困油容积。如图 3.5 所示，困油容积先随齿轮转动由大变小［由图（a）到图（b）］，齿轮继续转动后又由小变大［由图（b）到图（c）］。困油容积由大变小时，会使被困油液受挤压而产生高压，其压力会比液压泵的额定压力高出数倍，油液被从缝隙中挤出、发热，轴承等部件也会受到附加的周期性压力冲击；当困油容积由小变大时，封闭容腔会产生局部真空，使溶于油液中的气体分离出来，产生气穴现象，引起噪声、振动和气蚀，这就是齿轮泵的困油现象。此问题不解决，会严重影响齿轮泵的工作平稳性和使用寿命。

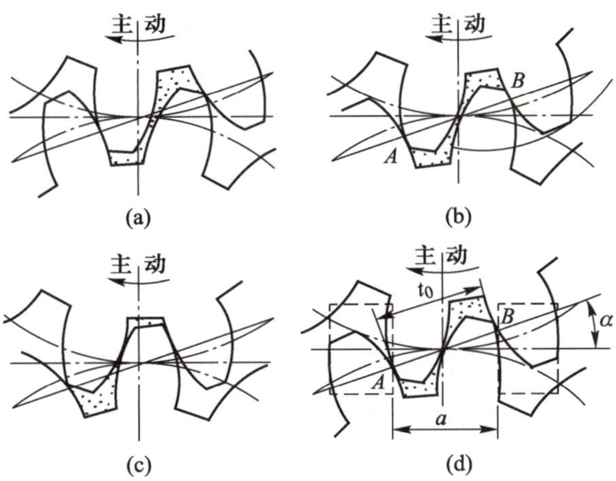

图 3.5　齿轮泵的困油现象

齿轮泵的困油现象

消除困油的方法通常是在两泵盖上开一对矩形卸荷槽［图 3.5（d）中虚线所示］。开卸荷槽的原则是：当困油容积减小时，让卸荷槽与泵的压油腔相通，这样可使封闭容腔中的高压油排到压油腔中；当困油容积增大时，让卸荷槽与泵的吸油腔相通，这样可使吸油腔中的油液及时补充到封闭容腔中，从而避免产生真空，这样可使困油现象得以消除。在开卸荷槽时，必须保证齿轮泵吸、压油腔任何时候不能通过卸荷槽直接相通，否则将使泵的容积效率降低很多。

（2）径向力不平衡

在齿轮泵中，由于压油腔和吸油腔之间存在着压差，故作用在齿轮和轴上的液体压力的合力是一种径向不平衡力，如图 3.6 所示。当泵的尺寸确定以后，油液压力越高，径向不平衡力就越大，其结果是加速轴承的磨损，增大内部泄漏，甚至造成齿顶与泵体内表面的摩擦。

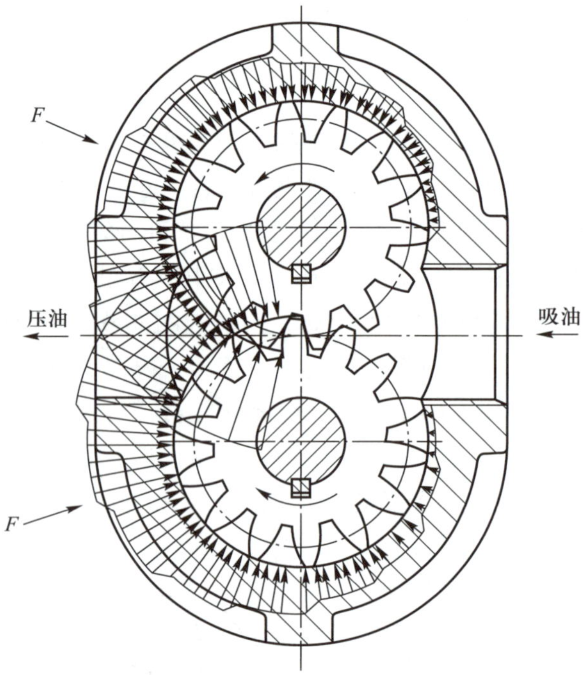

图 3.6 径向不平衡力

减小径向不平衡力的方法有：

1）缩小压油腔　通过减小高压油在齿轮上的作用面积来减小径向不平衡力，如图 3.7（a）所示。

2）开压力平衡槽　压力平衡槽分别接近低、高压油腔，通过力的平衡作用来减小径向不平衡力。但这种方法会增加内泄漏，一般很少使用，如图 3.7（b）所示。

（3）泄漏

泄漏是指液压泵的内部泄漏，即一部分液压油从压油腔流回吸油腔，没有输送到系统中去。泄漏降低了液压泵的容积效率。外啮合齿轮泵的泄漏途径为：通过齿轮端面与泵盖间轴向间隙的泄漏；通过齿轮齿顶与泵体内孔间径向间隙的泄漏；通过两齿轮啮合处的泄漏。其中泄漏最大的是轴向间隙泄漏，这部分泄漏

齿轮泵间隙泄漏

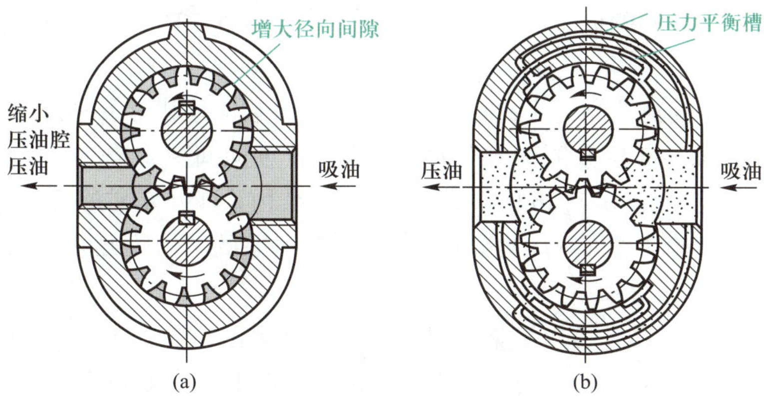

图 3.7　减小径向不平衡力的方法

占总泄漏的 70%～75%。减小轴向间隙泄漏是提高齿轮泵容积效率的主要途径。工作压力越高，由轴向间隙泄漏的液压油就越多，因此要提高齿轮泵的额定压力和容积效率，就需要从结构上对轴向间隙进行自动补偿，以减小轴向间隙泄漏。

5. 高压齿轮泵

上述齿轮泵由于泄漏较大，且存在径向不平衡力，故其额定压力不易提高。高压齿轮泵主要是针对上述问题采取了一些措施，如尽量减小径向不平衡力和提高轴与轴承的刚度，对泄漏最大的轴向间隙采用间隙补偿装置等。

（1）浮动轴套式

图 3.8（a）所示为浮动轴套式轴向间隙补偿装置。它利用泵的出口压力油，将其引入齿轮轴上浮动轴套 1 的外侧 A 腔，在油液压力作用下，使浮动轴套 1 紧贴齿轮 2 的侧面，以此消除轴向间隙并可补偿齿轮侧面和浮动轴套间的磨损量。泵启动时，靠弹簧 3 产生的预紧力保证了轴向间隙的密封。这种泵的工作压力可达约 15 MPa。

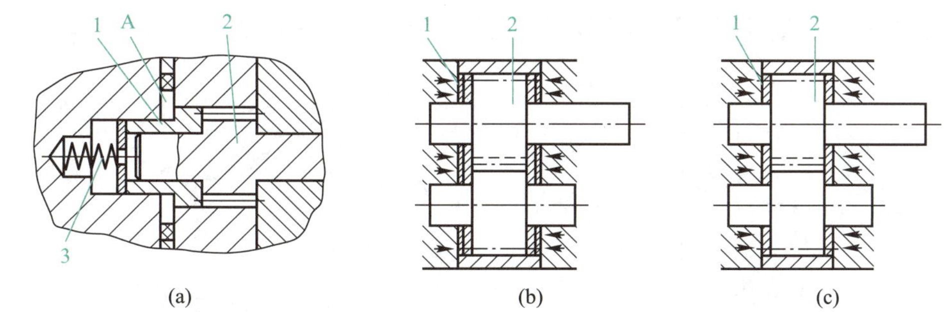

1—浮动轴套；2—齿轮；3—弹簧　　1—浮动侧板；2—齿轮　　1- 挠性侧板；2—齿轮

图 3.8　轴向间隙补偿装置示意图

（2）浮动侧板式

浮动侧板式轴向间隙补偿装置的工作原理与浮动轴套式基本相似，它也是利用泵的出口压力油，将其引到浮动侧板 1 的背面［图 3.8（b）］，使之紧贴于齿轮 2 的端面来补偿轴向间隙。泵启动时，浮动侧板靠密封圈来产生预紧力。这种泵的工作压力可达 10～16 MPa。

（3）挠性侧板式

图 3.8（c）所示为挠性侧板式轴向间隙补偿装置，它也是利用泵的出口压力油，将其引到挠性侧板 1 的背面，靠挠性侧板自身的变形来补偿轴向间隙，挠性侧板的厚度较薄，内侧面耐磨（如烧结有 0.5～0.7 mm 的磷青铜），这种结构采取一定措施后，易使其外侧面的压力分布大体上和齿轮 2 侧面的压力分布相适应。这种泵的工作压力可达 14～17 MPa。

6. 应用特点

一般外啮合齿轮泵具有结构简单、制造方便、质量轻、自吸性能好、价格低廉、对油液污染不敏感等特点；但由于径向力不平衡及泄漏的影响，一般使用的工作压力较低，另外其流量脉动也较大，噪声也大，因而外啮合齿轮泵常用于工作压力小于 2.5 MPa、负载小、功率小的机床设备及机床辅助装置，如送料、夹紧等不重要的场合，在工作环境较差的工程机械上也广泛应用。外啮合齿轮泵在结构上采取一定措施后，可以达到较高的工作压力。中压齿轮泵主要用于机床、轧钢设备的液压系统。中高压和高压齿轮泵主要用于农林机械、工程机械、船舶机械和航空技术中。

（二）内啮合齿轮泵（图 3.9）

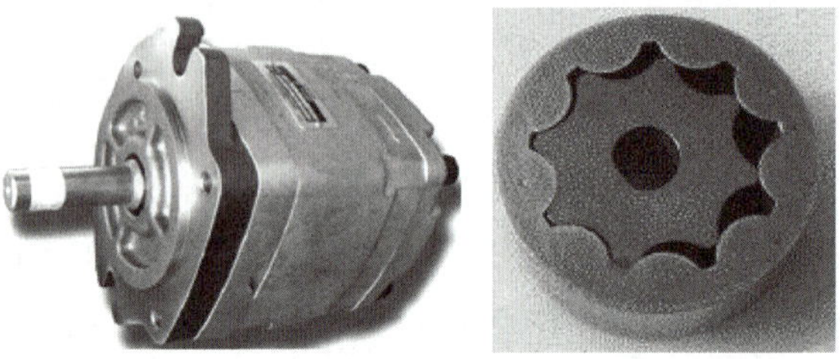

图 3.9　内啮合齿轮泵实物图

内啮合齿轮泵有渐开线齿形和摆线齿形两种，其工作原理图如图 3.10 所示。

渐开线内啮合齿轮泵

摆线内啮合齿轮泵

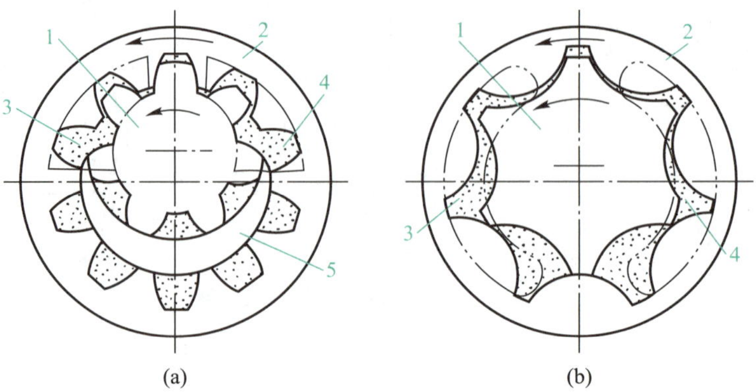

1—主动小齿轮；2—从动外齿圈；3—吸油腔；4—压油腔；5—月牙隔板

图 3.10　内啮合齿轮泵工作原理图

当主动小齿轮按如图 3.10 所示方向旋转时，轮齿退出啮合时容积增大而吸油，进入啮合时容积减小而压油。在如图 3.10（a）所示的渐开线内啮合齿轮泵中，主动小齿轮 1 和从动外齿圈 2 之间要装一块月牙隔板 5，以便把吸油腔 3 和压油腔 4 隔开。如图 3.10（b）所示的摆线内啮合齿轮泵又称摆线转子泵，其主动小齿轮 1 和从动外齿圈 2 相差一齿，因而不需要设置隔板。

内啮合齿轮泵具有结构紧凑、体积小、运转平稳、噪声小等优点，高转速下工作时有较高的容积效率；其缺点是制造工艺较复杂，价格较贵。

三、叶片泵

叶片泵的结构较齿轮泵复杂，但其工作压力较高且流量脉动小、工作平稳、噪声较小、寿命较长，所以被广泛应用于机械制造中的专用机床、自动线等中、低压液压系统中；但其结构复杂，吸油特性不太好，对油液的污染也比较敏感。

根据各密封容积在转子旋转一周吸油、压油次数的不同，叶片泵可分为两类，即完成一次吸油、压油的单作用叶片泵和完成两次吸油、压油的双作用叶片泵。单作用叶片泵多为变量泵，工作压力最大为 7.0 MPa；双作用叶片泵均为定量泵，一般最大工作压力亦为 7.0 MPa，经结构改进后的高压叶片泵的最大工作压力可达 16.0～21.0 MPa。

（一）双作用叶片泵（图 3.11）

图 3.11 双作用叶片泵实物图

1. 工作原理

图 3.12 所示为双作用叶片泵的工作原理图。它主要由定子 1、转子 2、叶片 3、配油盘 4、转动轴 5 和泵体等组成。定子内表面由 4 段圆弧和 4 段过渡曲线组成，形似椭圆，定子和转子同心安装，泵的供油流量无法调节，所以其属于定量泵。

转子旋转时，叶片靠离心力和根部油压作用伸出并紧贴在定子的内表面上，两叶片之间和转子的外圆柱面、定子内表面及前、后配油盘形成了若干个密封容积。

双作用叶片泵的工作原理

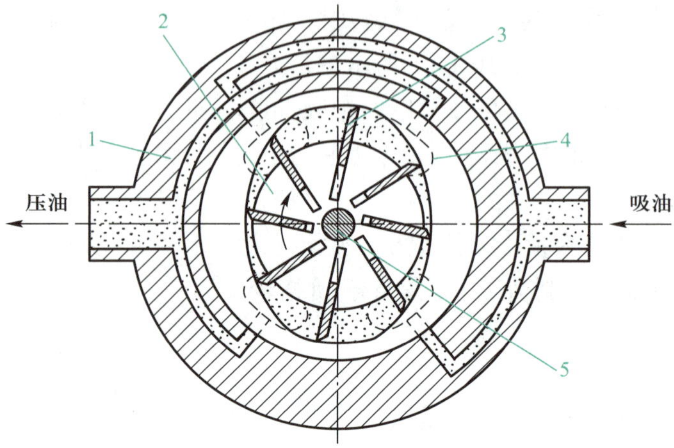

1—定子；2—转子；3—叶片；4—配油盘；5—转动轴

图 3.12 双作用叶片泵的工作原理图

当按图示转子顺时针方向旋转时，左上角和右下角处密封容积逐渐增大，形成局部真空而吸油，为吸油区；右上角和左下角处密封容积逐渐减小而压油，为压油区。吸油区和压油区之间有一段封油区把它们隔开。这种泵的转子每转一周，每个密封容积吸油、压油各两次，故称双作用叶片泵。

泵的两个吸油区和两个压油区是径向对称的，因而作用在转子上的径向力平衡，所以又称为平衡式叶片泵。

2. 流量计算

在不计叶片所占容积时，设定子曲线的长半径为 R，短半径为 r（图 3.13），叶片宽度为 b，转子转速为 n，则泵的排量近似为：

$$V = 2\pi b(R^2 - r^2) \tag{3-11}$$

双作用叶片泵的平均实际流量为：

$$q = 2\pi b(R^2 - r^2)n\eta_v \tag{3-12}$$

3. 结构特点

（1）YB1 型叶片泵

YB1 型叶片泵是 YB 型叶片泵的改进产品，两种泵的零件结构基本相同，只有少数零件做了变动，提高了泵的密封性能和使用寿命。如图 3.14 所示，YB1 型叶片泵主要由前泵体 7，后泵体 6，前、后配油盘 1、5，定子 4，转子 12，叶片 11 等零件组成。为了便于装配，配油盘、定子、转子和叶片组装在一起，用两个长螺钉固定，螺钉端部作为定位销插入泵体的定位孔内定位。

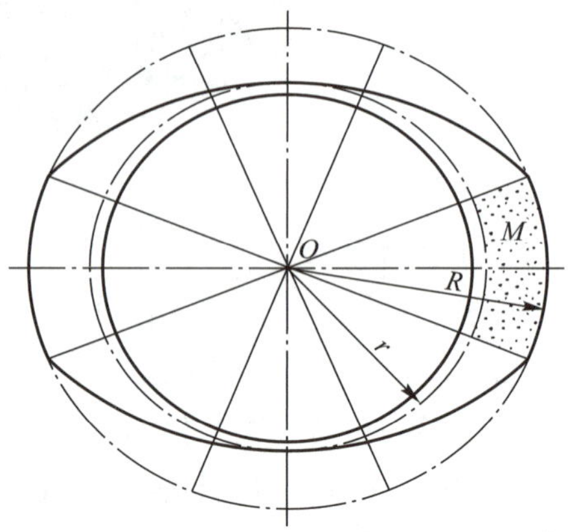

图 3.13 双作用叶片泵流量计算原理

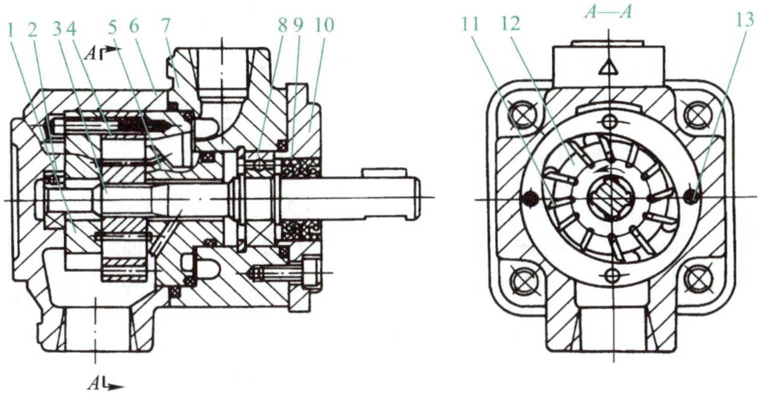

1、5—配油盘；2、8—轴承；3—传动轴；4—定子；6—后泵体；7—前泵体；9—密封圈；10—泵盖；11—叶片；12—转子；13—定位销

图 3.14　YB1 型叶片泵结构图

双作用叶片泵结构

（2）配油盘

双作用叶片泵的配油盘如图 3.15 所示，在盘上有两个吸油窗口 2、4 和两个压油窗口 1、3，窗口之间为封油区，通常应使封油区对应的中心角 β 稍大于或等于两个叶片之间的夹角，否则会使吸油腔和压油腔连通，造成泄漏。当两个叶片间密封油液从吸油区过渡到封油区（长半径圆弧处）时，其压力基本上与吸油压力相同，但当转子再继续旋转一个微小角度时，该密封腔突然与压油腔相通，其油液压力突然升高，油液体积突然收缩，压油腔中的油液将倒流进密封腔，使液压泵的瞬时流量突然减小，引起液压泵的流量脉动、压力脉动和噪声。为此在配油盘的压油窗口靠叶片从封油区进入压油区的一边开有一个截面形状为三角形的三角槽（又称眉毛槽），使两叶片之间的封闭油液在未进入压油区之前就通过该三角槽与压力油相连，使其压力逐渐上升，以此减缓流量和压力脉动，并降低噪声。环形槽 c 与压油腔相通并与转子叶片槽底部相通，使叶片的底部作用有压力油。

（3）定子曲线

图 3.16 所示为定子曲线，定子内表面曲线实质上由两段长半径 R 圆弧（α 角范围）、两

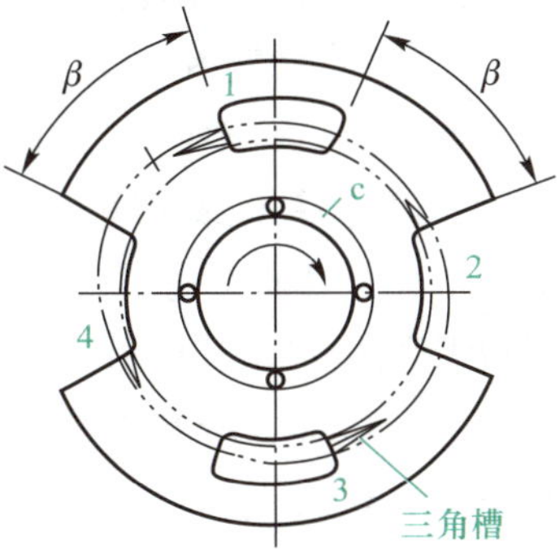

1、3—压油窗口；2、4—吸油窗口

图 3.15　配油盘

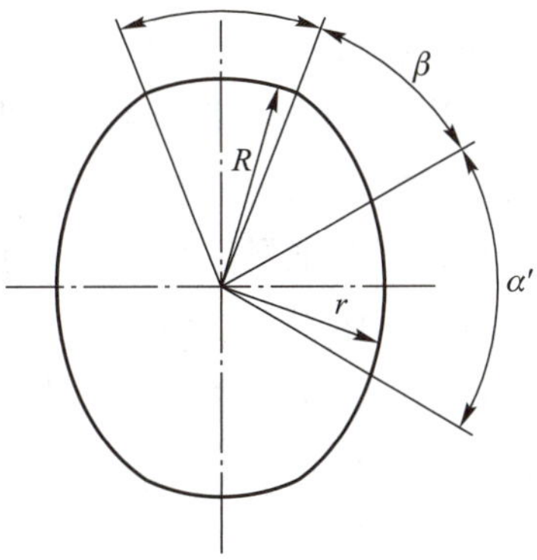

图 3.16　定子曲线

段短半径 r 圆弧（α'角范围）和 4 段过渡曲线（β 角范围）8 个部分组成，泵的动力学特性很大程度上受到过渡曲线的影响。理想的过渡曲线不仅应使叶片在槽中滑动时的径向速度变化均匀，还应使叶片转到过渡曲线和圆弧段交接点处的加速度突变不大，以减小冲击和噪声，同时，亦应使泵的瞬时流量的脉动最小。

（4）叶片倾角

从图 3.12 中可以看到叶片随转子上的叶片槽沿转子旋转方向倾斜了一角度，即叶片倾角，其目的是减小叶片和定子内表面接触时的压力角，从而减少叶片和定子间的摩擦磨损。当叶片以叶片倾角安装时，叶片泵不允许反转。

（5）端面间隙

为了使转子和叶片能自由旋转，它们与配油盘两端面间应保持一定间隙，但若间隙过大将使泵的内泄漏增加，容积效率降低。为了提高工作压力，减少端面泄漏，采取的间隙补偿措施是将配油盘的外侧与压油腔连通，使配油盘在液压推力作用下压向转子，泵的工作压力越高，配油盘就越加贴紧转子，对转子端面间隙进行自动补偿。

4. 中高压叶片泵

由于一般双作用叶片泵的叶片底部通压力油，就使得处于吸油区的叶片顶部和底部的油液压力不平衡，叶片顶部以很大的压紧力抵在定子吸油区的内表面上，使磨损加剧，影响叶片泵的使用寿命，尤其是工作压力较高时，磨损更严重，因此吸油区叶片两端压力不平衡，限制了双作用叶片泵工作压力的提高。所以中高压叶片泵需改进结构，使叶片压向定子的作用力减小，常用的改进措施如下。

（1）减小作用在叶片底部的油液压力

将泵的压油腔的油液通过阻尼槽或内装式小减压阀通到吸油区的叶片底部，使叶片经过吸油腔时，叶片压向定子内表面的作用力不致过大。

（2）减小叶片底部受压面积

叶片底部受压面积为叶片宽度和叶片厚度的乘积，因此减小叶片的实际受力宽度和厚度，就可减小叶片底部受压面积。

减小叶片实际受力宽度的结构如图 3.17（a）所示，这种结构中采用了复合式叶片（亦称子母叶片），叶片分成母叶片 1 与子叶片 2 两部分。通过配油盘使 K 腔总是接通压力油，将油液引入子母叶片间的小腔 c 内，而母叶片底部 L 腔则借助于虚线所示的油孔 b，始终与顶部油液相通。这样，无论叶片处在吸油区还是压油区，母叶片顶部和底部的油液压力总是相等，当叶片处在吸油区时，只有 c 腔的高压油作用于叶片压向定子内表面，减小了叶片和定子内表面间的作用力。图 3.17（b）所示为阶梯叶片结构，阶梯叶片和阶梯叶片槽之间的油室 d 始终和压力油相通，而叶片底部和所在腔相通。这样，叶片在 d 室内的油液压力作用下压向定子表面，由于作用面积较小，使其作用力不致太大，但这种结构的工艺性较差。

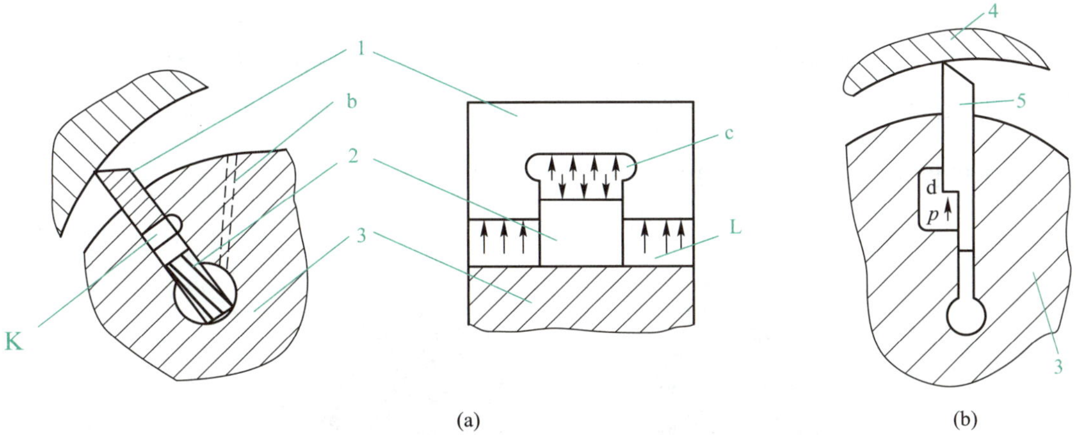

1—母叶片；2—子叶片；3—转子；4—定子；5—阶梯叶片

图 3.17　减小叶片底部受压面积的结构

（3）使叶片顶部和底部的液压作用力平衡

图 3.18（a）所示的泵采用双叶片结构，叶片槽中有两个可以作相对滑动的叶片 1 和 2，每个叶片都有一棱边与定子内表面接触，在叶片顶部形成一个油腔 a，叶片底部油腔 b 始终与压油腔相通，并通过两叶片间的小孔 c 与油腔 a 相连通，从而使叶片顶部和底部的液压作用力得到平衡。适当选择叶片顶部棱边的宽度，可以使叶片对定子表面既有一定的压紧力，又不致使该力过大。为了使叶片运动灵活，对该零件的制造精度需提出较高的要求。

图 3.18（b）所示为弹簧式叶片的结构，这种结构的叶片较厚，其顶部与底部有孔相通，叶片底部的油液是由叶片顶部经叶片的小孔引入的，因此叶片上、下油腔的液压作用力基本平衡。为使叶片紧贴定子内表面，保证密封性，在叶片底部装有弹簧。

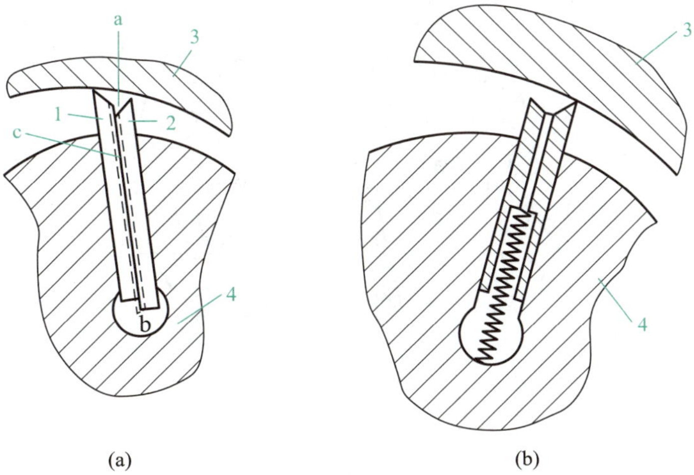

1、2—叶片；3—定子；4—转子

图 3.18　使叶片顶部和底部液压作用力平衡的结构

5. 应用特点

双作用叶片泵不仅作用在转子上的径向力平衡，还运转平稳、流量均匀、噪声小；但它的结构较复杂，吸油特性差，对油液的污染较敏感，一般用于中压液压系统。

（二）单作用叶片泵（图 3.19）

图 3.19 单作用叶片泵实物图

1. 工作原理

单作用叶片泵的工作原理图如图 3.20 所示，它与双作用叶片泵的主要差别在于它的定子是一个与转子偏心放置的内圆柱面，转子每转一周，每个密封容积吸油、压油各一次，故称单作用叶片泵。

单作用叶片泵的工作原理

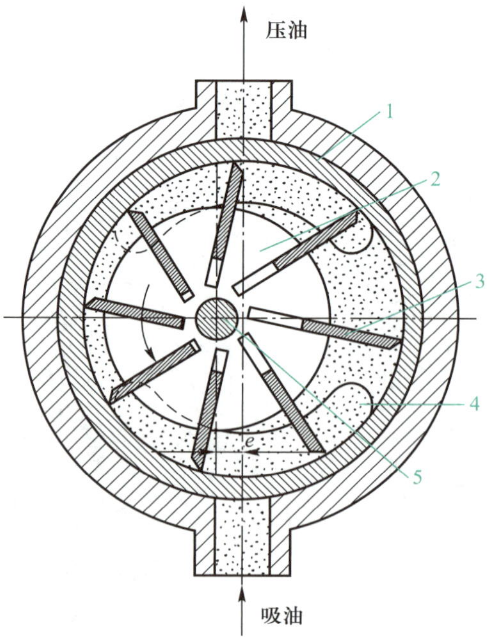

1—定子；2—转子；3—叶片；4—配油盘；5—轴

图 3.20 单作用叶片泵的工作原理图

单作用叶片泵只有一个吸油区和一个压油区，作用在转子上的径向力不平衡，所以又称为非平衡式叶片泵。

由于转子与定子偏心距 e 和偏心方向可调，所以单作用叶片泵可作双向变量泵使用。

2. 流量计算

如果不考虑叶片的厚度，设定子内径为 D，定子与转子的偏心距为 e（图 3.21），叶片宽度为 b，转子转速为 n，则单作用叶片泵的排量近似为：

$$V = 2\pi beD \tag{3-13}$$

单作用叶片泵的平均实际流量为：

$$q = 2\pi beDn\eta_v \tag{3-14}$$

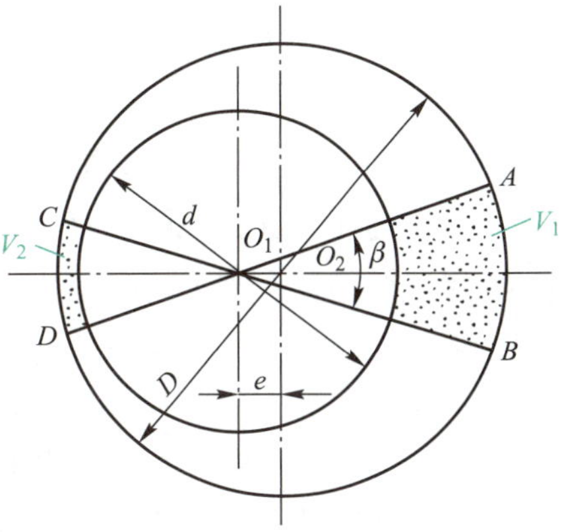

图 3.21　单作用叶片泵流量计算原理

3. 变量特性

图 3.22（a）所示为限压式变量叶片泵的工作原理图，图 3.22（b）所示为其流量—压力特性曲线。转子 1 的中心 O_1 是固定的，定子 2 可以左右移动，在限压弹簧 3 的作用下，定子 2 被推向右端，使定子中心 O_2 和转子中心 O_1 之间有一初始偏心距 e_0。e_0 的大小可用调节螺钉 6 调节，它决定了泵的最大流量。泵的出口压力 p 经泵体内通道作用于有效面积为 A 的反馈缸柱塞 5 上，使反馈缸柱塞 5 对定子 2 产生一作用力 pA。泵的限定压力 p_B 可通过调节螺钉 4 改变限压弹簧 3 的压缩量来获得，设限压弹簧 3 的预紧力为 F_s。

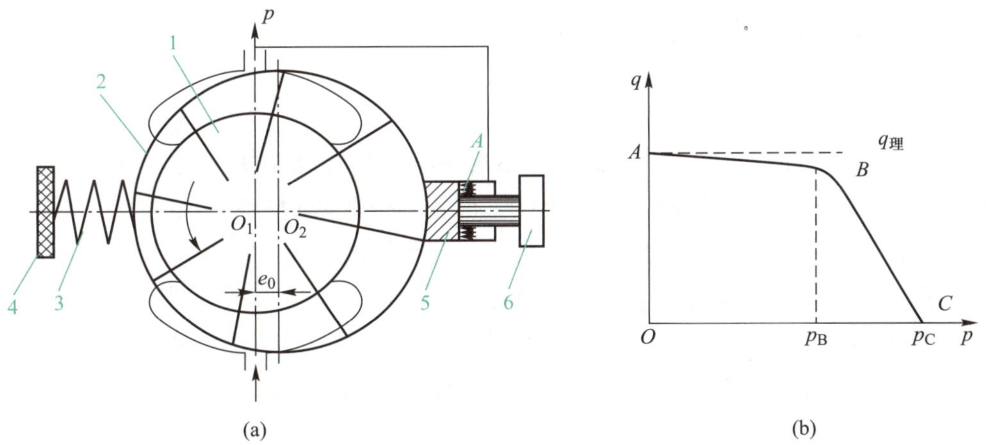

1—转子；2—定子；3—限压弹簧；4、6—调节螺钉；5—反馈缸柱塞

图 3.22　限压式变量叶片泵的工作原理图及其特性曲线

限压式变量叶片泵的工作原理

当泵的工作压力小于限定压力 p_B 时，$pA<F_s$，此时定子不做移动，最大偏心距 e_0 保持不变，泵的实际流量基本维持最大，如图 3.22（b）曲线 AB 所示，其稍有下降是泵的泄漏所致；当泵的工作压力升高且大于或等于限定压力 p_B 时，$pA \geqslant F_s$，定子左移，偏心距减小，泵的流量也减小。泵的工作压力越高，偏心距

就越小，泵的流量也就越小；当泵的工作压力达到极限压力 p_C 时，偏心距接近零，泵将不再有流量输出。

单作用叶片泵转子和配油盘的结构

4. 结构特点

（1）叶片底部

单作用叶片泵叶片底部的油液是自动切换的，即当叶片在压油区时，其底部通压力油；在吸油区时，则与吸油腔相通。所以，叶片上、下的液压作用力是平衡的，有利于减少叶片与定子间的磨损。

（2）叶片倾角

限压式变量叶片泵的结构

单作用叶片泵的叶片倾斜方向与双作用叶片泵相反，由于其叶片上、下的液压作用力是平衡的，叶片的向外运动主要依靠其旋转时所受到的离心惯性力，因此叶片后倾一个角度更有利于叶片在离心惯性力作用下向外伸出。

限压式变量叶片泵结构复杂，轮廓尺寸大，相对运动的零件多，泄漏较大，轴上承受不平衡的径向力，噪声较大，容积效率和机械效率都没有定量叶片泵高；但是，它能按负载压力自动调节流量，在功率使用上较为合理，可减少油液发热。

5. 应用特点

限压式变量叶片泵对既要实现快速行程，又要实现工作进给（慢速移动）的执行元件来说是一种合适的油源。快速行程需要大的流量，负载压力较低，正好符合特性曲线的 *AB* 段；工作进给时负载压力升高，需要流量减少，正好符合特性曲线的 *BC* 段，因而合理调整限定压力 p_B 是使用该泵的关键。目前这种泵被广泛用于要求执行元件有快速、慢速和保压阶段的中、低压液压系统中，有利于节能和简化回路。

四、柱塞泵

柱塞泵是靠柱塞在缸体中做往复运动造成密封容积的变化来实现吸油与压油的液压泵，与齿轮泵和叶片泵相比，这种泵有许多优点。首先，构成密封容积的零件为圆柱形的柱塞和缸孔，其加工方便，可得到较高的配合精度，密封性能好，在高压下工作仍有较高的容积效率；第二，只需改变柱塞的工作行程就能改变流量，易于实现变量；第三，柱塞泵中的主要零件均受压应力作用，材料强度性能可得到充分利用。由于柱塞泵压力高，结构紧凑，效率高，流量调节方便，故在需要高压、大流量、大功率的系统中和流量需要调节的场合，如龙门刨床、拉床、液压机、工程机械、矿山冶金机械、船舶上均得到广泛应用。按柱塞的排列和运动方向不同，柱塞泵可分为径向柱塞泵和轴向柱塞泵两大类。

（一）径向柱塞泵（图 3.23）

1. 工作原理

图 3.24 所示为径向柱塞泵的工作原理图。柱塞 1 径向排列装在缸体 2 中，缸体 2 由原动机带动连同柱塞 1 一起旋转，所以缸体 2 一般称为转子，柱塞 1 在离心力（或在低压油）的

图 3.23　径向柱塞泵实物图

作用下紧抵定子 4 的内壁。当转子按图示方向回转时，由于定子和转子之间有一偏心距 e，柱塞 1 绕经上半周时向外伸出，柱塞底部的容积逐渐增大，形成部分真空，泵便经衬套 3（衬套 3 压紧在转子内，并和转子一起回转）上的油孔从配油轴 5 的吸油口 b 吸油；当柱塞 1 转到下半周时，定子 4 内壁将柱塞 1 向里推，柱塞底部的容积逐渐减小，泵向配油轴 5 的压油口 c 压油。当转子回转一周时，每个柱塞底部的密封容积完成一次吸油和压油，转子连续旋转，即完成压油和吸油工作。配油轴固定不动，油液从配油轴上半部的两个油孔 a 流入，从下半部的两个油孔 d 压出。为了进行配油，配油轴在和衬套 3 接触的一段加工出上、下两个缺口，形成吸油口 b 和压油口 c，留下的部分形成封油区。封油区的宽度应能封住衬套上的吸、压油孔，以防吸油口 b 和压油口 c 连通，但其尺寸也不能大得太多，以免产生困油现象。

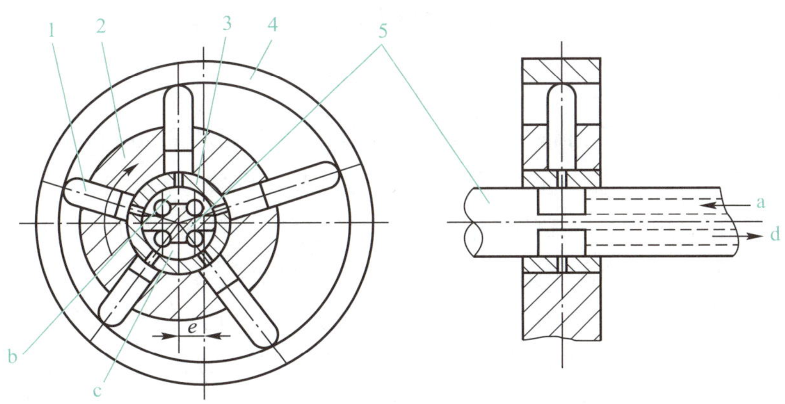

1—柱塞；2—缸体；3—衬套；4—定子；5—配油轴

图 3.24　径向柱塞泵的工作原理图

径向柱塞泵的工作原理

改变径向柱塞泵转子和定子间偏心距的大小，可以改变泵的实际流量；若改变其偏心方向，则泵的吸、压油腔互换，故径向柱塞泵为双向变量泵。

2. 流量计算

当转子和定子间的偏心距为 e 时，柱塞在缸体孔中的行程为 $2e$，设柱塞数目为 z、直径为 d，则径向柱塞泵的排量为：

$$V=\frac{\pi}{4}d^2(2e)z \tag{3-15}$$

径向柱塞泵的平均实际流量为：

$$q=\frac{\pi}{2}d^2ezn\eta_v \tag{3-16}$$

3. 应用特点

径向柱塞泵流量大，压力高，性能稳定，耐冲击性能好，工作可靠；但其径向尺寸大，结构较复杂，自吸能力差，且配油轴受到不平衡力的作用，柱塞顶部与定子内表面为点接触，容易磨损，这些都限制了它的使用，已逐渐被轴向柱塞泵替代。

（二）轴向柱塞泵（图 3.25）

斜盘式轴向柱塞泵的工作原理

图 3.25 轴向柱塞泵实物图

1. 工作原理

轴向柱塞泵的柱塞平行于缸体轴心线，其工作原理图如图 3.26 所示，它主要由斜盘 1、柱塞 2、缸体 3、配油盘 4、轴 5 和弹簧 6 等零件组成。斜盘 1 和配油盘 4 固定不动，斜盘法线和缸体轴线间的交角为 γ。缸体 3 由轴 5 带动旋转，缸体上均匀分布了若干个轴向柱塞孔，孔内装有柱塞 2，在弹簧力作用下，柱塞头部和斜盘靠牢。

当缸体按图示方向转动时，由于斜盘和压板的作用，迫使柱塞在缸体内做往复运动，使各柱塞与缸体间的密封容积做增大或缩小变化，通过配油盘 4 的吸油窗口和压油窗口进行吸油和压油。当缸孔自最低位置向前上方转动（前面半周）时，柱塞在转角 $0\sim\pi$ 范围内逐渐向右压入缸体，柱塞与缸体孔形成的密封容积减小，经配油盘压油窗口压油；柱塞在转角 $\pi\sim2\pi$（后面半周）范围内，密封容积增大，经配油盘吸油窗口吸油。

改变斜盘倾角 γ 的大小，就能改变柱塞的行程长度，也就改变了泵的排量；改变斜盘的倾斜方向，就能改变泵的吸、压油方向，故轴向柱塞泵为双向变量泵。

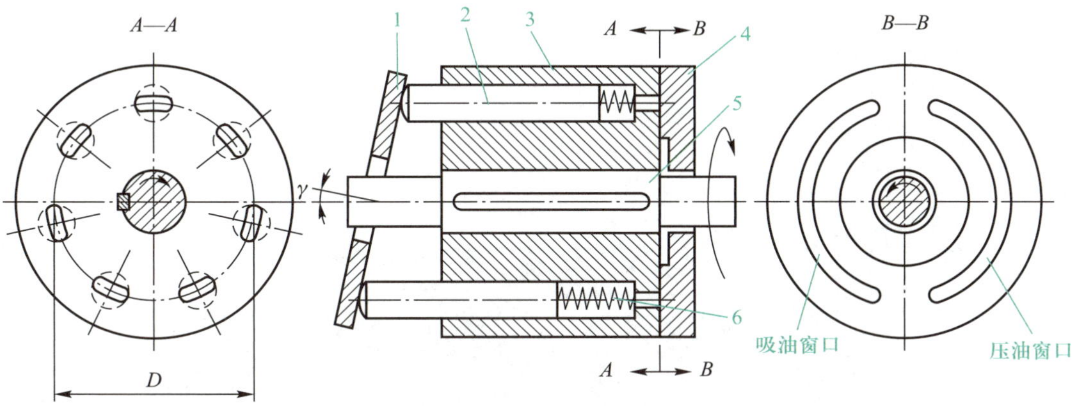

1—斜盘；2—柱塞；3—缸体；4—配油盘；5—轴；6—弹簧

图 3.26　轴向柱塞泵的工作原理图

2. 流量计算

设柱塞数目为 z、柱塞直径为 d、柱塞孔的分布圆直径为 D、斜盘倾角为 γ，则轴向柱塞泵的排量为：

$$V=\frac{\pi}{4}d^2D\tan\gamma z \tag{3-17}$$

轴向柱塞泵的平均实际流量为：

$$q=\frac{\pi}{4}d^2D\tan\gamma zn\eta_{\mathrm{v}} \tag{3-18}$$

实际上，柱塞泵的排量是转角的函数，其实际流量是脉动的。就柱塞数而言，柱塞数为奇数时的脉动率比柱塞数为偶数时小，且柱塞数越大，脉动越小，故柱塞泵的柱塞数一般为奇数，从结构工艺性和脉动率综合考虑，常取 $z=7$ 或 $z=9$。

3. 结构特点

（1）斜盘式轴向柱塞泵主体结构

图 3.27 所示为斜盘式轴向柱塞泵的结构。柱塞 5 的球状头部装在滑履 4 内，以缸体 6 作为支承的弹簧 9 通过钢球推压回程盘 3，回程盘 3 和柱塞滑履 4 一同转动。在压油过程中借助斜盘 2 推动柱塞 5 做轴向运动；在吸油时依靠回程盘 3、钢球和弹簧 9 组成的回程装置将滑履 4 紧压在斜盘 2 表面滑动，弹簧 9 一般称为回程弹簧，这样的泵具有自吸能力。

如图 3.28 所示，在滑履 3 与斜盘 4 相接触的部分有一油室 5，它通过柱塞 2 中间的小孔与缸体 1 中的工作腔相连，压力油进入油室后在滑履与斜盘的接触面间形成了一层油膜，起静压支承的作用，使滑履作用在斜盘上的力大大减小，因而减小了磨损。

图 3.27 中，传动轴 8 通过左边的花键带动缸体 6 旋转，由于滑履 4 贴紧在斜盘 2 表面上，柱塞 5 在随缸体 6 旋转的同时在缸体中做往复运动。缸体中柱塞底部的密封容积是通过配油盘 7 与泵的进、出油口相通的。随着传动轴的转动，液压泵就连续地吸油和压油了。

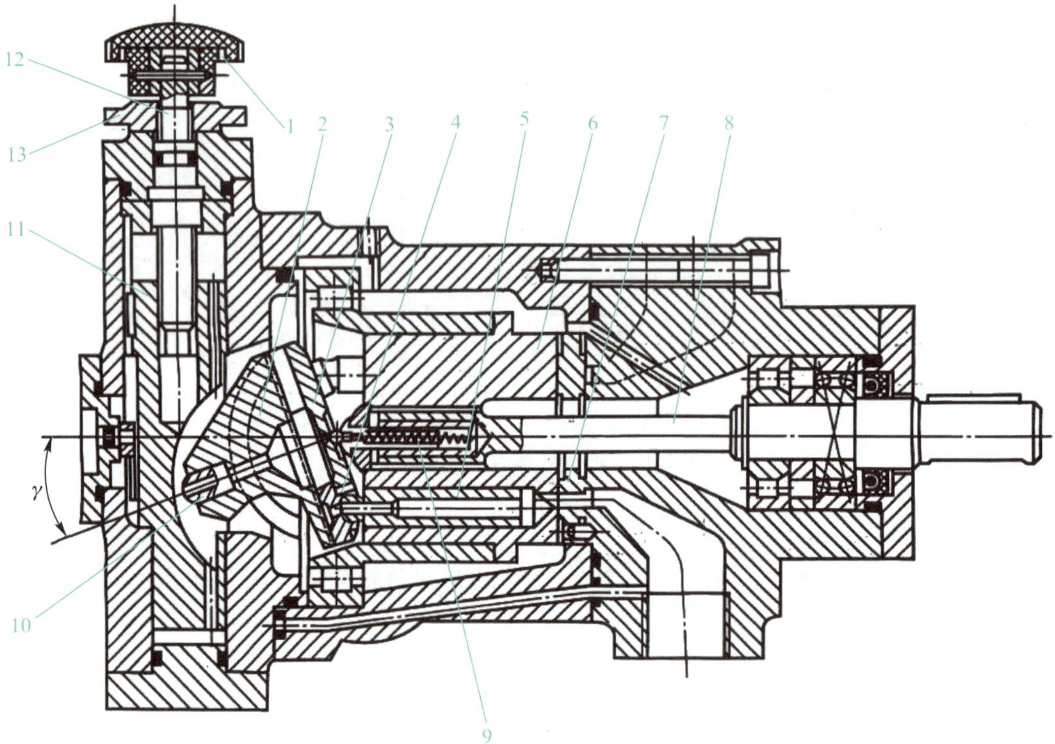

1—转动手轮；2—斜盘；3—回程盘；4—滑履；5—柱塞；6—缸体；7—配油盘；8—传动轴；9—弹簧；10—轴销；11—变量活塞；12—丝杠；13—锁紧螺母

图 3.27 斜盘式轴向柱塞泵的结构

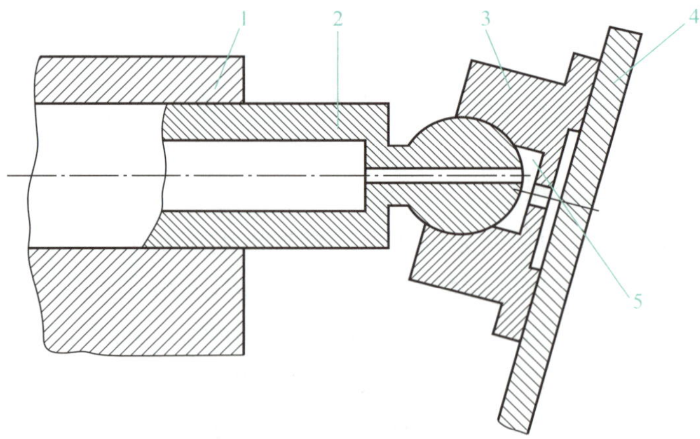

1—缸体；2—柱塞；3—滑履；4—斜盘；5—油室

图 3.28 滑履结构

手动变量轴向柱塞泵的结构

（2）变量机构

只要改变轴向柱塞泵的斜盘倾角，即可改变泵的排量和实际流量，常用的轴向柱塞泵的变量机构有手动变量和伺服变量机构。图 3.27 中采用的是手动变量机构，转动手轮 1 带动丝杠 12 转动，从而使变量活塞 11 做轴向移动（因导向键的作用，变量活塞只能做轴向移动，不能转动）。再通过轴销 10 使斜盘 2 绕变量机构壳体上的圆弧导轨面的中心（即钢球中心）旋转，从而使斜盘倾角改变，达到变量的目的。当流量达到要求时，可用锁紧螺母 13 锁紧。这种变量机构结构简单，但操纵不轻便，且不能在工作过程中变量。

（3）端面间隙

由图 3.26 可见，使缸体紧压配油盘端面的作用力，除机械装置或弹簧的推力外，还有柱塞孔底部台阶面上所受的液压作用力，此液压作用力比弹簧力大得多，而且随泵的工作压力增大而增大。由于缸体始终受液压作用力作用，因此其紧贴配油盘，从而使端面间隙得到了自动补偿。

4. 应用特点

轴向柱塞泵的柱塞与缸体孔之间为圆柱面配合，其优点是径向尺寸小，结构紧凑，加工工艺性好，易于获得很高的配合精度，故密封性能好，泄漏少，能在高压下工作，且容积效率高，流量容易调节；但其结构复杂，价格较高，对油液污染敏感，一般用于高压、大流量及流量需要调节的液压系统中，多用在矿山、冶金机械设备上。

五、液压泵的选用

液压泵的选用主要从压力、流量考虑，其次从自吸能力、抗污染能力、效率和价格等方面考虑，合适的液压泵能确保设备运行正常、提升加工效率，有助于维持机床的精度和稳定性，延长机床的使用寿命，减少能源浪费、降低运行成本等。

选用液压泵时，最主要的是满足使用要求，要考虑的因素如下：

1）是否要求变量　要求变量选用变量泵，其中单作用叶片泵的工作压力较低，仅适用于机床系统。

2）工作压力　目前各类液压泵的额定压力都有所提高，但相对而言，柱塞泵的额定压力最高。

3）工作环境　齿轮泵的抗污染能力最好，因此特别适用于工作环境较差的场合。

4）噪声指标　属于低噪声的液压泵有内啮合齿轮泵、双作用叶片泵和螺杆泵，后两种泵内的瞬时理论流量均匀。

5）效率　按结构形式分时，轴向柱塞泵的总效率最高；同一种结构的液压泵，排量大的总效率高；同一排量的液压泵，其在额定工况（额定压力、额定转速、最大排量）时的总效率最高，若工作压力低于额定压力或转速低于额定转速、排量小于最大排量时，泵的总效率将下降，甚至下降很多，因此液压泵应在额定工况（额定压力和额定转速）或接近额定工况的条件下工作。

选择液压泵的原则：根据液压系统的工作需要、载荷性质、功率大小和对工作性能的其他要求，先确定液压泵的类型，然后按系统所要求的压力、流量大小确定其规格型号。

表 3-4 列出了液压系统中常用液压泵的主要性能。

表 3-4 常用液压泵的主要性能

类型	齿轮泵	双作用叶片泵	单作用叶片泵	轴向柱塞泵	径向柱塞泵
工作压力 /MPa	<20	6.3～20	≤7	20～35	10～20
流量调节	不能	不能	能	能	能
容积效率	0.70～0.95	0.80～0.95	0.80～0.90	0.90～0.98	0.85～0.95
总效率	0.60～0.85	0.75～0.85	0.70～0.85	0.85～0.95	0.75～0.92
流量脉动率	大	小	中等	中等	中等
对油液污染的敏感性	不敏感	敏感	敏感	敏感	敏感
自吸特性	好	较差	较差	较差	差
噪声	大	小	较大	大	较大
应用范围	机床、工程机械、农业机械、航空、船舶、一般机械	机床、注塑机、液压机、起重运输机械、工程机械、航空	机床、注塑机	机床、工程机械、锻压机械、起重运输机械、矿山机械、冶金机械、船舶、航空	机床、液压机、船舶

任务实施

任务　MJ-50 数控车床液压系统中变量叶片泵的拆装

在 MJ-50 数控车床中，液压系统要实现动力卡盘的夹紧与松开、动力卡盘夹紧力的高低压转换、回转刀架的松开与夹紧、回转刀架的正转与反转、尾座套筒的伸出与缩回等动作，不同的工作任务对液压系统的压力、流量等有不同的要求，该系统选用了 QCIST 奇斯特 VV5 系列变量叶片泵供油。

单作用叶片泵

在 MJ-50 数控车床中，若液压泵出现故障，就会影响整个液压系统的工作，这时就需要及时拆卸液压泵进行维修，维修后再正确地进行装配。为确保拆装液压泵过程的安全性和效率，需按正确的方法和步骤进行。

一、实施流程

（一）实施准备

1）变量叶片泵（图 3.29）。

2）工具：内六角扳手、卡簧钳、尖口钳、一字螺丝刀、毛刷等。

3）辅料：铜棒、棉纱、煤油等。

图 3.29　变量叶片泵

（二）拆装要求

1）拆装前认真预习，了解变量叶片泵的基本结构和工作原理，为实际操作做好理论准备。

2）针对不同的零件，利用相应工具，严格按照其拆卸、装配步骤进行，严禁违反操作规程进行私自拆卸、装配。

3）拆装中弄清楚变量叶片泵的结构组成、工作原理及主要零件、组件特殊结构的作用。

（三）拆装步骤

1）拆下前泵盖，取出调压螺栓和调压弹簧等。

2）拆下防尘套、噪声调节螺母和噪声调节螺栓。

3）拆下连接泵体和后泵盖的螺栓，拆开泵体和后泵盖。

4）取出配油盘、叶片、转子和定子。

5）装配：装配前必须仔细清洗各零件。对待装零件进行合格性检查，特别是运动副的配合精度和表面状态。注意去除所有零件上的毛刺、飞边、污垢，清洗要彻底、干净。装配按拆卸相反顺序进行，相互配合，安全第一。

（四）拆装注意事项

1）拆卸前，应对设备、零部件的结构、连接和固定方式了解清楚，不明情况者不准拆卸。

2）拆卸时，要做好印记、标记等工作，特别细小的零件应用油纸包好，挂牌保存。

3）拆卸时，须将零件的回转方向、大小头、厚薄端辨别清楚。

4）装配时应注意以下事项：

① 注意装配时不要错装、漏装零件，注意零件的正反方向。

② 装配时应防止对零件的损伤。

③ 装配时注意零件之间的相对位置。

④ 拧紧螺钉时要让几个螺钉均匀受力。

（五）实施步骤（表 3-5）

表 3-5　工作任务单

工作任务	MJ-50 数控车床液压系统中液压泵（变量叶片泵）的拆装
任务描述	分组对 MJ-50 数控车床液压系统中的液压泵进行分析，讨论液压泵的类型和工作原理，并对液压泵进行正确的拆装
任务要求	1）掌握液压泵的工作原理、类型； 2）掌握液压泵的分类和结构特性； 3）熟悉液压泵拆装方法和步骤； 4）熟悉液压泵拆装时的注意事项
提交成果	各小组按液压泵拆装步骤，正确地拆装液压泵

（六）AI 助力

利用 AI 提问，判断 AI 描述内容的正误并把正确的答案填写在表 3-6 中。

问题 1：单作用叶片泵（变量叶片泵）如何完成吸油和压油？

问题 2：单作用叶片泵（变量叶片泵）拆装的步骤及每一步需要的工具？

问题 3：造成单作用叶片泵（变量叶片泵）外泄漏的原因有哪些？如何解决这些外泄漏问题？

表 3-6　AI 助力任务实施

<table>
<tr><th>序号</th><th colspan="4">内容描述</th></tr>
<tr><td>问题 1</td><td colspan="4"></td></tr>
<tr><td rowspan="11">问题 2</td><td>顺序</td><td colspan="2">拆装步骤</td><td>选用工具</td></tr>
<tr><td>①</td><td colspan="2"></td><td></td></tr>
<tr><td>②</td><td colspan="2"></td><td></td></tr>
<tr><td>③</td><td colspan="2"></td><td></td></tr>
<tr><td>④</td><td colspan="2"></td><td></td></tr>
<tr><td>⑤</td><td colspan="2"></td><td></td></tr>
<tr><td>⑥</td><td colspan="3"></td></tr>
<tr><td>⑦</td><td colspan="3"></td></tr>
<tr><td>⑧</td><td colspan="3"></td></tr>
<tr><td>⑨</td><td colspan="3"></td></tr>
<tr><td>⑩</td><td colspan="3"></td></tr>
<tr><td rowspan="5">问题 3</td><td colspan="2">产生原因</td><td colspan="2">解决方法</td></tr>
<tr><td colspan="2"></td><td colspan="2"></td></tr>
<tr><td colspan="2"></td><td colspan="2"></td></tr>
<tr><td colspan="2"></td><td colspan="2"></td></tr>
<tr><td colspan="2"></td><td colspan="2"></td></tr>
</table>

二、任务评价（表 3-7）

表 3-7　实践考核评价单

姓名		班级		组别		日期	

序号	考核内容	小组评价（50%）	教师评价（50%）	总评
1	遵守纪律，积极参与拆装方案的确定（15 分）			
2	拆装前准备工作，包括正确选择拆装所用工具、清洗油液、润滑油、器皿、记号笔等（20 分）			
3	能按正确方法和步骤拆卸液压泵（30 分）			
4	能按正确方法和步骤装配液压泵（25 分）			
5	做好 6S 管理工作（10 分）			

知识拓展

设备运行过程中，液压泵出现故障和造成故障的原因是多种多样的。总的看来，造成故障的原因有两方面。

1. 液压泵本身故障

液压泵是由许多零件装配而成的。当泵经过一段时间的使用后，有些零件的加工精度、表面粗糙度、配合间隙、几何公差和接触刚度等质量问题就暴露出来，突出的表现是零件的技术要求遭到破坏。

2. 外界因素引起故障

外界因素是指对液压泵的操作不正确，主要表现在以下几个方面：

1）油液黏度　选用的液压油的黏度过高会增加泵的吸油阻力，易出现吸空现象，使系统压力和流量不足；黏度过低会增加泄漏，降低容积效率，并容易吸入空气，造成冲击或爬行。

2）环境　环境杂质、铁屑和灰尘等侵入油液，轻者影响系统正常工作，重者影响泵的使用寿命。

3）液压泵　安装时，泵轴与电动机轴同轴度过差，可能引起不规则的噪声和运动不平稳，严重时还会损坏零件；有转向要求的液压泵，如果安装转向不对，不仅泵不能向外输油，还会很快地损坏零部件；泵的转速如果选择不当，对泵的工作性能也有影响；安装时吸油管处密封不好，会使空气侵入系统。

4）油箱　所选油箱容量小，散热条件差，会使油温过高，从而带来许多问题；所选油箱容量太大，油面过低，可能使液压泵无法吸油；液压泵的吸油口安装高度不当、吸油管过细和滤油器通流截面过小等都会影响吸油能力。

一、齿轮泵常见故障及排除方法（表 3-8）

表 3-8　齿轮泵常见故障及排除方法

现象	产生原因	排除方法
齿轮泵不吸油或流量小	1）吸油位置太高或油位不足； 2）油温过高； 3）齿轮泵密封不严； 4）齿轮泵齿轮齿顶与泵体内孔的径向间隙过大，齿轮端面与前、后泵盖轴向间隙过大； 5）过滤器堵塞	1）在油箱内补油，降低吸油位置； 2）在油箱内加冷却器或采用风冷； 3）更换密封元件，紧固连接件； 4）更换泵体； 5）清洗或更换过滤器的滤芯
振动、噪声过大	1）齿轮泵吸油管直径太小； 2）齿轮误差大或两齿轮轴线不平行； 3）泵体与泵盖的两侧没有加纸垫而产生硬物冲击，泵体与泵盖密封不垂直，旋转时吸入空气； 4）过滤器堵塞，或转速过高； 5）电动机轴与泵轴不同轴	1）更换直径较大的吸油管； 2）更换主精度齿轮，保证两齿轮轴线平行； 3）泵体与泵盖间加入纸垫，研磨泵体与泵盖间的平行度不超过 0.005 mm； 4）清理过滤器或降低转速； 5）调整泵体与电动机的同轴度，使其误差不超过 0.01 mm
油液泄漏	1）泵盖与密封圈配合过松； 2）油封骨架弹簧脱落； 3）轴的密封面被划伤	1）调整泵盖与密封圈间隙； 2）更换密封元件； 3）重新研磨密封面
齿轮泵运转不畅或有咬死现象	1）泵中有杂质； 2）压力阀失灵； 3）泵盖与轴的同轴度不够； 4）泵体轴向间隙及径向间隙过小； 5）滚针转动不灵活； 6）泵与电动机联轴器的同轴度不够	1）用细绸丝网过滤油液去除污物； 2）更换弹簧，清除阀体小孔污物或换滑阀； 3）更换泵盖使其与轴同轴； 4）调整轴向或径向间隙； 5）更换滚针轴承； 6）调整泵与电动机联轴器的同轴度，使其不超过 0.01 mm
压力不足	1）泵体有裂纹，或有泄漏现象； 2）油液黏度太高或油温过高； 3）电动机功率与齿轮泵不匹配； 4）齿轮泵径向间隙与轴向间隙过大，其中轴向间隙的影响更大； 5）过滤器堵塞； 6）溢流阀的调定压力过低或失灵	1）若因泵体有裂纹，则应更换泵体，若泄漏则在泵体与泵盖间加装纸垫，紧固连接件； 2）20 号机油适用于 10～50 ℃的工作温度，如温度过高则应装冷却装置； 3）更换相匹配的电动机； 4）更换泵体； 5）清理过滤器； 6）重新调试调定压力或更换溢流阀

二、叶片泵常见故障及排除方法（表 3-9）

表 3-9　叶片泵常见故障及排除方法

现象	产生原因	排除方法
泵吸不上油或无压力	1）原动机与液压泵旋向不一致； 2）液压泵传动键脱落； 3）吸、压油口接反； 4）油箱内油面过低，吸油管口露出油面； 5）转速太低，吸力不足； 6）油液黏度过高使叶片运动不灵活； 7）油温过低，使油液黏度过高； 8）系统油液过滤精度低，导致叶片在槽内卡住； 9）吸油管或过滤装置堵塞造成吸油不畅； 10）进油口过滤器过滤精度过高造成吸油不畅； 11）吸油管漏气； 12）小排量液压泵吸力不足	1）纠正原动机旋向； 2）重新安装传动键； 3）按说明书正确接法重接； 4）补充油液至最低油标线以上； 5）提高转速达到液压泵最低转速以上； 6）选用推荐黏度的液压油； 7）加温至推荐正常工作油温； 8）拆洗、修磨液压泵内零件，仔细重装，并更换油液； 9）清洗管道或过滤装置，除去堵塞物，更换或过滤油箱内油液； 10）按说明书正确选用过滤器； 11）检查管道各连接处，并予以密封、紧固； 12）向泵内注满油
流量不足，达不到额定值	1）转速未达到额定转速； 2）系统中有泄漏； 3）由于泵长时间工作、振动使泵盖螺钉松动； 4）吸油管漏气； 5）吸油不充分： ① 油箱内油面过低； ② 进油口过滤器堵塞或通流量过小； ③ 吸油管堵塞或通径小； ④ 油液黏度过高或过低。 6）变量泵流量调节不当	1）按说明书额定转速选用电动机转速； 2）检查系统，修补泄漏点； 3）拧紧螺钉； 4）检查各连接处，并予以密封、紧固； 5）使吸油充足： ① 补充油液至最低油标线以上； ② 清洗过滤器或选用通流量为泵流量 2 倍以上的过滤器； ③ 清洗管道，选用不小于泵进油口通径的吸油管； ④ 选用推荐黏度液压油。 6）重新调节至所需流量
压力升不上去	1）泵吸不上油或流量不足； 2）溢流阀调定压力太低或出现故障； 3）系统中有泄漏； 4）由于泵长时间工作、振动，使泵盖螺钉松动； 5）吸油管漏气； 6）吸油不充分； 7）变量泵压力调节不当	1）同前述排除方法； 2）重新调试溢流阀调定压力或修复溢流阀； 3）检查系统、修补泄漏点； 4）拧紧螺钉； 5）检查各连接处，并予以密封、紧固； 6）同前述排除方法； 7）重新调节至所需压力
噪声过大	1）吸油管漏气； 2）吸油不充分； 3）泵轴和电动机轴不同轴； 4）油液中有气泡； 5）泵转速过高； 6）泵压力过高；	1）检查管道各连接处，并予以密封、紧固； 2）同前述排除方法； 3）重新安装达到说明书要求精度； 4）补充油液或采取结构措施，把回油口浸入油面以下； 5）调整至推荐转速范围；

续表

现象	产生原因	排除方法
噪声过大	7）轴密封处漏气； 8）油液过滤精度过低，导致叶片在槽中卡住； 9）变量泵止动螺钉调整失当	6）降压至额定压力以下； 7）更换油封； 8）拆洗、修磨泵内零件并仔细重新组装，更换油液； 9）适当调整螺钉至噪声达到正常
过度发热	1）油温过高； 2）油液黏度太低，内泄漏过大； 3）工作压力过高； 4）回油口直接接到泵进油口处	1）改善油箱散热条件或增设冷却器，使油温控制在推荐正常工作油温范围内； 2）选用推荐黏度液压油； 3）降压至额定压力以下； 4）回油口接至油箱液面以下
振动过大	1）泵轴与电动机轴不同轴； 2）安装螺钉松动； 3）转速或压力过高； 4）油液过滤精度过低，导致叶片在槽中卡住； 5）吸油管漏气； 6）吸油不充分； 7）油液中有气泡	1）重新安装达到说明书要求精度； 2）拧紧螺钉； 3）调整至许用范围以内； 4）拆洗、修磨泵内零件并仔细重新组装，更换油液或重新过滤油箱内油液； 5）检查管道各连接处，并予以密封、紧固； 6）同前述排除方法； 7）补充油液或采取结构措施，把回油口浸入油面以下
外泄漏	1）密封老化或损伤； 2）吸、压油口连接部位松动； 3）密封面磕碰； 4）泵体有砂眼	1）更换密封元件； 2）紧固螺钉或管接头； 3）修磨密封面； 4）更换泵体

三、柱塞泵常见故障及排除方法（表 3-10）

表 3-10 柱塞泵常见故障及排除方法

现象	产生原因	排除方法
流量不够	1）油箱油面过低，管道及过滤器堵塞或阻力太大以及漏气等； 2）泵体内预先没有充好油，留有空气； 3）液压泵中心弹簧折断，使柱塞回程不够或不能回程，导致泵体和配油盘之间失去密封性能； 4）配油盘与缸体或柱塞与缸体之间磨损； 5）变量泵低压时，流量不够可能是泵内部摩擦等原因，使变量机构不能达到极限位置造成偏角小所致；高压时可能是调整误差所致； 6）油温太高或太低	1）检查储油量，把油加至油标线，排除管道堵塞物，清洗过滤器，紧固各连接处螺钉，排除漏气； 2）排除泵内空气； 3）更换中心弹簧； 4）磨平配油盘与缸体的接触面，单缸研配，更换柱塞； 5）低压时使变量活塞及变量头活动自如，高压时纠正调整误差； 6）根据温升选用合适的油液

续表

现象	产生原因	排除方法
压力脉动	1）配油盘与缸体或柱塞与缸体之间磨损，内或外泄漏过大； 2）对于变量泵可能由于变量机构的偏角太小，使流量过小，内泄漏相对增大，因此不能连续对外供油； 3）伺服活塞与变量活塞运动不协调，出现偶尔或经常性的脉动； 4）吸油管堵塞，阻力大及漏气	1）磨平配油盘与缸体的接触面，单缸研配，更换柱塞，紧固各连接处螺钉，排除泄漏； 2）适当加大变量机构的偏角，排除内部泄漏； 3）偶尔脉动，多因油液污染，可更换新油，经常脉动，可能是配合件损伤或“憋劲”，应拆下修研； 4）疏通吸油管及清洗进油口过滤器，紧固吸油管段的连接螺钉
噪声	1）泵体内留有空气； 2）油箱油面过低，吸油管堵塞或阻力大以及漏气等； 3）泵和电动机不同轴，使泵和传动轴受径向力	1）排除泵内的空气； 2）按规定加足油液，疏通吸油管，清洗过滤器，紧固吸油管段连接螺钉； 3）重新装配，使电动机与泵同轴
发热	1）内泄漏过大； 2）运动件磨损	1）修研各密封配合面； 2）修复或更换磨损件
泄漏	1）轴承回转密封圈损坏； 2）各接合处 O 形密封圈损坏； 3）配油盘与缸体或柱塞与缸体之间磨损（会引起回油管外泄漏增加，也会引起高、低压腔之间内泄漏）； 4）变量活塞或伺服活塞磨损	1）检查密封圈及各密封环节，排除内泄漏； 2）更换 O 形密封圈； 3）磨平接触面，配研缸体，单配柱塞； 4）严重时更换活塞
变量机构失灵	1）控制油路上的单向阀弹簧折断； 2）变量头与变量泵体磨损； 3）伺服活塞、变量活塞以及弹簧心轴卡死； 4）个别管道堵死	1）更换弹簧； 2）配研两者的圆弧配合面； 3）机械卡死时，用研磨的方法使各运动件灵活； 4）油液污染时，更换新油
泵不能转动（卡死）	1）柱塞与泵体卡死（可能是油液污染或油温变化引起的）； 2）滑履落脱（可能是柱塞卡死，或负载引起的）； 3）柱塞球头折断（原因同上）	1）油液污染时，更换新油，油温太低时，更换黏度较小的液压油； 2）更换或重新装配滑履； 3）更换零件

巩固与提高

一、填空题

1. 尽管液压系统中可采用的液压泵形式很多，但都属于 ______ 式液压泵，它们都是依靠 ______ 不断变化来进行工作的。

2. 液压泵是将电动机输出的 ______ 转换为 ______ 的能量转换装置。

3. 外啮合齿轮泵位于轮齿逐渐脱开啮合的一侧是 ______ 腔，位于轮齿逐渐进入啮合的一侧是 ______ 腔。

4. 变量泵是指 ______ 可以改变的液压泵，常见的变量泵有 ______、______、

__________，其中 __________ 和 __________ 是通过改变偏心距来实现变量的，__________ 是通过改变斜盘倾角来实现变量的。

5. 按工作方式不同，叶片泵分为 __________ 和 __________ 两种。

6. 液压泵的实际流量比理论流量 __________，理论流量和实际流量的差值是 __________。

7. 为了消除齿轮泵的困油现象，通常在其两侧泵盖上开 __________，使密封容积由大变小时与 __________ 腔相通，密封容积由小变大时与 __________ 腔相通。

8. 齿轮泵产生泄漏的间隙为 __________ 间隙和 __________ 间隙，此外还存在 __________ 间隙，其中 __________ 泄漏占总泄漏量的 70%～75%。

二、判断题

1. 双作用叶片泵的转子每回转一周，每个密封容积完成两次吸油和压油。 (　　)
2. 改变轴向柱塞泵斜盘的倾角大小和倾向，则可成为双向变量液压泵。 (　　)
3. 改变轴向柱塞泵斜盘倾斜的方向就能改变吸、压油的方向。 (　　)
4. 齿轮泵都是定量泵。 (　　)
5. 液压泵的工作压力取决于液压泵的公称压力。 (　　)
6. 在齿轮泵中，为了消除困油现象，可在泵盖上开卸荷槽。 (　　)
7. 齿轮泵的吸油腔就是轮齿不断进入啮合的那个腔。 (　　)
8. 双作用叶片泵既可作为定量泵使用，又可作为变量泵使用。 (　　)

三、问答题

1. 液压泵的工作压力和额定压力分别指什么？
2. 如果与液压泵吸油口相通的油箱是完全封闭的，不与大气相通，液压泵能否正常工作？
3. 试述外啮合齿轮泵的工作原理，并解释齿轮泵工作时径向力为什么不平衡。
4. 齿轮泵的困油现象是怎么引起的？对其正常工作有何影响？如何解决？
5. 为什么双作用叶片泵的叶片要前倾，而单作用叶片泵的叶片要后倾？
6. 叶片泵压油口无压力，可能是哪些原因造成的？
7. 分析轴向柱塞泵实际流量不足的原因。

四、计算题

1. 某泵的出口油压力为 10 MPa，转速为 1 450 r/min，排量为 200 mL/r，泵的容积效率 $\eta_v = 0.95$，总效率 $\eta = 0.9$。求泵的输出功率及驱动该泵的电动机所需功率。

2. 某机床液压系统采用一限压式变量叶片泵，泵的流量—压力特性曲线如图 3.30 所示。最大功率时泵的总效率为 0.7。试问泵所需的最大输入功率为多少？如机床在工作进给时泵的工作压力 $p = 4.5$ MPa，实际流量 $q = 2.5$ L/min，在快速移动时泵的工作压力 $p = 2$ MPa，实际流量 $q = 20$ L/min，试问限压式变量叶片泵的流量—压力特性曲线应如何调整？

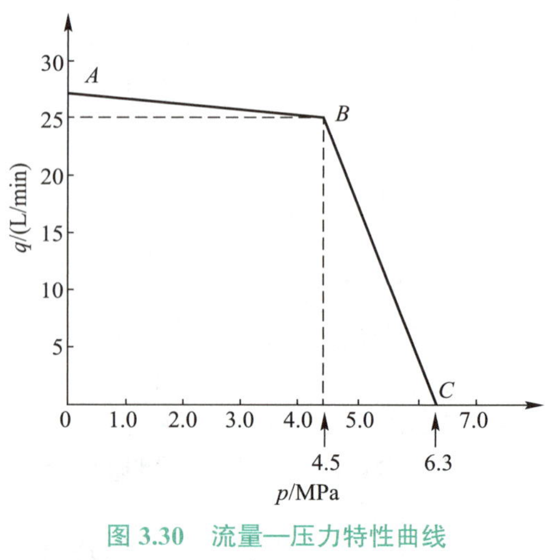

图 3.30　流量—压力特性曲线

职业与素养——液压泵的前沿技术

液压泵的技术在不断发展和创新，以下介绍一些前沿的研究方向和技术突破：

1）提高效率　Innas 公司提出的“Shuttle”技术，即梭阀结构。该技术能避免不同工作参数对效率的影响，可自适应地适配各种不同工况要求，减少因高低压过渡带来的效率损失，实现类似“Ideal Commutation”的目的，即可使泵或马达进行几乎理想的换向，且没有换向损耗，产生更柔和的压缩和膨胀，减少气蚀和能量损失。

2）适应高温环境　美国佐治亚理工学院、斯坦福大学和秘鲁大学的研究人员发明的新型液压泵，采用陶瓷、石墨、金属钨和可加工的氮化铝复合物等材料制成，可在温度为 1 673 K（约为 1 400 ℃）的环境下工作。这种新型液压泵旨在解决材料在高温环境下膨胀的问题，能将液压泵的应用范围扩大到太阳能发电等领域。不过，其在长时间工作方面还有待改进。

3）自冷却、自润滑　燕山大学闻德生教授及其团队研发的双端面配流柱塞泵首次实现了自冷却、自润滑性能，并去掉了泄漏回油管路。

4）新型多泵多马达传动　燕山大学闻德生教授及其团队自主创新的新型液压传动及元件，形成了新型多泵多马达传动，与传统传动相比，它剔除了减压阀、分流集流阀、平衡阀、增压器等传统元件，精简了系统，提高了系统效率和可靠性，还实现了传统传动无法实现的力偶和马达差动。

此外，在材料科学、制造工艺、智能控制等方面的技术进步，也在推动着液压泵技术的发展，例如使用更耐磨的材料、优化制造工艺以提高液压泵精度和可靠性，以及通过智能控制系统实现对液压泵更精确的控制和监测等。同时，研究人员也在关注液压泵的噪声降低、小型化、集成化等方面的发展，以满足不同应用场景的需求。

项目四　液压执行元件的选用与拆装

项目引入

液压缸和液压马达是液压系统中的执行元件，是驱动外部工作机构运动的元件。整个液压系统最后输出动作的特性，是由执行元件决定的。MJ-50 数控车床液压系统中有 4 个执行元件，分析其类型和特点，以及如何进行正确拆装和故障分析。

思维导图

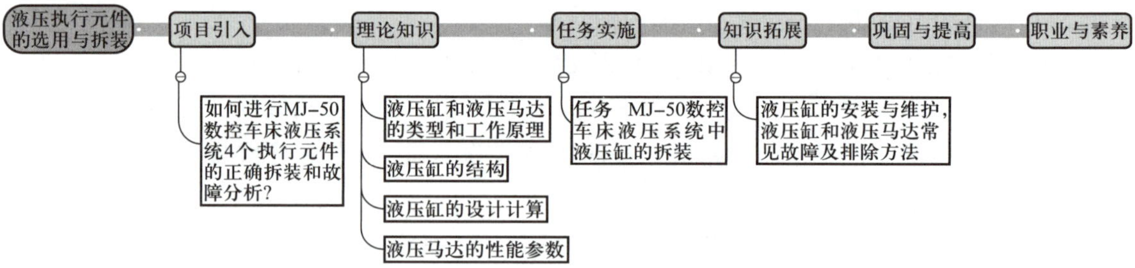

学习目标

1. 掌握液压缸、液压马达的工作原理、类型和图形符号。
2. 掌握液压缸、液压马达的主要参数计算方法。
3. 掌握液压缸的结构特性。
4. 了解液压缸的设计计算方法。
5. 熟悉液压缸的拆装步骤。
6. 了解液压缸的使用注意事项。
7. 了解液压缸和液压马达的常见故障及排除方法。

理论知识

液压执行元件是液压系统的重要组成部分，其功能是将液压泵提供的液压能转换为机械能输出，驱动外部工作机构做功。常用的执行元件有液压缸和液压马达两种类型。

一、液压缸

液压缸的工作原理

液压缸是液压系统的执行元件之一，它是将油液的压力能转换为机械能，实现往复直线运动或摆动的能量转换装置，输出力和速度。

（一）液压缸的类型和工作原理

按结构形式不同，液压缸可分为活塞式、柱塞式、摆动式等类型。

1. 活塞式液压缸（图 4.1）

图 4.1　活塞式液压缸实物图

活塞式液压缸根据其使用要求不同可分为双杆式和单杆式两种。

（1）双杆活塞缸

如图 4.2 所示，活塞两端各有一根直径相等的活塞杆伸出的液压缸称为双杆活塞缸，它一般由缸筒、缸盖、活塞、活塞杆和密封件等零件构成。根据安装方式不同，双杆活塞缸可分为缸筒固定式和活塞杆固定式两种。这种液压缸常用于要求往复运动速度和负载相同的场合，如平面磨床。

设缸筒内径为 D，两活塞杆直径为 d，液压缸的供油压力为 p，流量为 q，活塞杆（或缸筒）在两个方向上的推力和运动速度相等，即：

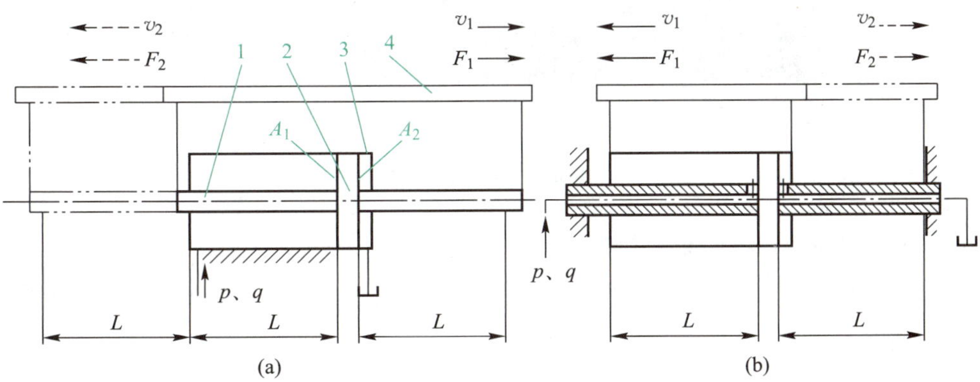

1—活塞杆；2—活塞；3—缸筒；4—工作台

图 4.2　双杆活塞缸的工作原理图

液压缸有效作用面积：$A_1 = A_2 = A = \frac{\pi}{4}(D^2 - d^2)$

往复推力：$F_1 = F_2 = F = pA = p\frac{\pi}{4}(D^2 - d^2)$ （4-1）

往复运动速度：$v_1 = v_2 = v = \frac{q}{A} = \frac{4q}{\pi(D^2 - d^2)}$ （4-2）

图 4.2（a）所示为缸筒固定式，又称为实心双杆活塞缸。当液压缸的左腔进油时，油液推动活塞向右移动，右腔活塞杆向外伸出，液压缸右腔油液回油箱；反之，活塞向左移动。其工作台的往复运动范围约为有效行程 L 的 3 倍。这种液压缸因运动范围大，占地面积较大，一般用于小型设备的液压系统。

图 4.2（b）所示为活塞杆固定式，又称为空心双杆活塞缸。当液压缸的左腔进油时，缸筒向左移动；反之，缸筒向右移动。其工作台的往复运动范围约为有效行程 L 的 2 倍。这种液压缸因运动范围不大，占地面积较小，常用于中型、大型设备的液压系统。

（2）单杆活塞缸

图 4.3 所示为单杆活塞缸，活塞只有一端带活塞杆，两腔有效作用面积不相等。单杆活塞缸也有缸筒固定式和活塞杆固定式两种，它们的工作台移动范围都是活塞有效行程 L 的 2 倍。

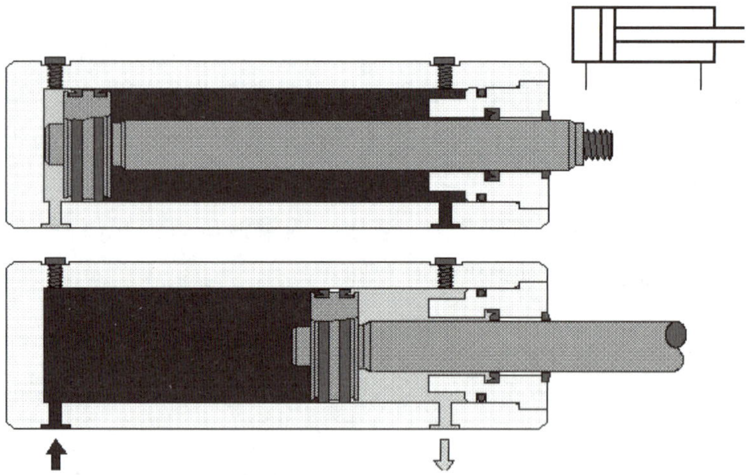

图 4.3 单杆活塞缸

当向液压缸两腔分别供油，且压力和流量都不变时，活塞在两个方向上的推力和运动速度都不相等。设缸筒内径为 D，活塞杆直径为 d，则液压缸无杆腔和有杆腔有效作用面积 A_1、A_2 分别为：

$$A_1 = \frac{\pi D^2}{4}, \quad A_2 = \frac{\pi(D^2 - d^2)}{4}$$

如图 4.4（a）所示，当无杆腔进油、有杆腔回油时，活塞的推力 F_1 和运动速度 v_1 分别为：

$$F_1 = pA_1 = \frac{\pi D^2}{4} p \tag{4-3}$$

$$v_1 = \frac{q}{A_1} = \frac{4q}{\pi D^2} \tag{4-4}$$

此时，活塞的运动速度较慢，能克服的负载较大，常被用于实现机床的工作进给。

如图 4.4（b）所示，当有杆腔进油、无杆腔回油时，活塞的推力 F_2 和运动速度 v_2 分别为：

$$F_2 = pA_2 = \frac{\pi}{4}(D^2 - d^2)p \tag{4-5}$$

$$v_2 = \frac{q}{A_2} = \frac{4q}{\pi(D^2 - d^2)} \tag{4-6}$$

此时，活塞的运动速度较快，能克服的负载较小，常被用于实现机床的快速退回。

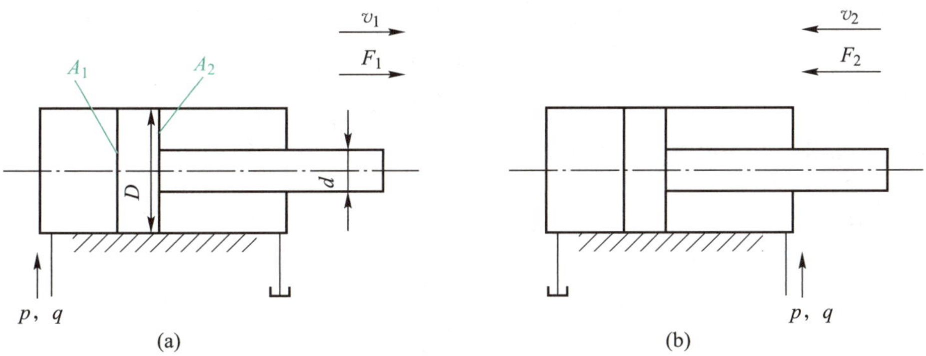

图 4.4　单杆活塞缸的工作原理图

单杆活塞缸在其左、右两腔都接通高压油时称为“差动连接”，如图 4.5 所示。差动连接缸左、右两腔的油液压力相同，但是由于左腔（无杆腔）的有效作用面积大于右腔（有杆腔）的有效作用面积，故活塞向右运动，同时右腔中排出的油液进入左腔，加大了流入左腔的流量，从而也加快了活塞移动的速度。

差动连接时，活塞的推力 F_3 为：

$$F_3 = pA_1 - pA_2 = pA_3 = \frac{\pi}{4} d^2 p \tag{4-7}$$

设差动连接时，活塞的运动速度为 v_3，则无杆腔的进油量 $q_1 = v_3 A_1$，有杆腔的出油量 $q_2 = v_3 A_2$，因为 $q_1 = q + q_2$，即：

$$v_3 A_1 = q + v_3 A_2$$

所以，活塞的运动速度 v_3 为：

$$v_3=\frac{q}{A_1-A_2}=\frac{q}{A_3}=\frac{4q}{\pi d^2} \tag{4-8}$$

此时，活塞可获得较大的运动速度。

差动连接的快速运动回路

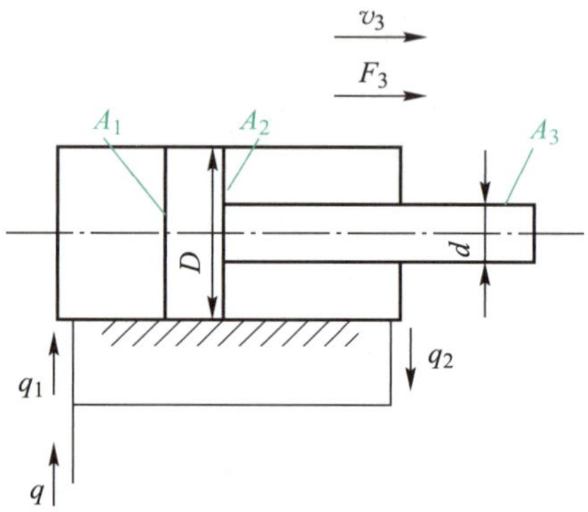

图 4.5 差动连接

差动连接时，单杆活塞缸的推力比非差动连接时小，运动速度比非差动连接时大，利用这一点，可使在不加大油源流量的情况下得到较快的运动速度，这种连接方式被广泛应用于组合机床的液压动力系统和其他机械设备的快速运动中。

如果要求机床往返速度相等，则由式（4-6）、式（4-8）得：

$$\frac{4q}{\pi(D^2-d^2)}=\frac{4q}{\pi d^2}$$

即：

$$D=\sqrt{2}d \tag{4-9}$$

具有这种结构尺寸的液压缸也称为差动缸。

2. 柱塞式液压缸（图 4.6）

活塞缸的缸孔要求精加工，行程长时加工困难，因此，在长行程的场合，可采用柱塞式液压缸（简称柱塞缸）。图 4.7 所示的柱塞缸由缸筒、柱塞、导向套、密封圈等零件组成，其缸筒内壁不需要精加工，柱塞运动时由缸盖上的导向套来导向，而且其结构简单，制造容易，所以它特别适用于龙门刨床、导轨磨床、大型拉床等大行程设备的液压系统。

如图 4.8（a）所示，在压力油推动下，柱塞缸只能实现单向运动，它的回程需借助自重或其他外力（如弹簧力）来实现。设柱塞直径为 d，则柱塞缸的有效作用面积为：

$$A=\frac{\pi}{4}d^2$$

柱塞缸输出的推力 F 和运动速度 v 分别为：

$$F = pA = \frac{\pi}{4} d^2 p \tag{4-10}$$

$$v = \frac{q}{A} = \frac{4q}{\pi d^2} \tag{4-11}$$

如图 4.8（b）所示，当柱塞缸成对使用时，可以实现工作台的往复运动。

图 4.6　柱塞式液压缸实物图

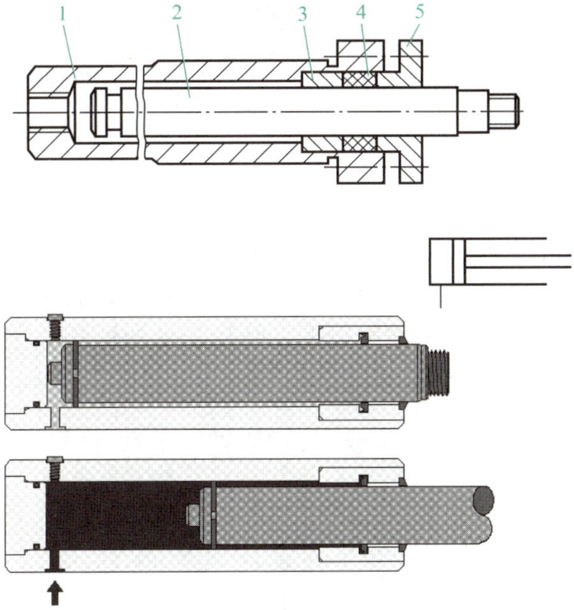

1—缸筒；2—柱塞；3—导向套；4—密封圈；5—压盖

图 4.7　柱塞缸

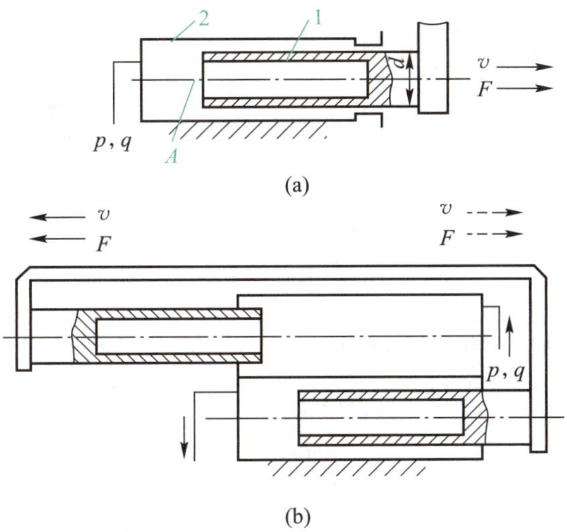

1—柱塞；2—缸筒

图 4.8　柱塞缸的工作原理图

柱塞缸的
工作原理

3. 摆动式液压缸（图 4.9）

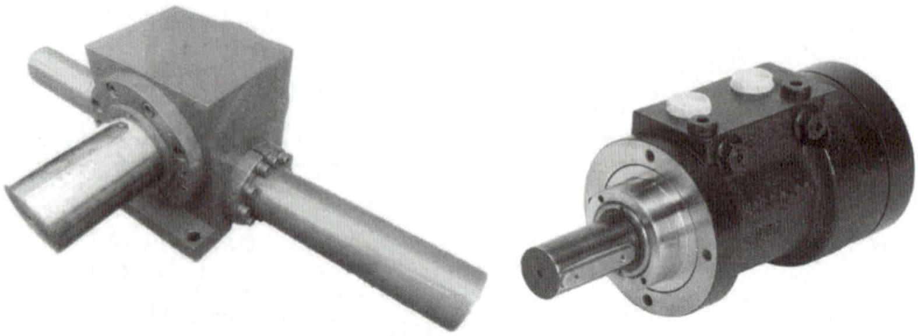

图 4.9　摆动式液压缸实物图

摆动式液压缸（简称摆动缸）输出转矩，并实现往复摆动，也称为摆动式液压马达，在结构上有单叶片和双叶片两种形式。

图 4.10 所示为摆动缸的工作原理图，它由叶片、摆动轴、定子块、缸体等主要零件组成。定子块固定在缸体上，叶片和摆动轴联结在一起，当两油口相继通以压力油时，叶片即带动摆动轴做往复摆动。

摆动缸的工作原理

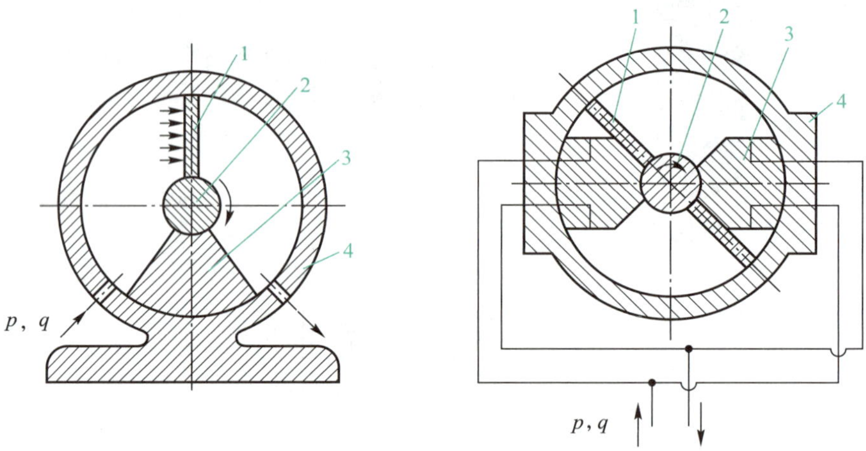

(a)　(b)

1—叶片；2—摆动轴；3—定子块；4—缸体

图 4.10　摆动缸的工作原理图

设叶片的宽度为 b、缸体的内径为 D、摆动轴的直径为 d、叶片数为 z，在供油压力为 p、流量为 q，且不计回油腔压力时，摆动缸输出转矩 T 和回转角速度 ω 为：

$$T=\frac{zp(D^2-d^2)b}{8} \tag{4-12}$$

$$\omega=\frac{8q}{zb(D^2-d^2)} \tag{4-13}$$

图 4.10（a）所示为单叶片摆动缸，其摆角一般不超过 280°；图 4.10（b）所示为双叶片摆动缸，其摆角一般不超过 150°。摆动缸常用于机床的送料装置、间歇进给机构、回转夹具、工业机器人手臂和手腕的回转机构等液压系统。

4. 其他液压缸

（1）增压缸

增压缸又称为增压器，它利用活塞和柱塞有效作用面积的不同使液压系统中的局部区域获得高压。它有单作用和双作用两种形式。单作用增压缸的工作原理如图 4.11（a）所示，设输入活塞缸的油液压力为 p_1，活塞直径为 D，柱塞直径为 d，其输出的油液压力为高压 p_2：

$$p_2 = p_1(D/d)^2 = kp_1 \tag{4-14}$$

式中：k 称为增压比，它代表增压缸的增压程度。

显然增压能力是在降低有效能量的基础上得到的，也就是说增压缸仅仅是增大输出的压力，并不能增大输出的能量。

当柱塞运动到终点时，单作用增压缸不再输出高压油液，需要将活塞退回到左端位置，活塞再次向右运动时才又输出高压油液。为了克服这一缺点，可采用图 4.11（b）所示的双作用增压缸，其有两个高压端连续向系统供油。

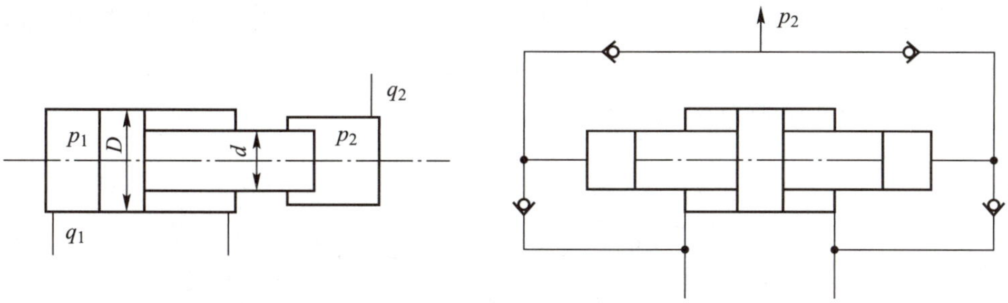

(a)　　(b)

图 4.11　增压缸的工作原理图

（2）伸缩缸（图 4.12）

图 4.12　伸缩缸实物图

图 4.13 所示为伸缩缸的结构示意图，它由二级或多级活塞缸套组合而成，其中前一级的活塞与后一级的缸筒连为一体。活塞伸出的顺序是先大后小，相应的推力也是由大到小，速度则为由慢到快；活塞缩回的顺序一般是先小后大。

伸缩缸活塞杆伸出时行程大，而缩回后结构尺寸小，因而它适用于起重运输车辆等占空间小且可实现长行程工作的机械上，如起重机伸缩臂缸、自卸汽车举升缸等。

伸缩缸的工作原理

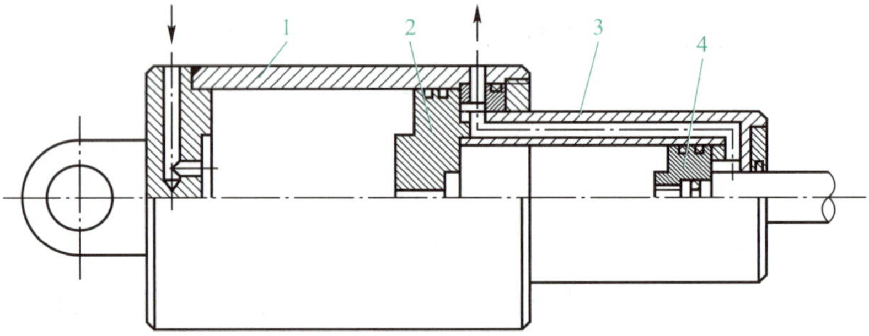

1—一级缸筒；2—一级活塞；3—二级缸筒；4—二级活塞

图 4.13 伸缩缸

（3）齿条活塞缸

齿条活塞缸由带齿条活塞杆的双活塞缸及齿轮齿条机构组成，如图 4.14 所示。它将活塞的直线往复运动转换为齿轮轴的往复摆动。调节缸两端盖上的螺钉，可调节齿条活塞杆移动的距离，从而调节齿轮轴的摆动角度。齿条活塞缸常用于机械手、回转工作台、回转夹具、磨床进给系统等转位机构的驱动。

齿条活塞缸的工作原理

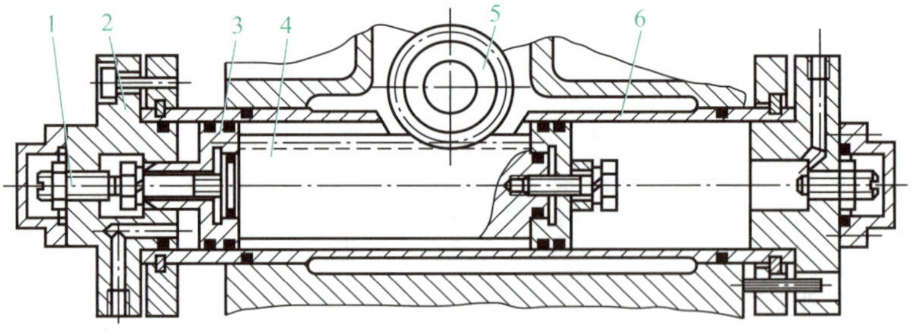

1—螺钉；2—端盖；3—活塞；4—齿条活塞杆；5—齿轮轴；6—缸体

图 4.14 齿条活塞缸

（二）液压缸的结构

1. 液压缸的典型结构

图 4.15 所示为一个较常用的单杆活塞缸。它由缸底 20、缸筒 10、缸盖兼导向套 9、活塞 11 和活塞杆 18 等组成。缸筒一端与缸底焊接，另一端与缸盖兼导向套用卡键 6、套 5 和弹簧挡圈 4 固定，以便拆装检修，两端设有油口 A 和 B。活塞 11 与活塞杆 18 用卡键 15、

卡键帽 16 和弹簧挡圈 17 连在一起。活塞与缸孔采用一对 Y 形密封圈 12 密封，由于活塞与缸孔间有一定间隙，可采用由尼龙 1010 制成的耐磨环（又称支承环）13 定心导向。活塞杆 18 和活塞 11 的内孔由 O 形密封圈 14 密封。较长的导向套则可保证活塞杆不偏离中心，导向套外径由 O 形密封圈 7 密封，其内孔则由 Y 形密封圈 8 和防尘圈 3 分别防止油液外泄漏和灰尘侵入缸内。缸与杆端销孔与外界连接，销孔内有尼龙衬套抗磨。

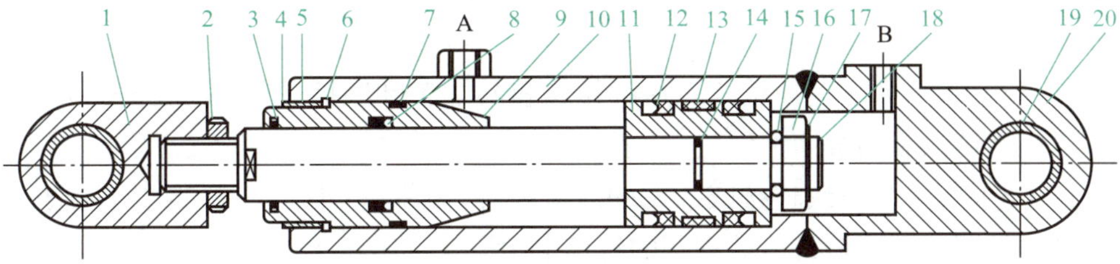

1—耳环；2—螺母；3—防尘圈；4、17—弹簧挡圈；5—套；6、15—卡键；7、14—O 形密封圈；8、12—Y 形密封圈；9—缸盖兼导向套；10—缸筒；11—活塞；13—耐磨环；16—卡键帽；18—活塞杆；19—衬套；20—缸底

图 4.15　单杆活塞缸结构

图 4.16 所示为一较常用的双杆活塞缸。由图可见，液压缸的左、右两腔是通过油口 b 和 d 经活塞杆 1 和 15 的中心孔与左、右径向孔 a 和 c 相通的。活塞杆固定在床身上，缸筒 10 固定在工作台上，在径向孔 c 接压力油，径向孔 a 接回油时，工作台向右移动；反之，则向左移动。缸盖 18 和 24 分别通过螺钉并经钢丝环 12 和 21 与压板 11 和 20 相连，左缸盖 24 空套在托架 3 孔内，可以自由伸缩。空心活塞杆的一端用堵头 2 堵死，并通过锥销 9 和 22 与活塞 8 相连。缸筒相对于活塞的运动由左、右两个导向套 6 和 19 导向。活塞与缸筒之间、缸盖与活塞杆之间以及缸盖与缸筒之间分别用 O 形密封圈 7、V 形密封圈 4 和 17、纸垫 13 和 23 密封，以防止油液的内、外泄漏。在缸筒接近行程的左、右终端

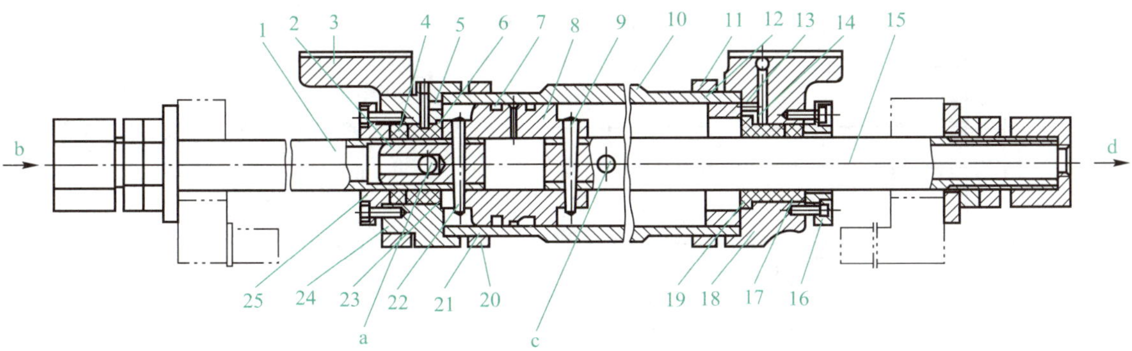

1、15—活塞杆；2—堵头；3—托架；4、17—V 形密封圈；5、14—排气孔；6、19—导向套；7—O 形密封圈；8—活塞；9、22—锥销；10—缸筒；11、20—压板；12、21—钢丝环；13、23—纸垫；16、25—压盖；18、24—缸盖

图 4.16　双杆活塞缸结构

时，径向孔 a 和 c 的开口逐渐减小，对移动部件起制动缓冲作用。为了排除液压缸中剩留的空气，缸盖上设置有排气孔 5 和 14，经导向套 6 和 19 环形槽的侧面孔道引出与排气阀相连。

2. 缸筒与端盖的连接

液压缸缸筒的材料和工作压力有关，一般工作压力 $p<10$ MPa 时使用铸铁，10 MPa $\leqslant p<20$ MPa 时使用无缝钢管，$p\geqslant 20$ MPa 时使用铸钢或锻钢。液压缸缸筒与端盖的连接形式很多，如图 4.17 所示。

图 4.17（a）所示为法兰连接式，这种结构容易加工和装拆，其缺点是外形尺寸和质量都较大，常用于铸铁制的缸筒上。

图 4.17（b）所示为螺纹连接式，它的质量较轻，外形较小，但端部结构复杂，装卸要用专门工具，常用于无缝钢管或铸钢制的缸筒上。

图 4.17（c）所示为半环连接式，它的结构简单，易装卸，但其缸筒壁因开了环形槽而削弱了强度，为此有时要加厚缸壁，常用于无缝钢管或锻钢制的缸筒上。

图 4.17（d）所示为拉杆连接式，它的缸筒易加工和装拆，结构通用性大，但质量较重，外形尺寸较大，主要用于较短行程的液压缸。

图 4.17（e）所示为焊接连接式，其结构简单，尺寸小，但缸筒有可能变形，缸底内径不易加工。

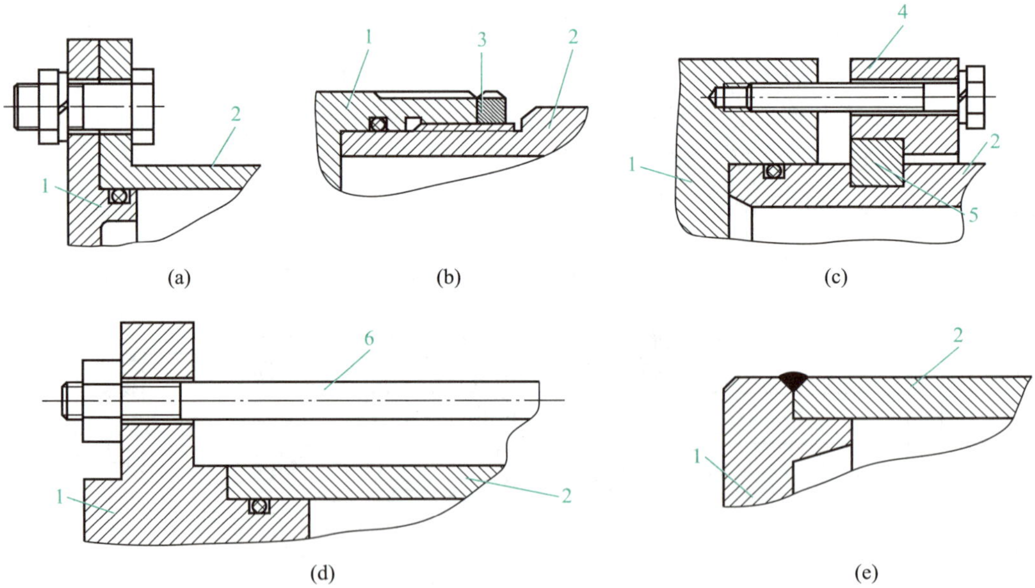

1—端盖；2—缸筒；3—防松螺母；4—压板；5—半环；6—拉杆

图 4.17　缸筒与端盖的连接形式

3. 活塞与活塞杆的连接

把短行程的液压缸的活塞杆与活塞做成一体，这是最简单的连接形式。但当行程较长时，这种整体式活塞组件的加工较复杂，所以常把活塞与活塞杆分开制造，然后再连接成一体。活塞和活塞杆的连接方式很多，常见的有锥销连接、螺纹连接和半环连接。

图 4.18（a）所示为锥销连接，其加工容易，装拆方便，但承载能力小，多用于中、低压轻载液压缸中。

图 4.18（b）所示为螺纹连接，其装卸方便，连接可靠，适用尺寸范围广，但一般应有锁紧装置。

图 4.18（c）所示为半环连接，其连接强度高，但结构复杂，装拆不便，多用于高压大负载和振动较大的场合。

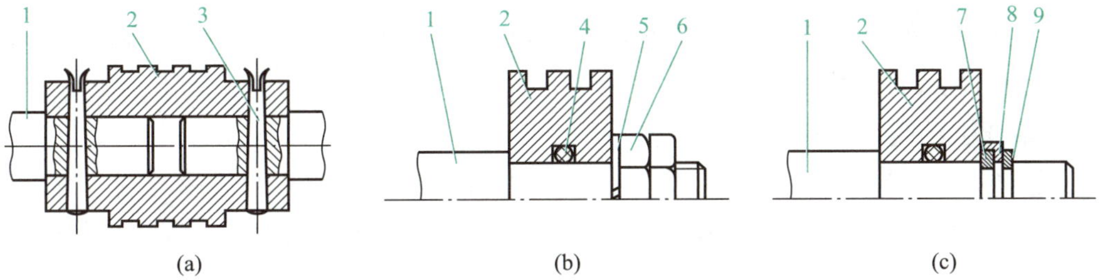

1—活塞杆；2—活塞；3—销；4—密封圈；5—弹簧垫圈；6—螺母；7—半环；8—套环；9—弹簧卡圈

图 4.18　活塞与活塞杆的连接形式

4. 液压缸的密封装置

液压缸的密封装置用以防止油液的泄漏，常用的密封方法有间隙密封、摩擦环密封和橡胶密封圈密封等。

图 4.19（a）所示为间隙密封，它依靠运动间的微小间隙来防止泄漏。为了提高这种装置的密封能力，常在活塞表面制出几条细小的环形槽，以增大油液通过间隙时的阻力。它的结构简单，摩擦力小，可耐高温，但泄漏大，加工要求高，磨损后无法恢复原有能力，只适用于尺寸较小、压力较低、相对运动速度较高的缸筒和活塞间。

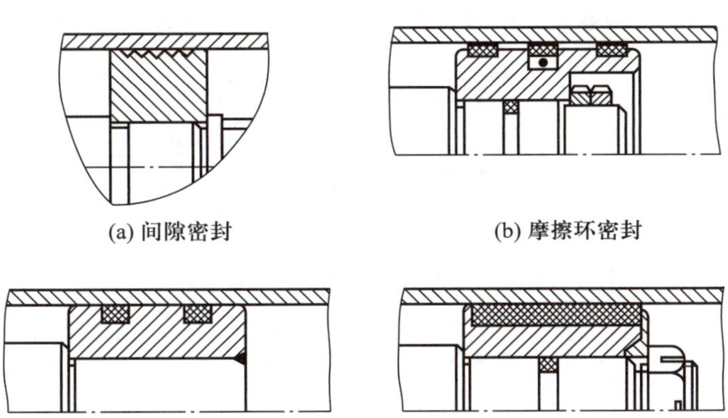

(a) 间隙密封　(b) 摩擦环密封

(c) O形密封圈密封　(d) V形密封圈密封

图 4.19　密封装置

图 4.19（b）所示为摩擦环密封，它依靠套在活塞上的摩擦环（尼龙或其他高分子材料制成）在 O 形密封圈弹力作用下贴紧缸壁而防止泄漏。这种材料密封效果较好，摩擦力较小且稳定，可耐高温，磨损后有自动补偿能力，但加工要求高，拆装较不便，适用于缸筒和活塞之间的密封。

图 4.19（c）、（d）所示为橡胶密封圈（O 形密封圈、V 形密封圈等）密封，它利用橡胶或塑料的弹性使各种截面的环形圈贴紧在静、动配合面之间来防止泄漏。它结构简单，制造方便，磨损后有自动补偿能力，性能可靠，在缸筒和活塞之间、缸盖和活塞杆之间、活塞和活塞杆之间、缸筒和缸盖之间都能使用。

对于活塞杆外伸部分，由于它很容易把污染物带入液压缸，使油液受污染，使密封件磨损，因此常需在活塞杆密封处增添防尘圈，并放置在向着活塞杆外伸的一端。

5. 液压缸的缓冲和排气装置

（1）液压缸的缓冲装置

液压缸的缓冲装置用于防止活塞在行程终端时，由于惯性力的作用与端盖发生撞击，影响设备的使用寿命。特别是当液压缸驱动大载荷或运动速度较大时，液压缸的缓冲就显得更为重要。

缓冲装置的工作原理是利用活塞或缸筒在其运动至行程终端时封住活塞和缸盖之间的部分油液，强迫它从小孔或细缝中挤出，以产生很大的阻力，使工作部件受到制动，逐渐减慢运动速度，达到避免活塞和缸盖相互撞击的目的。

常用的液压缸的缓冲装置如图 4.20 所示。

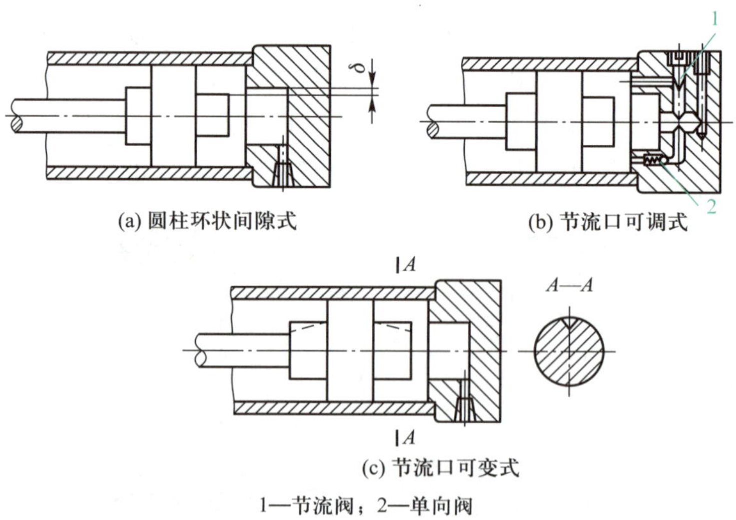

1—节流阀；2—单向阀

图 4.20 液压缸的缓冲装置

图 4.20（a）所示为圆柱环状间隙式缓冲装置，当缓冲柱塞进入缸盖上的内孔时，油液须通过柱塞与端盖之间的环状配合间隙排出，从而使活塞速度降低。由于环状配合间

隙是不变的，因此随着活塞运动速度的降低，其缓冲效果逐渐减弱。图 4.20（b）所示为节流口可调式缓冲装置，当缓冲柱塞进入配合孔后，油液回油须经过节流阀才能排出，由于节流阀 1 是可调的，故缓冲作用也是可调的，但仍不能解决速度降低后缓冲作用减弱的缺点。当活塞反向运动时，压力油可经单向阀 2 进入活塞端部，使其迅速启动。图 4.20（c）所示为节流口可变式缓冲装置，在缓冲柱塞上开有三角形沟槽，其节流孔通流截面越来越小，解决了在行程最后阶段缓冲作用减弱的问题，同时冲击压力小，制动位置精度高。

（2）液压缸的排气装置

液压系统中的油液如果混有空气将会严重地影响工作部件的平稳性，为了便于排除积留在液压缸内的空气，油液最好从液压缸的最高点进入和排出。一般可在液压缸的最高处设置进、出油口把气带走，也可在最高处设置排气孔［图 4.21（a）］或专门的排气阀［图 4.21（b）、（c）］。

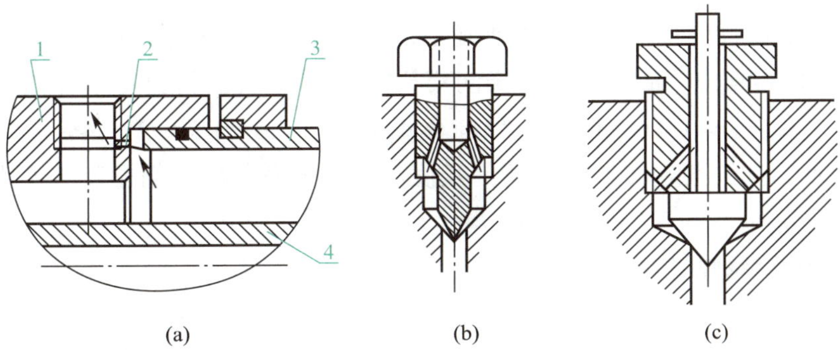

1—缸盖；2—排气孔；3—缸筒；4—活塞杆

图 4.21　排气装置

（三）液压缸的设计计算

液压缸一般都是标准件，但有时也需要自行设计，液压缸的设计内容和步骤如下：

1）选择液压缸的类型和各部分结构形式。

2）确定液压缸的工作参数和结构尺寸。

3）结构强度、刚度的计算和校核。

4）导向、密封、防尘、排气和缓冲等装置的设计。

5）绘制装配图、零件图，编写设计说明书。

1. 液压缸主要尺寸的计算

液压缸的主要尺寸有缸筒内径、活塞杆直径和缸筒长度等。

（1）缸筒内径 D

根据公式 $F=pA$，由活塞所需推力 F 和工作压力 p 即可算出活塞的有效作用面积 A。进一步根据液压缸的不同结构形式，可计算出缸筒内径 D。

（2）活塞杆直径 d

活塞杆直径 d 可按表 4-1 初步选取，如果液压缸两个方向的运动速度比有一定要求，还需考虑这方面要求。

表 4-1　活塞杆直径的选取

活塞杆受力情况	工作压力 p/MPa	活塞杆直径 d
受拉	—	$d=(0.3\sim0.5)D$
受拉或受压	$p\leqslant5$	$d=(0.5\sim0.55)D$
	$5<p\leqslant7$	$d=(0.6\sim0.7)D$
	$p>7$	$d=0.7D$

实际采用的缸筒内径 D 和活塞杆直径 d 还应符合有关国家标准。

（3）缸筒长度 L

缸筒长度由所需行程及结构上的需要确定，一般可按如下公式计算：

$$L=\text{活塞行程}+\text{活塞长度}+\text{导向套长度}+\text{活塞杆密封长度}+\text{其他长度}$$

其中，活塞长度 =（0.6～1）D，导向套长度 =（0.6～1.5）D，其他长度是指一些特殊装置所需长度，如缸两端缓冲装置所需长度等。一般液压缸缸筒长度 L 不大于缸筒内径 D 的 20～30 倍。

2. 液压缸主要参数的校核

（1）缸筒壁厚校核

在中、低压液压系统中，缸筒壁厚由结构工艺决定，一般不作校核。在压力较高和直径较大时，有必要校核缸筒壁厚最薄处的壁厚强度。

1）薄壁缸筒　当缸筒内径 D 和壁厚 δ 之比，即 $\dfrac{D}{\delta}\geqslant10$ 时，为薄壁缸筒，其壁厚 δ 应：

$$\delta\geqslant\frac{p_y D}{2[\sigma]} \tag{4-15}$$

式中：$[\sigma]$ 为缸筒材料的许用应力；p_y 为缸筒的试验压力，当缸筒内的工作压力 $p\leqslant16$ MPa 时，$p_y=1.5p$，$p>16$ MPa 时，$p_y=1.25p$。

2）厚壁缸筒　当 $\dfrac{D}{\delta}<10$ 时，为厚壁缸筒，其壁厚 δ 应：

$$\delta\geqslant\frac{D}{2}\left(\sqrt{\frac{[\sigma]+0.4p_y}{[\sigma]-1.3p_y}}-1\right) \tag{4-16}$$

（2）活塞杆强度及压杆稳定性校核

活塞杆直径 d 应：

$$d \geqslant \sqrt{\frac{4F}{\pi[\sigma]}} \tag{4-17}$$

式中：F 为活塞杆上的作用力；$[\sigma]$ 为活塞杆材料的许用应力。

当活塞杆长径比较大，且受轴向压缩负载时，当轴向力超过某一临界值时活塞杆就会失去稳定性，故应对其稳定性进行校核。其稳定性可按材料力学公式计算。此外，对连接螺钉也应进行强度校核。

在设计液压缸时，正确选择液压缸的类型是所有设计计算的前提。在选择液压缸的类型时，要从机器设备的动作特点、行程长短、运动性能等要求出发，同时还要考虑主机的结构特征给液压缸提供的安装空间和具体位置。

对于要求往返运动速度一致的场合，可采用双杆活塞缸；若有快速返回的要求，则宜采用单杆活塞缸，并可考虑采用差动连接。行程较长时，可采用柱塞缸，以减少加工的困难；行程较长但负载不大时，也可考虑采用一些传动装置来扩大行程。往复摆动运动既可采用摆动式液压缸，也可采用直线式液压缸加连杆机构或齿轮齿条机构来实现。

二、液压马达

（一）液压马达的作用及结构特点

液压马达是液压系统的执行元件之一，是把油液的压力能转换为机械能的装置，其输出转矩和转速，是实现回转运动的能量转换装置。

从原理上讲，液压泵可以作液压马达用，液压马达也可作液压泵用。但事实上，同类型的液压泵和液压马达虽然在结构上相似，但由于两者的工作情况不同，使得两者在结构上也有某些差异。

1）液压马达一般需要正反转，所以在内部结构上应具有对称性，而液压泵一般是单方向旋转的，故没有这一要求。

2）为了减小吸油阻力和径向力，一般液压泵的吸油口比压油口的尺寸大。而液压马达低压腔的压力稍高于大气压力，故没有这一要求。

3）液压马达要求能在很宽的转速范围内正常工作，因此，应采用液动轴承或静压轴承。当液压马达速度很低时，若采用动压轴承，将不易形成润滑滑膜。

4）叶片泵依靠叶片跟转子一起高速旋转而产生的离心力使叶片始终贴紧定子内表面，起封油作用，形成密封容积。若将其当液压马达用，须在液压马达的叶片根部装上弹簧，以保证叶片始终贴紧定子内表面，以便液压马达能正常启动。

5）液压泵在结构上需保证具有自吸能力，而液压马达没有这一要求。

6）液压马达须具有较大的启动转矩。所谓启动转矩，就是液压马达由静止状态启动时，马达轴上所能输出的转矩，该转矩通常大于在同一工作压差时处于运行状态下的转矩，所以，为了使启动转矩尽可能接近工作状态下的转矩，要求液压马达转矩的脉动小，内摩擦小。

由于液压马达与液压泵具有上述不同的特点，使得很多类型的液压马达和液压泵不能互逆使用。

（二）液压马达的图形符号（表 4–2）

表 4–2　液压马达的图形符号

类型	单向定量	双向定量	单向变量	双向变量
图形符号	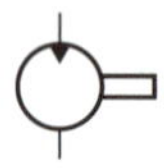	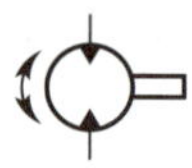		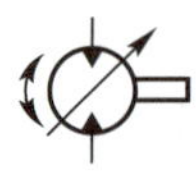

（三）液压马达的分类

液压马达按其额定转速可分为高速和低速两大类，额定转速高于 500 r/min 的属于高速液压马达，额定转速低于或等于 500 r/min 的属于低速液压马达。

高速液压马达的基本形式有齿轮式、螺杆式、叶片式和轴向柱塞式等。它们的主要特点是转速较高、转动惯量小，便于启动和制动，调速和换向的灵敏度高。通常高速液压马达的输出转矩不大，所以又称为高速小转矩液压马达。低速液压马达的基本形式为径向柱塞式，此外在轴向柱塞式、叶片式和齿轮式中也有低速的结构形式。低速液压马达的主要特点是排量大、体积大、转速低，因此可直接与工作机构连接，不需要减速装置，使传动机构大为简化。通常低速液压马达输出转矩较大，所以又称为低速大转矩液压马达。

液压马达也可按其结构类型来分，可分为齿轮式、叶片式、柱塞式和其他形式。

（四）液压马达的工作原理

1. 叶片马达（图 4.22）

图 4.22　叶片马达实物图

图 4.23 所示为叶片马达的工作原理图，当压力为 p 的油液从进油口进入叶片 1 和 3 之间时，叶片 2 因两面均受液压油的作用所以不产生转矩。叶片 1、3 上，一面作用有高压油，另一面为低压油。由于叶片 3 伸出的面积大于叶片 1 伸出的面积，因此作用于叶片 3

上的总液压作用力大于作用于叶片 1 上的总液压作用力，于是压差使转子产生顺时针的转矩。同理，压力油进入叶片 5 和 7 之间时，叶片 7 伸出的面积大于叶片 5 伸出的面积，也产生顺时针转矩。这样，就把油液的压力能转换成了机械能，这就是叶片马达的工作原理。当输油方向改变时，液压马达将反转。

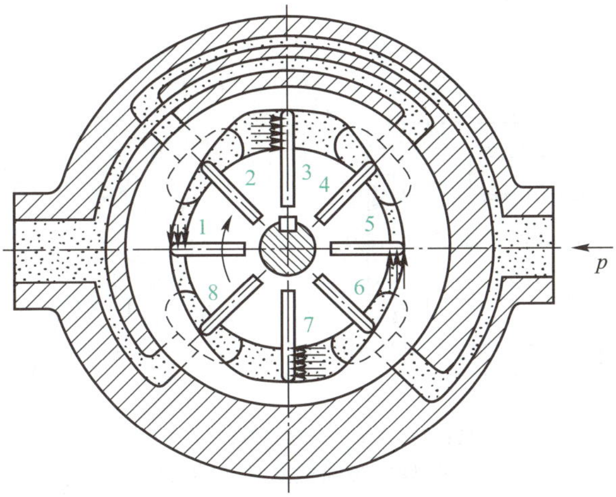

1～8—叶片

图 4.23　叶片马达的工作原理图

定子的长短径差值越大，转子的直径越大，以及输入的压力越高，则叶片马达输出的转矩越大。

叶片马达的体积小，转动惯量小，因此动作灵敏，可适应的换向频率较高。但其泄漏较大，不能在很低的转速下工作。因此，叶片马达一般用于转速高、转矩小和动作灵敏的场合。

2. 轴向柱塞马达（图 4.24）

图 4.24　轴向柱塞马达实物图

图 4.25 所示为斜盘式轴向柱塞马达的工作原理图，斜盘 1 和配油盘 4 固定不动，柱塞 2 可在回转缸体 3 的孔内移动。斜盘中心线与回转缸体中心线间的倾角为 γ。当高压油经配油盘窗口进入回转缸体 3 的柱塞孔时，处在高压腔中的柱塞被顶出，压在斜盘上。斜盘对柱塞的反作用力 F 可分解为与柱塞上液压作用力平衡的轴向分力 F_x 和作用在柱塞上的垂直分力 F_y。垂直分力 F_y 使回转缸体产生转矩，带动马达轴转动。

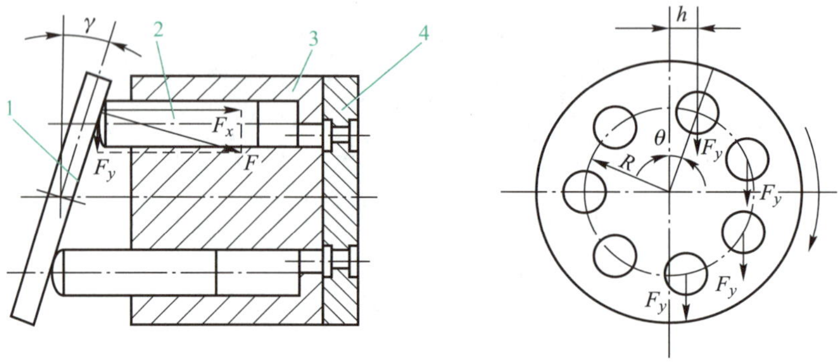

1—斜盘；2—柱塞；3—回转缸体；4—配油盘

图 4.25　斜盘式轴向柱塞马达的工作原理图

设第 i 个柱塞与回转缸体垂直中心线的夹角为 θ，柱塞在回转缸体上分布圆的半径为 R，则在柱塞上产生的转矩为：

$$T_i = F_y h = F_y R\sin\theta = F_x R\tan\gamma\sin\theta \qquad (4-18)$$

液压马达产生的总转矩应为处于马达压油腔的柱塞所产生转矩的总和，即：

$$T = \sum F_x R\tan\gamma\sin\theta \qquad (4-19)$$

随着 θ 的变化，每个柱塞产生的转矩也发生变化，故液压马达产生的总转矩是脉动的。柱塞数为奇数且数量越多，则输出转矩的脉动就越小。

轴向柱塞马达结构紧凑，径向尺寸小，转矩较小，转速较高，因此适用于转速较高、负载较小的场合。

（五）液压马达的性能参数

1. 排量、流量和容积效率

液压马达轴每转一周，按几何尺寸计算所进入的液体容积，称为液压马达的排量 V_m，有时称之为几何排量、理论排量，即不考虑泄漏损失时的排量。

液压马达的排量表示其工作容腔的大小，是一个重要的参数。液压马达在工作中输出转矩的大小是由负载转矩决定的。推动同样大小的负载时，工作容腔大的液压马达的压力要低于工作容腔小的液压马达的压力，所以工作容腔的大小是液压马达工作能力的主要标志，也就是说，排量的大小是液压马达工作能力的重要标志。

根据液压执行元件的工作原理可知，液压马达转速 n、理论流量 $q_{理}$ 与排量 V_m 之间具有下列关系：

$$q_{理} = V_m n \tag{4-20}$$

式中：$q_{理}$ 为理论流量，m^3/s；n 为转速，r/min；V_m 为排量，m^3/r。

因为液压马达有泄漏，为了满足转速要求，液压马达实际流量 $q_{实}$ 应大于理论流量，则有：

$$q_{实} = q_{理} + \Delta q \tag{4-21}$$

式中：Δq 为泄漏流量。

液压马达的容积效率 η_v 为理论流量与实际流量之比，有：

$$\eta_v = q_{理}/q_{实} \tag{4-22}$$

故实际流量为：

$$q_{实} = q_{理}/\eta_v \tag{4-23}$$

2. 输出的理论转矩

根据排量的大小，可以计算在给定压力下液压马达所能输出的转矩的大小，也可以计算在给定负载转矩下液压马达的工作压力的大小。设液压马达进、出油口之间的压差为 Δp，输入液压马达的流量为 $q_{理}$，液压马达输出的理论转矩为 T_t，角速度为 ω，如果不计损失，液压马达输入的液压功率应当全部转换为液压马达输出的机械功率，即：

$$\Delta p q_{理} = T_t \omega \tag{4-24}$$

又因为 $\omega = 2\pi n$，所以液压马达的理论转矩为：

$$T_t = \Delta p \cdot V_m/2\pi \tag{4-25}$$

3. 机械效率

由于液压马达内部不可避免地存在各种摩擦，因此实际输出的转矩 T 总是比理论转矩 T_t 小些，即：

$$\eta_m = T/T_t \tag{4-26}$$

式中：η_m 为液压马达的机械效率。

4. 理论转速

液压马达的理论转速取决于供油流量和液压马达的排量 V_m，即：

$$n = q_{理}/V_m \tag{4-27}$$

式中：n 为理论转速［注：即为式（4-20）中的 n］。

5. 总效率

液压马达的总效率为输出功率与输入功率的比值，即：

$$\eta = P_o/P_i = \eta_v \cdot \eta_m \tag{4-28}$$

任务实施

任务 MJ-50 数控车床液压系统中液压缸的拆装

在 MJ-50 数控车床中，液压系统要实现动力卡盘的夹紧与松开、动力卡盘夹紧力的高低压转换、回转刀架的松开与夹紧、回转刀架的正转与反转、尾座套筒的伸出与缩回等动作，都需要由执行元件液压缸或液压马达来完成，分析其所用执行元件的类型和特点。

液压缸作为执行元件，由于其自身与外在因素的影响，在工作中可能会使液压系统出现一些异常现象，例如执行元件的爬行、不运动及推力不足等。当执行元件出现故障时，它会直接影响液压设备的工作效果，例如被加工工件有纹理、表面粗糙度大等。这时就需要及时拆卸液压缸进行维修，维修后再正确地进行装配。通过拆装，能掌握液压缸的结构原理，了解液压缸的故障，准确诊断及确定修理方法，以保证设备安全正常的工作。为确保拆装液压缸过程的安全性和效率，需要按正确的步骤和方法进行。

一、实施流程

单杆活塞缸

（一）实施准备

1）单杆活塞缸。

2）工具：内六角扳手、一字螺丝刀、十字螺丝刀、卡簧钳等。

3）辅料：铜棒、棉纱、煤油等。

（二）拆装要求

1）拆装前认真预习，弄清楚相关液压缸的工作原理，对其结构组成有一个基本的认识。

2）针对不同的零件，利用相应工具，严格按照其拆卸、装配步骤进行拆装，严禁违反操作规程进行私自拆卸、装配。

3）拆装过程中弄清楚常用液压缸的结构组成、工作原理及主要零件、组件特殊结构的作用。

（三）拆装步骤

1）拆卸进、出油口上的管接头，随后将液压缸内的油液放干净，以避免在拆卸时油液外流。

2）拆卸连接件　通过扳手或螺丝刀等工具将管道和连接件与液压缸分离。注意避免直接用锤子敲打，以免对机器造成损伤。

3）拆卸端盖　用相应的工具拆卸端盖，注意不要损坏端盖和密封圈，避免在拆卸过程中损坏液压缸或其他部件。

4）拆卸活塞杆　将活塞杆从液压缸中拆下，根据需要可以拆卸活塞杆前、后方向的密封圈。

5）分离活塞　将活塞从液压缸中拆下，如果活塞与液压缸之间存在较紧密的连接，可基于工作条件选择适当的放松方式，如采用手轮、榔头等。

6）拆卸缸筒　如果需要将缸筒拆下，可以使用拆卸器拆卸。

7）拆卸液压缸内部的密封件、O形密封圈等小零件。

8）装配　装配前必须仔细清洗各零件。对待装零件进行合格性检查，特别是运动副的配合精度和表面状态。注意去除所有零件上的毛刺、飞边、污垢；清洗要彻底、干净。

装配液压缸时，首先将各部分的密封件分别装入各相关零件，然后进行由内到外的安装。

（四）拆装注意事项

1）拆卸之前，应使液压回路卸压。否则，当把与液压缸相连接的管接头拧松时，回路中的高压油会迅速喷出。

2）拆卸时为了防止活塞杆等细长件弯曲或变形，放置时应用垫木支承均衡。

3）按顺序完成拆卸。各种液压缸的结构和大小不同，拆卸顺序稍有不同。但是一般要按放油、拆卸缸盖、拆卸活塞或活塞杆的顺序拆卸。

4）拆卸前后应防止液压缸的零件被周围灰尘和杂质污染，拆卸时应尽量在干净的环境下进行，拆卸后用塑料布盖好所有零件。

5）拆卸后认真检查，确定可以继续使用、修理后可再用和必须更换的零件，进行相应的修理和更换。

6）再次装配前必须仔细清洗各零件，正确安装各处的密封装置，螺纹连接件拧紧时应使用专用扳手，扭力矩应符合标准要求。活塞与活塞杆装配后，测量其同轴度和在全长上的直线度是否超差。装配完成后活塞组件移动时应无阻滞感和阻力大小不匀等现象。

7）液压缸安装到主机上时，进、出油口管接头之间须加上密封圈并紧固好，以防止漏油。

8）按要求装配好后，应在低压情况下进行几次往复运动，以排除缸内气体。

（五）实施步骤（表4-3）

表4-3　工作任务单

工作任务	MJ-50数控车床液压系统中液压缸的拆装
任务描述	分组对MJ-50数控车床动力卡盘的夹紧与松开回路、动力卡盘夹紧力的高低压转换回路、回转刀架转位回路和尾座套筒伸出与缩回回路的执行元件进行分析，讨论执行元件选用的类型和特点，并对液压缸进行正确的拆装
任务要求	1）掌握液压缸的工作原理、类型； 2）掌握液压缸的分类和结构特性； 3）分析执行元件选用的类型和特点；

续表

任务要求	4）熟悉液压缸拆装方法和步骤； 5）熟悉液压缸拆装时的注意事项； 6）分析液压缸的爬行现象
提交成果	各小组按液压缸拆装步骤，正确地拆装液压缸

（六）AI 助力

利用 AI 提问，判断 AI 描述内容的正误并把正确的答案填写在表 4-4 中。

问题 1：单杆活塞缸的工作原理是什么？

问题 2：单杆活塞缸的结构包括哪些部分？

问题 3：单杆活塞缸拆装的步骤及每一步需要的工具？

问题 4：造成单杆活塞缸爬行现象的原因有哪些？如何解决这些问题？

表 4-4 AI 助力任务实施

<table>
<tr><th>序号</th><th colspan="4">内容描述</th></tr>
<tr><td>问题 1</td><td colspan="4"></td></tr>
<tr><td>问题 2</td><td colspan="4"></td></tr>
<tr><td rowspan="9">问题 3</td><td>顺序</td><td colspan="2">拆装步骤</td><td>选用工具</td></tr>
<tr><td>①</td><td colspan="2"></td><td></td></tr>
<tr><td>②</td><td colspan="2"></td><td></td></tr>
<tr><td>③</td><td colspan="2"></td><td></td></tr>
<tr><td>④</td><td colspan="2"></td><td></td></tr>
<tr><td>⑤</td><td colspan="2"></td><td></td></tr>
<tr><td>⑥</td><td colspan="3"></td></tr>
<tr><td>⑦</td><td colspan="3"></td></tr>
<tr><td>⑧</td><td colspan="3"></td></tr>
<tr><td rowspan="7">问题 4</td><td colspan="2">产生原因</td><td colspan="2">解决方法</td></tr>
<tr><td colspan="2"></td><td colspan="2"></td></tr>
<tr><td colspan="2"></td><td colspan="2"></td></tr>
<tr><td colspan="2"></td><td colspan="2"></td></tr>
<tr><td colspan="2"></td><td colspan="2"></td></tr>
<tr><td colspan="2"></td><td colspan="2"></td></tr>
<tr><td colspan="2"></td><td colspan="2"></td></tr>
</table>

续表

序号	内容描述	
问题 4	产生原因	解决方法

二、任务评价（表 4–5）

表 4–5　实践考核评价单

姓名		班级		组别		日期	

序号	考核内容	小组评价（50%）	教师评价（50%）	总评
1	遵守纪律，积极参与拆装方案的确定（15 分）			
2	拆装前准备工作，包括正确选择拆装所用工具、清洗油液、润滑油、器皿、记号笔等（20 分）			
3	能按正确方法和步骤拆卸液压缸（30 分）			
4	能按正确方法和步骤装配液压缸（25 分）			
5	做好 6S 管理工作（10 分）			

知识拓展

一、液压缸的安装与维护

（一）液压缸的安装方式

液压缸的安装方式是指液压缸与机械的连接方法。液压缸的安装方式对液压缸的性能起着重要作用，如果安装不正确，在使用过程中会有很大的影响，例如出现泄漏、轴心弯曲、出力不够、出力不稳定等现象。液压缸的安装方式对液压缸的使用寿命也有很大的影响，严重时会导致液压缸不能正常工作。在实际生产中，液压缸的安装方式一定要适合主机的安装条件和动作的要求，可以根据工况选择合适的安装方式。液压缸的安装方式很多，大致可分为固定式和摆动式两大类，见表 4–6，具体可分为法兰式、底座式、耳环式、销轴式、球头式 5 种类型，如图 4.26 所示。

表 4–6　液压缸的安装方式

安装类别	安装方式	注意事项
固定式	法兰式 底座式	受力方向固定，采取固定式安装，需注意受力同轴度，活塞杆的轴线与负载移动方向应保持一致，避免缸筒和活塞杆产生别劲，导致活塞杆弯曲，缸筒内表面、导向套和活塞杆表面、密封件磨损

续表

安装类别	安装方式	注意事项
摆动式	耳环式 销轴式 球头式	受力方向不固定，液压缸可在一定角度内摆动，采用摆动式安装，需注意行程较长时受力点尽量离安装点不要太远，避免活塞杆弯曲

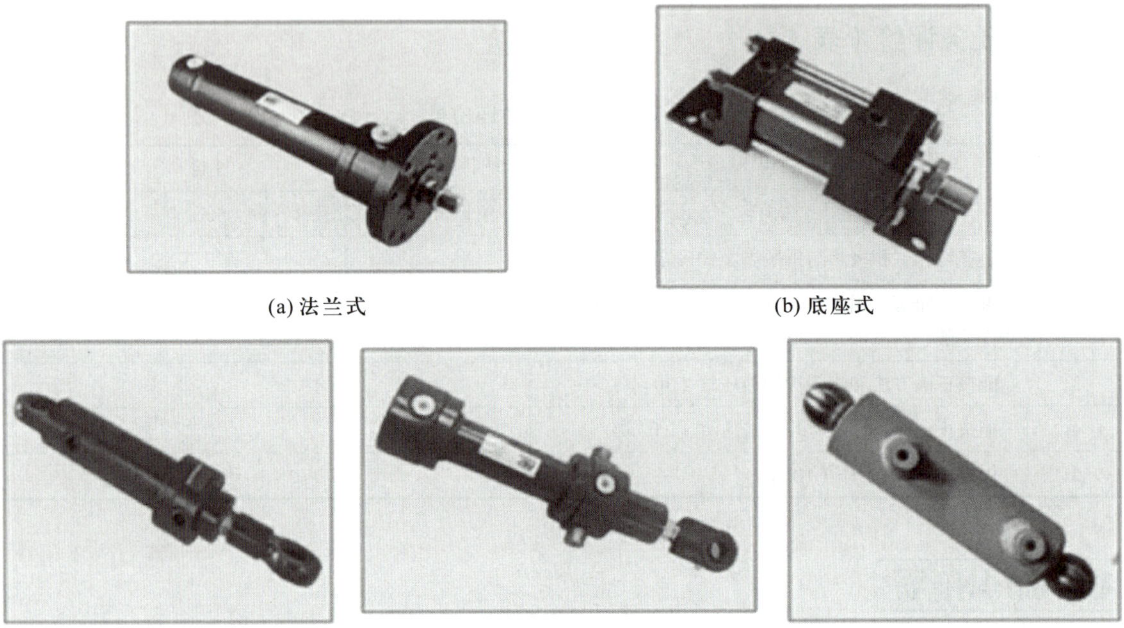

(a) 法兰式　(b) 底座式　(c) 耳环式　(d) 销轴式　(e) 球头式

图 4.26　液压缸的安装方式

（二）液压缸的维护和保养

1）在使用过程中，应定期更换液压油，清洗系统过滤装置，保证油液清洁度，以延长液压缸的使用寿命。

2）液压缸在每次使用前，要进行全伸缩的空载试运转 5 个行程后再负载运行。这样做可以预热各系统，排尽系统中的空气和水分。否则缸筒内可能会发生气体爆炸（或焦烧），损伤密封件，造成液压缸内泄漏等故障。

3）控制系统温度。油温过高会减少密封件的使用寿命，长期在高油温下工作会使密封件发生永久性变形，甚至完全失效。

4）防护好活塞杆外表面，防止磕碰和划伤。经常清理液压缸密封圈、防尘圈部位和外伸的活塞杆上的污染物，防止污染物侵入液压缸内部损伤活塞、缸筒或密封件等。

5）经常检查各螺纹连接部位，发现松动应立即紧固好，否则会导致液压缸泄漏或液压缸轴心弯曲等现象。

6）经常润滑连接部位，防止无油状态下锈蚀或非正常磨损。

二、液压缸常见故障及排除方法

当液压执行元件出现故障时，可能会有多种表现和原因。对执行元件的故障诊断和排除需要综合考虑系统的运行状况、元件的工作原理和结构，以及相关的检测工具和技术。

液压缸常见故障及排除方法见表 4-7。

表 4-7　液压缸常见故障及排除方法

现象	产生原因	排除方法
爬行	1）空气侵入； 2）缸盖密封圈压得太紧或过松； 3）活塞杆与活塞不同轴； 4）活塞杆全长或局部弯曲； 5）液压缸的安装位置偏移； 6）液压缸内孔直线度差（鼓形、锥度等）； 7）缸内腐蚀、拉毛； 8）双活塞杆两端螺母拧得太紧，使其同轴度差	1）增设排气装置，如无排气装置，可启动液压系统以最大行程使工作部件快速运动，强迫排除空气； 2）调整密封圈，使其不紧不松，保证活塞杆能被往返平稳地拉动而无泄漏（大多允许微量渗油）； 3）校正二者同轴度； 4）校直活塞杆； 5）检查液压缸与导轨的平行度并校正； 6）镗磨修复，重配活塞； 7）轻微者修去锈蚀和毛刺，严重者须镗磨； 8）螺母不宜拧得太紧，一般用手旋紧即可，以保持活塞杆处于自然状态
冲击	1）靠间隙密封的活塞与液压缸的间隙过大； 2）缓冲节流阀失去节流作用； 3）端头缓冲的单向阀失灵，缓冲不起作用	1）更换活塞，使间隙达到规定要求； 2）检查缓冲节流阀； 3）修正研配单向阀与阀座
推力不足或工作速度逐渐下降甚至停止	1）液压缸和活塞配合间隙太大或O形密封圈损坏，造成高、低压腔互通； 2）由于工作时经常用工作行程的某一段，造成液压缸孔径直线度差（局部有腰鼓形），致使液压缸两端高、低压油互通； 3）缸端油封压得太紧或活塞杆弯曲，使摩擦力或阻力增加； 4）泄漏过多； 5）油温太高，黏度减小，靠间隙密封或密封质量差的液压缸运行速度将变慢。若液压缸两端高、低压腔互通，运行速度将逐渐减慢直至停止	1）单配活塞或液压缸的间隙，或更换O形密封圈； 2）镗磨修复液压缸内孔，单配活塞； 3）放松油封，以不漏油为限校直活塞杆； 4）寻找泄漏部位，紧固各接合面； 5）分析发热原因，设法散热降温，如密封间隙过大则单配活塞或增装密封件
外泄漏	1）密封圈损坏或装配不良使活塞杆处密封不严； 2）缸盖处密封不良； 3）活塞杆表面损伤； 4）管接头密封不严	1）检查并更换或重装密封圈； 2）检修密封圈及接触面； 3）检查并修复活塞杆； 4）检查并修整管接头

三、液压马达常见故障及排除方法（表 4-8）

表 4-8 液压马达常见故障及排除方法

现象	产生原因		排除方法
转速低 转矩小	液压泵供油不足	1）电动机转速不够； 2）吸油过滤器滤网堵塞； 3）油箱中油量不足或吸油管管径过小造成吸油困难； 4）密封不严，有泄漏，空气侵入内部； 5）油液黏度过大； 6）液压泵轴向及径向间隙过大、内泄漏增大	1）找出原因，进行调整； 2）清洗或更换滤芯； 3）加足油量、适当加大管径，使吸油通畅； 4）拧紧有关管接头，防止泄漏或空气侵入； 5）选择黏度小的油液； 6）适当修复液压泵
	液压泵输出油压不足	1）液压泵效率太低； 2）溢流阀调定压力不足或发生故障； 3）管道阻力过大（管道过长或过细）； 4）油液黏度较小，内泄漏较大	1）检查液压泵故障，并加以排除； 2）检查溢流阀故障，排除后重新调高压力； 3）更换孔径较大的管道或尽量减少长度； 4）检查内泄漏部位的密封情况，更换油液或密封件
	液压马达泄漏	1）液压马达结合面没有拧紧或密封不好，有泄漏； 2）液压马达内部零件磨损，泄漏严重	1）检查密封情况，拧紧接合面或更换密封圈； 2）检查损伤部位，修磨或更换零件
	失效	配油盘的支承弹簧疲劳，失去作用	检查、更换支承弹簧
泄漏	内泄漏	1）配油盘磨损严重； 2）轴向间隙过大； 3）配油盘与缸体端面磨损，轴向间隙过大； 4）弹簧疲劳； 5）柱塞与缸体磨损严重	1）检查配油盘接触面，并加以修复； 2）检查并将轴向间隙调至规定范围； 3）修磨缸体及配油盘端面； 4）更换弹簧； 5）研磨缸体孔、重配柱塞
	外泄漏	1）油端密封不严，磨损； 2）盖板处的密封圈损坏； 3）结合面有污染物或螺栓未拧紧； 4）管接头密封不严	1）更换密封圈并查明磨损原因； 2）更换密封圈； 3）检查、清除污染物并拧紧螺栓； 4）拧紧管接头
噪声	1）密封不严，有空气侵入内部； 2）液压油被污染，有气泡侵入； 3）联轴器不同轴； 4）油液黏度过大； 5）液压马达的径向尺寸严重磨损； 6）叶片磨损； 7）叶片与定子接触不良，有冲撞现象； 8）定子磨损		1）检查有关部位的密封，紧固各连接处； 2）更换清洁的液压油； 3）校正同轴； 4）更换黏度较小的油液； 5）修磨缸孔、重配柱塞； 6）尽可能修复或更换叶片； 7）修整接触； 8）修复或更换定子。如因弹簧过硬造成磨损加剧，则应更换刚度较小的弹簧

巩固与提高

一、填空题

1. 单杆活塞缸可采用 ____________ 连接，以提高活塞杆伸出速度。

2. 活塞缸按其结构不同可分为 ____________ 和 ____________ 两种，其固定方式有 ____________ 固定和 ____________ 固定两种。

3. 伸缩缸活塞杆伸出时 ____________ 大，而缩回后 ____________ 小，因而它适用于起重运输车辆等占空间小且可实现长行程工作的机械上。

4. 液压缸常用的密封方法有 ____________ 和 ____________。

5. 液压缸的排气装置一般设置在液压缸的 ____________。

6. 要实现工作台往复运动速度一致，可采用 ____________。

7. 液压马达按其结构不同可分为 ____________、____________、____________ 等。

8. 径向柱塞马达属于 ____________ 速液压马达。

二、判断题

1. 活塞缸可实现执行元件的直线运动。（　　）

2. 液压缸的差动连接可提高执行元件的运动速度。（　　）

3. 液压缸差动连接时，能比其他连接方式产生更大的推力。（　　）

4. 作用于活塞上的推力越大，活塞运动速度越快。（　　）

5. 液压马达可以输出转矩和转速。（　　）

6. 液压马达和液压泵都是执行元件。（　　）

三、问答题

1. 什么叫作液压缸差动连接？差动缸在实际应用中有什么优点？

2. 在某一工作循环中，若要求快进与快退速度相等，则所用单杆活塞缸需具备什么条件？

3. 柱塞缸、伸缩缸和摆动缸各有何特点？简述其应用场合。

4. 伸缩缸活塞伸出、缩回的顺序是怎样的？

5. 液压缸为什么要密封？哪些部位需要密封？常见的密封圈有哪几种？

6. 液压缸为什么要设置缓冲装置？试说明缓冲装置的工作原理。

7. 引起液压缸爬行现象的原因有哪些？

四、计算题

1. 图 4.27 所示的三种形式的液压缸，活塞和活塞杆直径分别为 D、d，如进入液压缸的流量为 q，压力为 p，若不计压力损失和泄漏，试分别计算各缸产生的推力、运动速度大小和运动方向。

2. 图 4.28 所示为一柱塞缸，其柱塞固定，缸筒运动。压力油从空心柱塞通入，若压力 $p=3$ MPa，流量 $q=25$ L/min，柱塞外径 $d=70$ mm、内径 $d_0=30$ mm，试求缸筒运动速度 v 和推力 F。

3. 如图 4.29 所示，两个结构相同的液压缸串联，已知液压缸无杆腔有效作用面积 A_1 为 100 cm^2，有杆腔有效作用面积 A_2 为 80 cm^2，缸 1 的输入压力 $p_1=1.8$ MPa，输入流量 $q_1=12$ L/min，若不计泄漏和损失，试求：

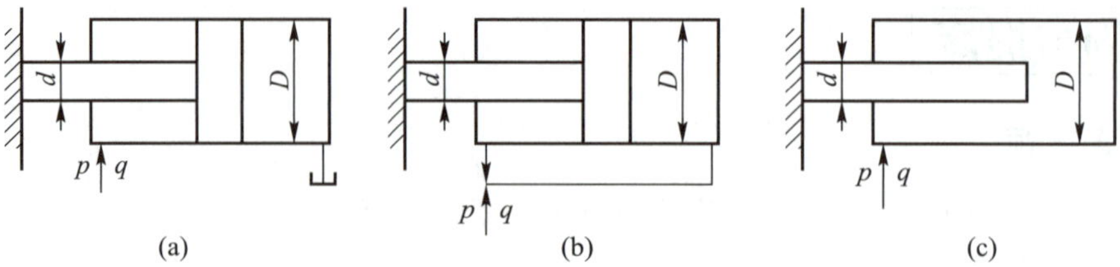

图 4.27　三种形式的液压缸

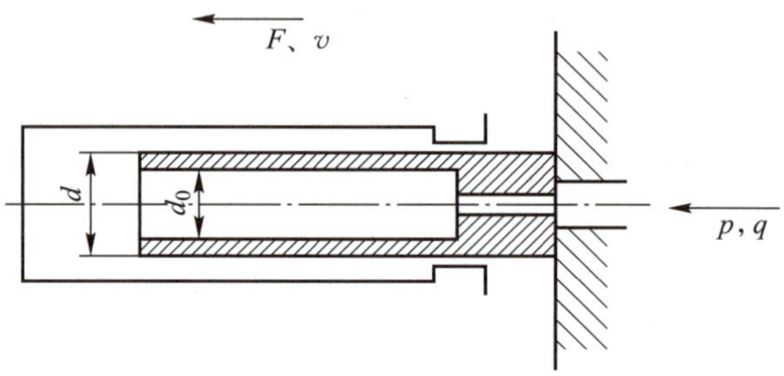

图 4.28　柱塞缸

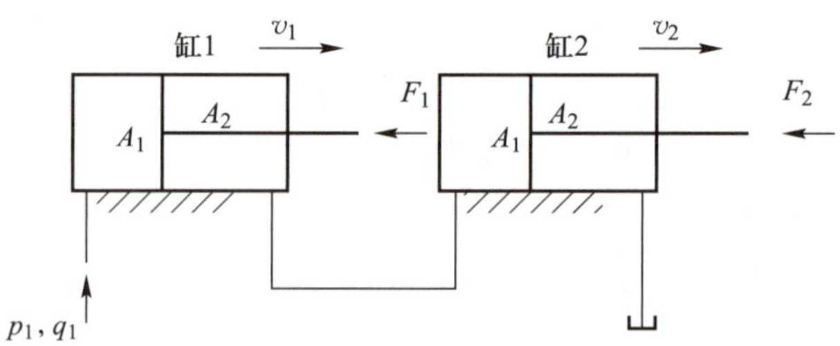

图 4.29　液压缸串联

1）当两缸承受相同的负载（$F_1=F_2$）时，该负载为多少？两缸的运动速度 v_1、v_2 各是多少？

2）当缸 2 的输入压力为缸 1 的一半（$p_2=p_1/2$）时，两缸承受的负载 F_1、F_2 各为多少？

3）当缸 1 无负载（$F_1=0$）时，缸 2 能承受多大负载？

4. 某液压马达排量 $V_m=250\ \text{cm}^3/\text{s}$，进口压力为 8 MPa，出口压力为 0.3 MPa，其总效率 $\eta=0.8$，容积效率 $\eta_v=0.88$。当输入流量为 25 L/min 时，试求液压马达的输出转速 n 和输出转矩 T。

职业与素养——液压缸的发展趋势

1. 高性能和高精度

随着工业自动化程度的不断提高，对液压缸的性能和精度要求越来越高。例如，在数控机床、机器人等领域，需要液压缸能够提供更平稳、更精确的运动控制。

2. 轻量化和小型化

为了满足设备轻量化和紧凑化的设计需求，液压缸将朝着轻量化和小型化的方向发展。可采用新型材料、优化结构设计等手段来减轻缸的质量、减小缸的体积。

3. 智能化和数字化

结合传感器技术和智能控制系统，实现对液压缸工作状态的实时监测和控制。通过数字化反馈，能够精确调整液压参数，提高系统的效率和可靠性。

4. 节能环保

注重节能设计，降低能源消耗。同时，采用环保型的密封材料和工作介质，减少对环境的影响。

5. 长使用寿命和高可靠性

通过改进材料和制造工艺，提高液压缸的耐磨、耐腐蚀性能，延长使用寿命，并降低维护成本。

6. 适应极端工况

能够在高温、高压、高腐蚀等极端工况下稳定工作，满足特殊行业和领域的需求。

7. 多用途和集成化

设计更加灵活，能够适应多种不同的应用场景。同时，与其他部件进行集成化设计，简化系统结构，提高整体性能。

8. 快速响应

在一些对响应速度要求较高的场合，例如快速换模系统，液压缸需要具备更快的响应能力。

9. 定制化

根据客户的特定需求和应用场景，提供定制化的液压缸解决方案，以满足个性化的市场需求。

项目五　方向控制回路的搭建与调试

项目引入

液压阀是液压系统的控制调节元件，在液压系统中主要用来控制或调节系统压力、流量和流动方向，从而控制液压执行元件的承载能力、启停状态、运动速度和方向，以满足机械设备工作性能的要求。液压设备工作时，若想正确控制执行机构的运动方向，必须选择合适的方向控制阀，搭建方向控制回路。在MJ-50数控车床液压系统中，4个执行元件均需要进行方向控制，应如何选择、搭建和调试方向控制回路？所选方向控制回路有何特点？

思维导图

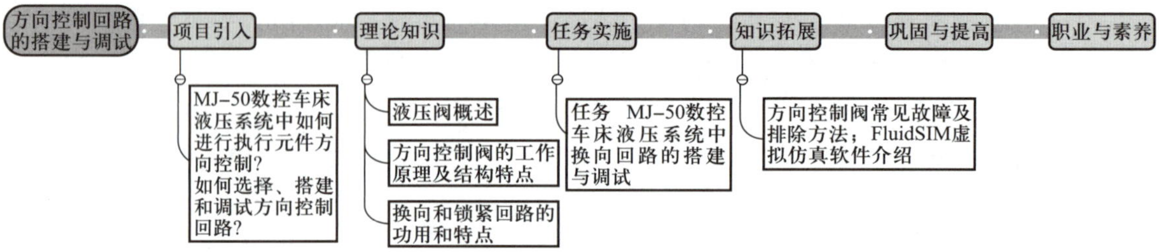

学习目标

1. 掌握单向阀、换向阀的工作原理、类型和图形符号。
2. 掌握单向阀、换向阀的结构特性。
3. 掌握换向、锁紧回路的功用和特点。
4. 熟悉方向控制回路的安装调试方法和步骤。
5. 了解方向控制阀的常见故障。

理论知识

一、液压阀概述

（一）液压阀的分类

液压阀种类繁多，常见的分类方法有以下几种。

1. 按阀的基本功能分类

液压阀可分为方向控制阀、压力控制阀和流量控制阀三大类。

2. 按阀与管路的连接方式分类

液压阀可分为管式连接、板式连接、法兰连接和集成连接。

1）管式连接　采用标准螺纹管接头连接，又称螺纹连接，适用于公称通径较小的阀类。其缺点是元件布置分散，拆换不方便。

2）板式连接（用 B 表示）　通过连接板相连。可使元件集中布置，美观紧凑，更换方便，应用广泛。其缺点是管路较长。

3）法兰连接（用 F 表示）　采用法兰盘连接，适用于公称通径较大的阀类。

4）集成连接　以标准参数制造的标准元件按动作要求集中在一起，组成基本回路再与管路相连。其类型有集成块、叠加阀和插装阀等多种形式。

3. 按阀的工作压力分类

液压阀可分为高压阀（＜32 MPa）、中高压阀（＜21 MPa）和中低压阀（＜6.3 MPa）三大系列。从发展来看，中低压阀将分阶段被淘汰，代之以既适用于低压、又适用于高压的阀类。

（二）液压阀的基本性能参数

1. 公称通径

公称通径代表阀的流通能力，对应于阀的额定流量。与阀进、出油口相连接的管道规格应与阀的通径相一致。阀工作时的实际流量应小于或等于其额定流量，最大不得大于额定流量的 1.1 倍。

2. 额定压力

额定压力是液压阀长期工作所允许的最高工作压力。对于压力控制阀，实际最高工作压力有时还与阀的调压范围有关；对于换向阀，实际最高工作压力还可能受其功率极限的限制。

二、方向控制阀

在液压系统中，控制工作介质流动方向的阀称为方向控制阀，简称方向阀。方向控制阀的工作原理是利用阀芯和阀体相对位置的改变，实现油路的接通或断开，以满足系统对油液流向的控制要求。方向控制阀可分为单向阀和换向阀两类。

（一）单向阀

单向阀可分为普通单向阀和液控单向阀。

1. 普通单向阀（图 5.1）

普通单向阀控制油液只能按某一方向流动，而反向截止，简称为单向阀。对它的性能要求是：正向流通阻力小，而反向关闭严密。

普通单向阀结构

图 5.1　普通单向阀实物图

图 5.2（a）所示是一种管式连接普通单向阀的结构。压力油从阀体左端的通口 P_1 流入，克服弹簧 3 作用在阀芯 2 上的力，使阀芯向右移动，打开阀口，并通过阀芯 2 上的径向孔 a、轴向孔 b，从阀体右端的通口 P_2 流出。但当压力油从阀体右端的通口 P_2 流入时，油液压力和弹簧力一起使阀芯锥面压紧在阀体上，使阀口关闭，油液无法通过。图 5.2（b）所示为普通单向阀的图形符号。

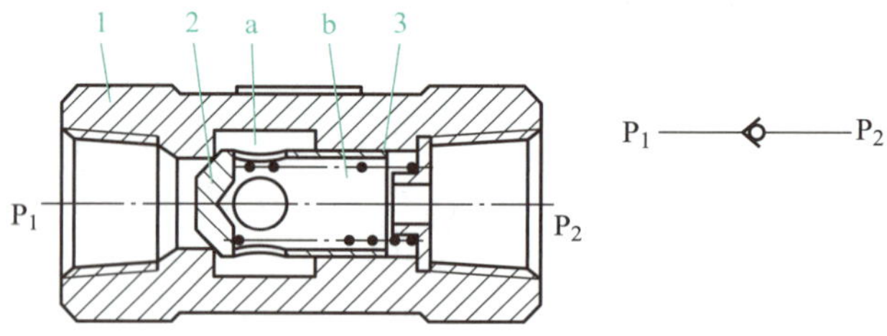

(a)　(b)

1—阀体；2—阀芯；3—弹簧

图 5.2　普通单向阀

2. 液控单向阀（图 5.3）

液控单向阀结构

图 5.3　液控单向阀实物图

图 5.4（a）所示是一种板式连接液控单向阀的结构。当控制口 K 无压力油通入时，它的工作机制和普通单向阀一样，压力油只能从通口 P_1 流向通口 P_2，不能反向倒流。当控制口 K 有控制压力油时，活塞 1 右侧 a 腔通泄油口，活塞 1 右移，推动顶杆 2 顶开阀芯 3，使

通口 P_1 和 P_2 接通，油液就可在两个方向自由通流。图 5.4（b）所示为液控单向阀的图形符号。

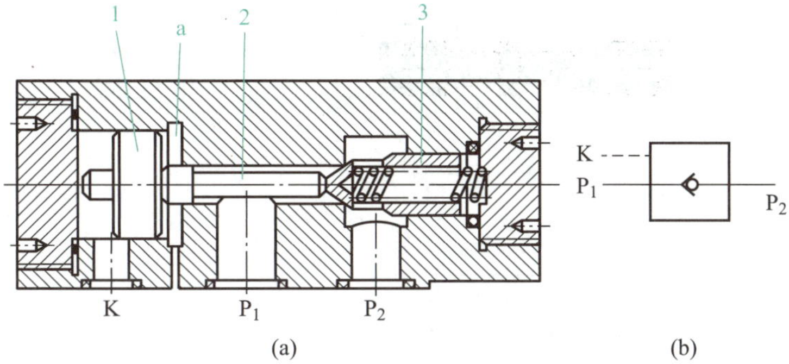

1—活塞；2—顶杆；3—阀芯

图 5.4　液控单向阀

（二）换向阀

换向阀的作用是利用阀芯位置的变动，改变阀体上各油口的通断状态，从而控制油路连通、断开或改变液流方向。

对换向阀的基本要求是：动作准确可靠，换向平稳；油路连通的压力损失要小，一般不超过 0.1～0.3 MPa；运动副间隙密封性好，泄漏要小，以提高系统效率及防止误动作。

换向阀种类很多，按阀的操纵方式不同，其可分为机动、电磁、液动、电液和手动换向阀；按阀芯工作位置数不同，可分为二位、三位和多位换向阀；按阀体上主油路进、出油口数不同，可分为二通、三通、四通和五通等换向阀；按阀芯的结构和运动方式不同，可分为滑阀式、转阀式和球阀组式换向阀。其中滑阀式换向阀应用很广泛，将重点介绍。

1. 换向原理及图形符号

图 5.5 所示为滑阀式换向阀的换向原理，它是靠阀芯在阀体内做轴向运动，从而使相应的油路接通或断开的换向阀。

滑阀是一个具有多个环形槽的圆柱体（图中阀芯有 3 个台肩），而阀体孔内有若干个沉割槽（图中阀体为 5 槽）。每条沉割槽都通过相应的孔道与外部相通，其中 P 为进油口，T 为回油口，而 A 和 B 则通液压缸两腔。

当阀芯处于图 5.5（a）所示位置时，P 与 B、A 与 T 相通，液压缸活塞向左运动；当阀芯向右移至图 5.5（b）所示位置时，P 与 A、B 与 T 相通，液压缸活塞向右运动。图中右侧相应的图形符号清晰地表明了以上所述的通断情况。

换向阀的功能主要由它的工作位置数、控制的接口数以及连通方式来决定。通常将阀体与外部管路连接的接口数叫作“通”；为改变液流方向，阀芯相对于阀体的不同工作位置叫作“位”。常用“几位几通”说明阀的功能特点。

在换向阀的图形符号中，用方框表示阀的工作位置，有几个方框就表示几“位”，一个

滑阀式换向阀的换向原理

换向阀的位、通和类型

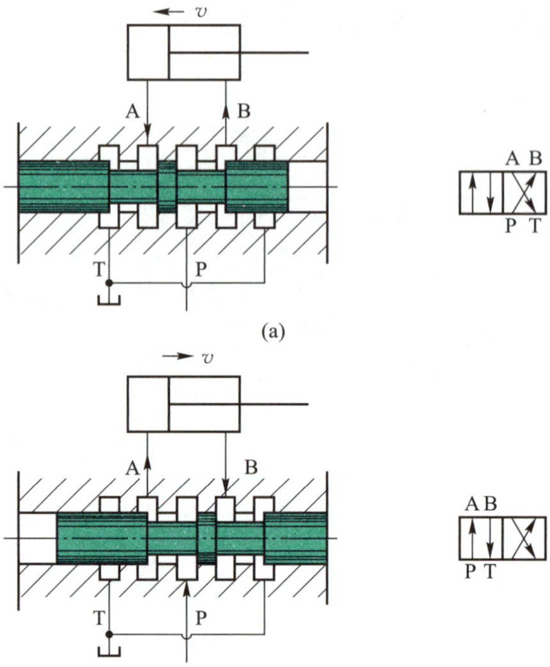

图 5.5 滑阀式换向阀的换向原理

方框内的接口数表示几“通”，方框内的箭头表示接口处于连通状态，并不一定表示油液的实际流向，方框内的符号“⊥”或“⊤”表示接口被阀芯封闭，方框外侧的符号表示操纵、复位或定位等方式。为便于连接管路，常将各接口标以不同的字母，P 表示进油口，T 表示回油口，A 和 B 表示通油口，L 表示泄油口。

表 5-1 列出了几种常用的滑阀式换向阀的结构原理图及其图形符号。

表 5-1 滑阀式换向阀的结构原理图及其图形符号

名称	结构原理图	图形符号
二位二通	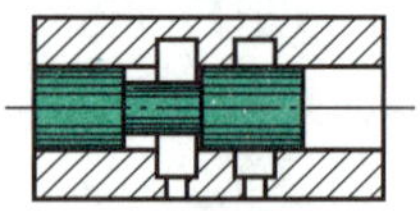	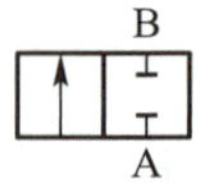
二位三通	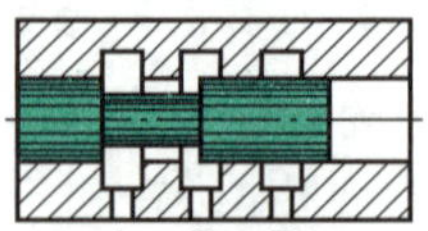	
二位四通	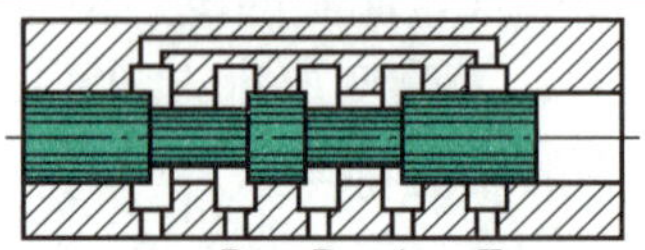	

续表

名称	结构原理图	图形符号
三位四通	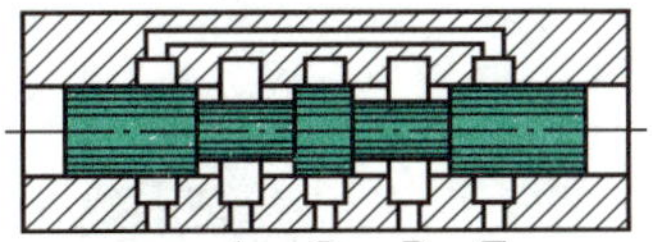	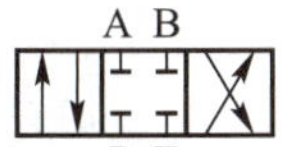

2. 几种常用的换向阀

（1）机动换向阀（图 5.6）

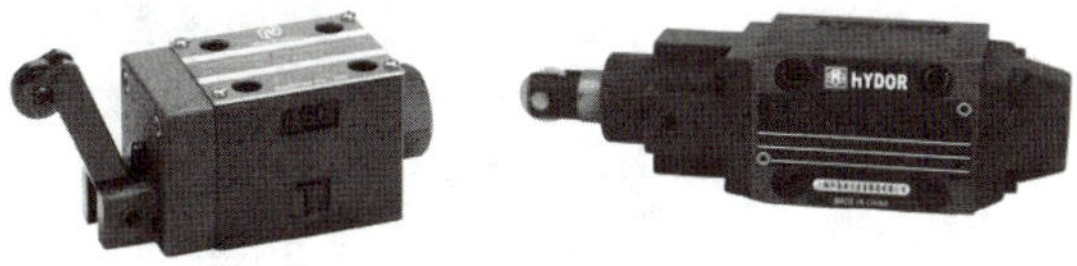

图 5.6　机动换向阀实物图

机动换向阀又称行程阀，主要用来控制机械运动部件的行程。它是借助于安装在工作台上的挡铁或凸轮来迫使阀芯移动，从而控制油液流动方向的。机动换向阀通常是二位的，有二通、三通、四通和五通几种，其中二位二通机动换向阀又分为常闭和常开两种。

图 5.7（a）所示为二位二通机动换向阀的结构。在图示位置（常态位），阀芯 3 在弹簧 4 作用下处于上端，P 与 A 不相通；当运动部件上的挡铁 1 压住滚轮 2 使阀芯 3 移至下端时，P 与 A 相通。

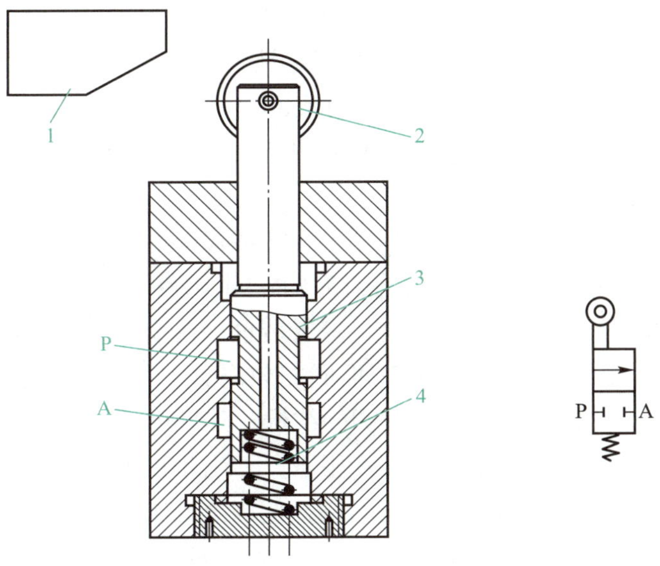

机动换向阀的工作原理

1—挡铁；2—滚轮；3—阀芯；4—弹簧

图 5.7　二位二通机动换向阀

机动换向阀结构简单，换向时阀口逐渐关闭或打开，故换向平稳、可靠且位置精度高。但它必须安装在运动部件附近，一般管路较长。其常用于控制运动部件的行程，进行快、慢速度的转换。图 5.7（b）所示为二位二通机动换向阀的图形符号。

（2）电磁换向阀（图 5.8）

图 5.8 电磁换向阀实物图

电磁换向阀以电磁力为动力推动阀芯运动换向。当电磁铁通电时，衔铁被吸合，从而通过推杆推动阀芯移动，实现换向。当电磁铁断电时，复位弹簧使阀芯恢复至常态位。

电磁换向阀根据其使用的电源不同可分为交流电磁（D 型）换向阀和直流电磁（E 型）换向阀两种。交流电磁铁可用 110 V、220 V 或 380 V 工业电源，其优点是电源简单方便，启动力大，换向快；缺点是启动电流大，在阀芯被卡死时会使线圈烧毁，由于换向力大，所以换向频率不能太高（30 次 /min 左右）。直流电磁铁常用 24 V 或 110 V 直流电源，其优点是不论吸合与否，电流大小基本不变，不会因阀芯卡死而烧毁线圈，换向冲击小，换向频率较高；缺点是需要提供直流电源。

电磁铁按衔铁是否浸在油里，又可分为干式和湿式两种。干式电磁铁不允许油液进入电磁铁内部，因此推动阀芯的推杆处要有可靠的密封。湿式电磁铁可以浸在油液中工作，所以电磁换向阀的相对运动件之间就不需要密封装置，这就减小了阀芯运动的阻力，提高了滑阀换向的可靠性。湿式电磁铁性能好，但价格较高。

图 5.9（a）所示为二位三通电磁换向阀的结构，其采用干式交流电磁铁。图示位置为电磁铁不通电状态，即常态位，此时 P 与 A 相通，B 封闭；当电磁铁通电时，衔铁 1 右移，通过推杆 2 使阀芯 3 推压弹簧 4，并移至右端，此时 P 与 B 接通，而 A 封闭。图 5.9（b）所示为二位三通电磁换向阀的图形符号。

图 5.10（a）所示为三位四通电磁换向阀的结构，其采用湿式直流电磁铁。阀两端有两根对中弹簧 4，使阀芯在常态时（两端电磁铁均断电时）处于中位，P、A、B、T 互不相通；当右端电磁铁通电时，衔铁 1 通过推杆 2 将阀芯 3 推至左端，此时油口 P 与 B 相通，A 与 T 相通；当左端电磁铁通电时，阀芯移至右端，此时油口 P 通 A、B 通 T。图 5.10（b）所示为三位四通电磁换向阀的图形符号。

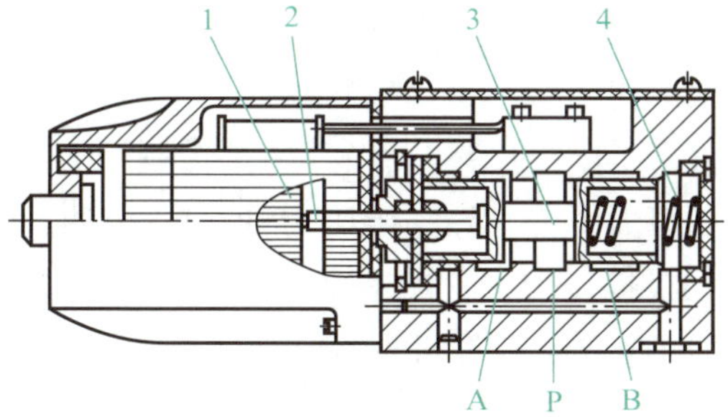

(a)

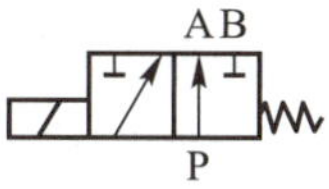

(b)

1—衔铁；2—推杆；3—阀芯；4—弹簧

图 5.9 二位三通电磁换向阀

电磁换向阀结构

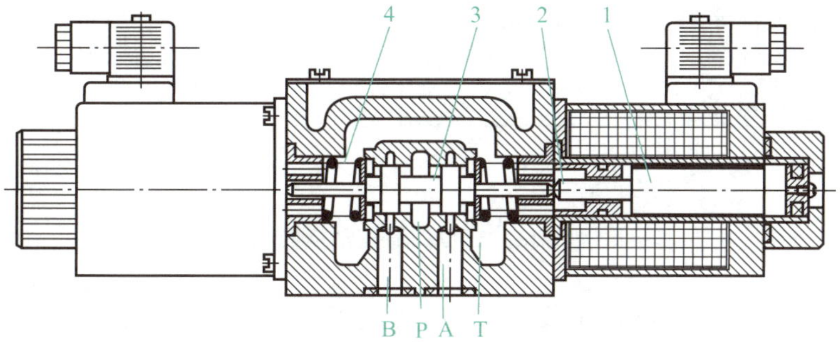

(a)

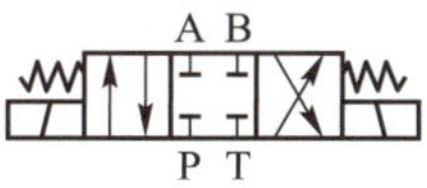

(b)

1—衔铁；2—推杆；3—阀芯；4—对中弹簧

图 5.10 三位四通电磁换向阀

电磁换向阀操纵方便，布置灵活，易于实现动作转换的自动化，但因电磁铁吸力有限，所以电磁换向阀只适用于流量不大的场合。

（3）液动换向阀（图 5.11）

图 5.11 液动换向阀实物图

液动换向阀利用控制油路的压力油推动阀芯实现换向，因此它可以制造成流量较大的换向阀。

图 5.12（a）所示为三位四通液动换向阀的结构。当其两端控制口 K_1 和 K_2 均不通入压力油时，阀芯在两端弹簧的作用下处于中位；当 K_1 接压力油，K_2 接油箱时，阀芯移至右端，此时 P 通 A，B 通 T；反之，当 K_2 接压力油，K_1 接油箱时，阀芯移至左端，此时 P 通 B，A 通 T。图 5.12（b）所示为三位四通液动换向阀的图形符号。

液动换向阀的工作原理

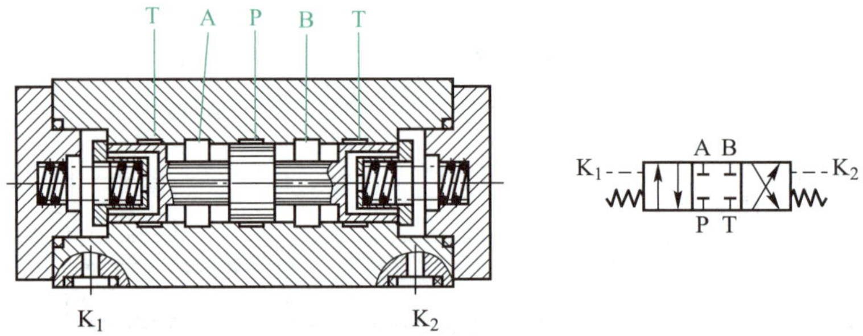

(a) (b)

图 5.12 三位四通液动换向阀

液动换向阀结构简单、动作可靠且平稳，由于液压驱动力大，故可用于流量大的液压系统中，但它不如电磁换向阀控制方便。

（4）电液换向阀（图 5.13）

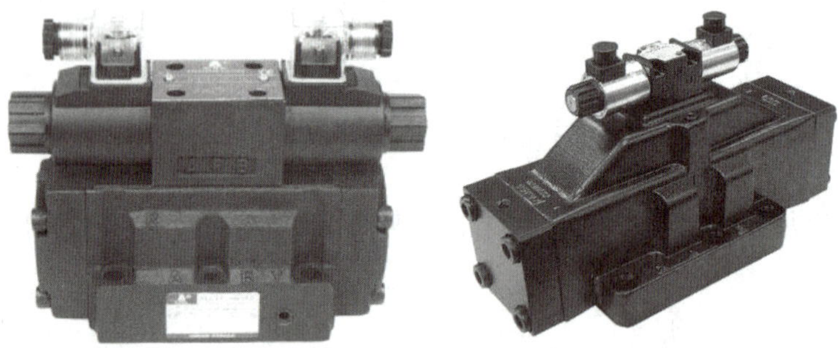

图 5.13 电液换向阀实物图

电液换向阀由大规格（大通径、大流量）的液动换向阀和小规格的电磁换向阀组合而成。其中电磁换向阀为先导阀，用以改变控制油路的方向；液动换向阀为主阀，用以改变主油路的方向。这种换向阀综合了电磁换向阀和液动换向阀的优点，具有控制方便、流量大的特点。

图 5.14 所示为三位四通电液换向阀的工作原理和图形符号。

当先导阀的电磁铁 1YA 和 2YA 都断电时，电磁换向阀阀芯在两端弹簧力的作用下处于中位，控制油口 P′关闭。这时主阀阀芯两侧的油液经两个小节流阀及电磁换向阀的通路与油箱相通，因而主阀阀芯也在两端弹簧的作用下处于中位。在主油路中 P、A、B、T 互不相通。

当电磁铁 1YA 通电、2YA 断电时，电磁换向阀阀芯移至右端，电磁换向阀左位工作，控制压力油经过 P′→ A′→单向阀→主阀阀芯左端油腔，而回油经主阀阀芯右端油腔→节流阀→ B′→ T′→油箱。于是，主阀阀芯在左端油腔油液压力的作用下移至右端，即主阀左位工作，主油路 P 通 A，B 通 T。

同理，当电磁铁 2YA 通电、1YA 断电时，电磁换向阀右位工作，控制主阀也右位工作，主油路 P 通 B，A 通 T。液动换向阀的换向速度可由两端节流阀调整，因而可使换向平稳、无冲击。

电液换向阀结构

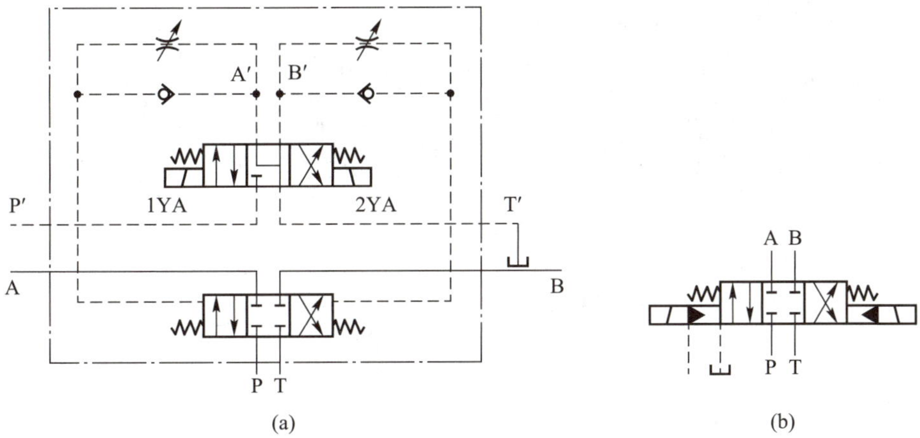

图 5.14　三位四通电液换向阀

（5）手动换向阀（图 5.15）

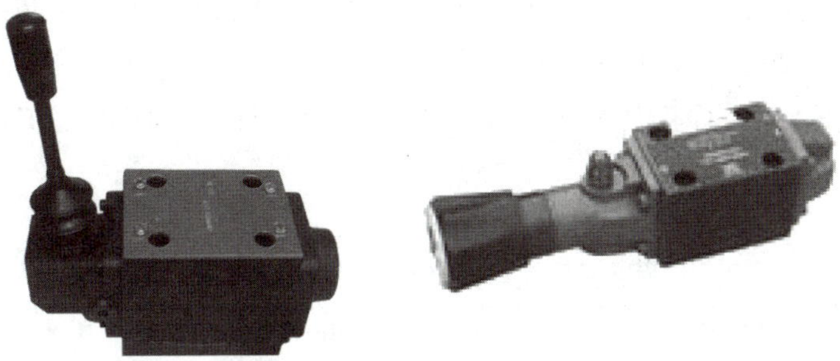

图 5.15　手动换向阀实物图

手动换向阀是用手动杠杆操纵阀芯换向的换向阀。它有自动复位式和钢球定位式两种。

图 5.16（a）所示为自动复位式换向阀，可手动操纵使换向阀左位或右位工作，但当操纵力取消后，阀芯 2 便在弹簧 3 的弹簧力作用下自动恢复至中位，停止工作。因而其适用于换向动作频繁、工作持续时间短的场合。

图 5.16（b）所示为钢球定位式换向阀，其阀芯 2 端部的钢球 4 定位装置可使阀芯分别停止在左、中、右三个工作位置上，当松开手柄 1 后，阀芯 2 仍保持在所需的工作位置上，因而其可用于工作持续时间较长的场合。

手动换向阀结构

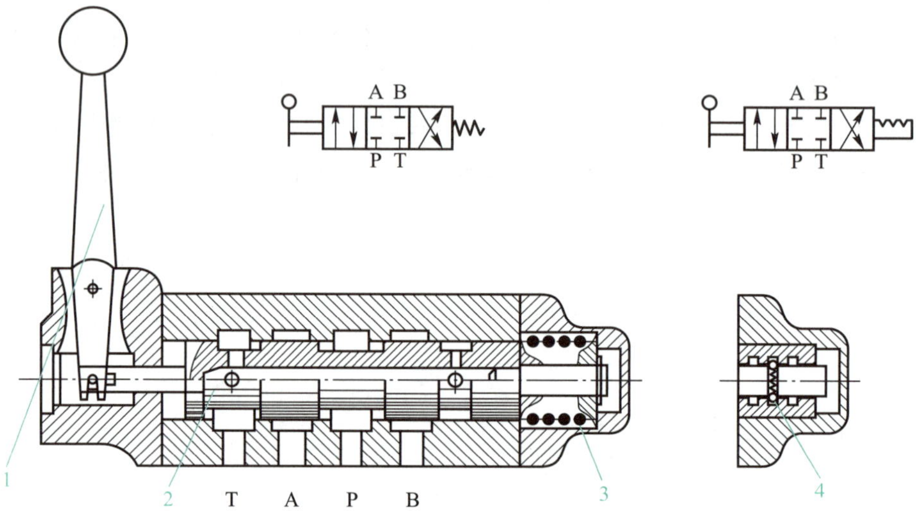

1—手柄；2—阀芯；3—弹簧；4—钢球

图 5.16 手动换向阀

3. 三位四通换向阀的中位机能

中位机能通常是指三位四通换向阀处于中位时各接口的连通方式。三位四通换向阀是应用较广泛的换向阀，其左、右两个工作位置主要用于液动机的换向，而中间位置各接口的连通方式则取决于液压系统工作性能的要求，其中位机能型式较多，常用的有 O 型、H 型、Y 型、P 型、M 型等几种（表 5–2）。不同的中位机能是靠改变阀芯的形状和轴向尺寸来实现的，而阀体的结构尺寸则完全相同。

在选用换向阀时，除了考虑液流的通、断和换向以外，还应根据工作机构和液压系统的不同要求选择换向阀的中位机能。

表 5–2 三位四通换向阀的中位机能

型式	结构简图	图形符号	特点及应用
O 型	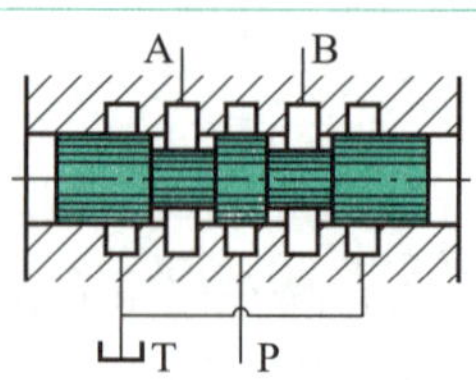	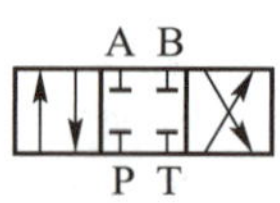	各油口全部封闭，液压缸被锁紧，液压泵不卸荷，并联缸可运动

续表

型式	结构简图	图形符号	特点及应用
H 型	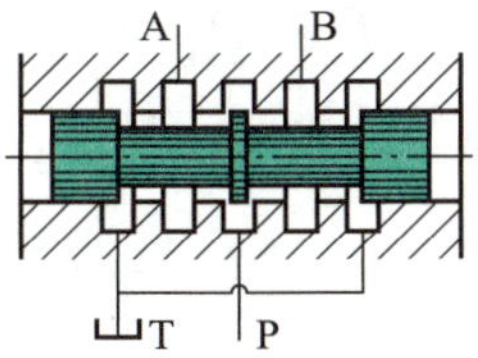		各油口全部连通，液压缸浮动，液压泵卸荷，其他缸不能并联使用
Y 型	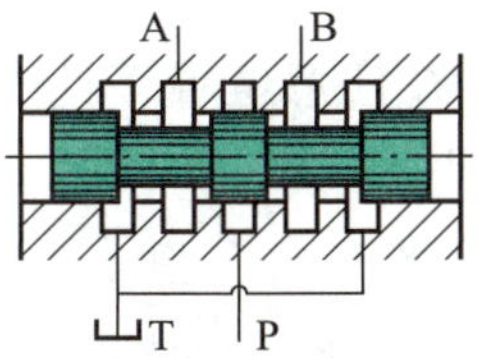	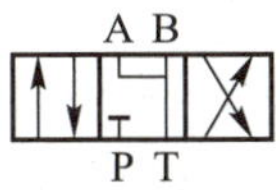	液压缸两腔通油箱，液压缸浮动，液压泵不卸荷，并联缸可运动
P 型	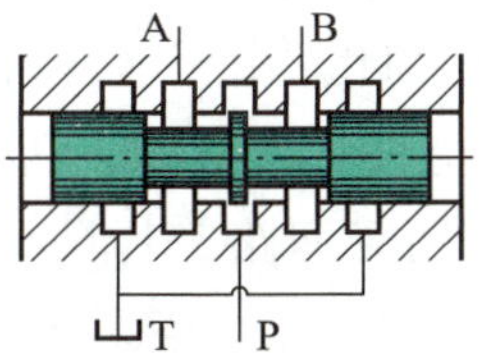		压力油口与液压缸两腔连通，回油口封闭，液压泵不卸荷，并联缸可运动，单杆活塞缸实现差动连接
M 型	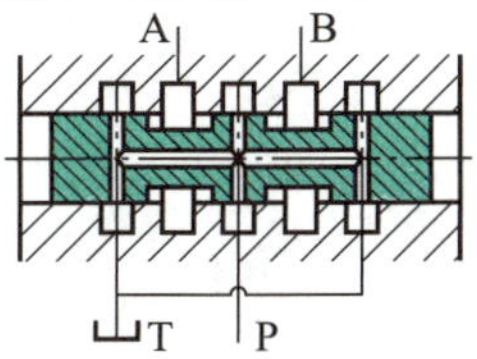	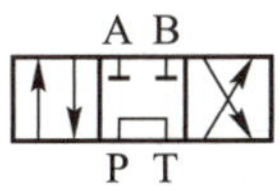	液压缸两腔封闭，液压缸被锁紧，液压泵卸荷，其他缸不能并联使用

三、方向控制回路

方向控制回路的作用是利用各种方向控制阀来控制液压系统中各油路油液的通、断及变向，从而实现执行元件的启动、停止或运动方向改变。常用的方向控制回路有换向回路和锁紧回路等。

（一）换向回路

运动部件的换向，一般可采用各种换向阀来实现。在容积调速的闭式回路中，也可以利用双向变量泵控制液流的方向来实现液压缸（或液压马达）的换向。

双作用液压缸的换向，一般可采用二位四通（或五通）及三位四通（或五通）换向阀来实现，按不同用途还可选用各种不同控制方式的换向回路，常用的有人力、机械、电磁、液动和电液等。

电磁换向阀的换向回路应用最为广泛，尤其在自动化程度要求较高的组合机床液压系统中被普遍采用。对于流量较大和换向平稳性要求较高的场合，电磁换向阀的换向回路已不能适应，往往采用手动换向阀或机动换向阀为先导阀、液动换向阀为主阀的换向回路，或者采用电液换向阀的换向回路。

在液动换向阀的换向回路或电液换向阀的换向回路中，控制油液除了用辅助泵供给外，在一般的系统中也可以把控制油路直接接入主油路。但是，当主阀采用 M 型或 H 型中位机能时，须在回路中设置背压阀，保证控制油液有一定的压力，以控制换向阀阀芯的移动。

在机床夹具、液压机和起重机等不需要自动换向的场合，常常采用手动换向阀来进行换向。

（二）锁紧回路

锁紧回路是通过切断执行元件的进、回油路来使它停在任意位置，且停止运动后不会因外力作用而移动位置的回路。常用的锁紧回路有以下两种。

1. 采用 O 型或 M 型中位机能三位四通换向阀的锁紧回路

图 5.17 （a）所示为采用 O 型中位机能三位四通换向阀的锁紧回路，当两电磁铁均断电时，弹簧使阀芯处于中间位置，液压缸的两工作油口被封闭。由于液压缸两腔都充满油液，而油液又是不可压缩的，所以向左或向右的外力均不能使活塞移动，活塞被双向锁紧。图 5.17（b）所示为采用 M 型中位机能三位四通换向阀的锁紧回路，其具有相同的锁紧功能。不同的是前者液压泵不卸荷，与其并联的其他执行元件的运动不受影响；后者的液压泵卸荷，与其他缸不能并联使用。

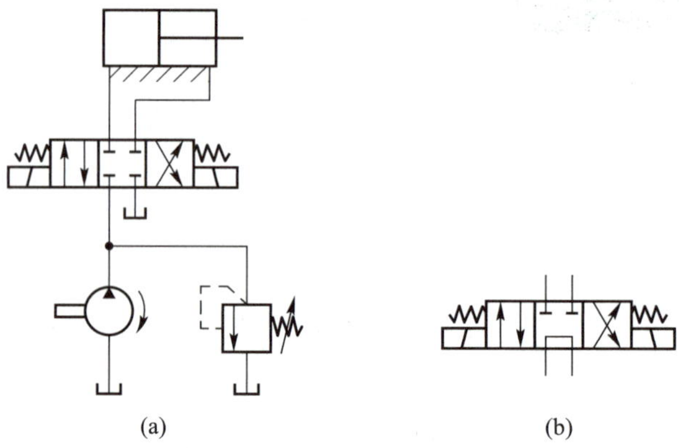

图 5.17　采用 O 型或 M 型中位机能三位四通换向阀的锁紧回路

这种锁紧回路结构简单，但由于换向阀密封性差，泄漏影响不可避免，因此停止时间稍长时可能产生松动，使活塞产生少量漂移，锁紧效果较差。

2. 采用液控单向阀的锁紧回路

图 5.18 所示为采用液控单向阀的锁紧回路。在液压缸的进、回油路中串接液控单向阀（又称液压锁），使活塞可以在行程的任何位置锁紧。其锁紧精度只受液压缸内少量内泄漏的影响，因此，锁紧精度较高。采用液控单向阀的锁紧回路，换向阀的中位机能可使液控单向阀的控制油液卸压（换向阀采用 H 型或 Y 型中位机能），此时，液控单向阀立即关闭，活塞停止运动。假如采用 O 型中位机能，在换向阀中位工作时，由于液控单向阀的控

制腔压力油被闭死而不能使其立即关闭，直至由换向阀的内泄漏使控制腔泄压后，液控单向阀才能关闭，将影响其锁紧精度。

在汽车起重机的支腿油路、飞机起落架的收放油路和矿山机械中液压支架的油路中，经常采用液控单向阀的锁紧回路。

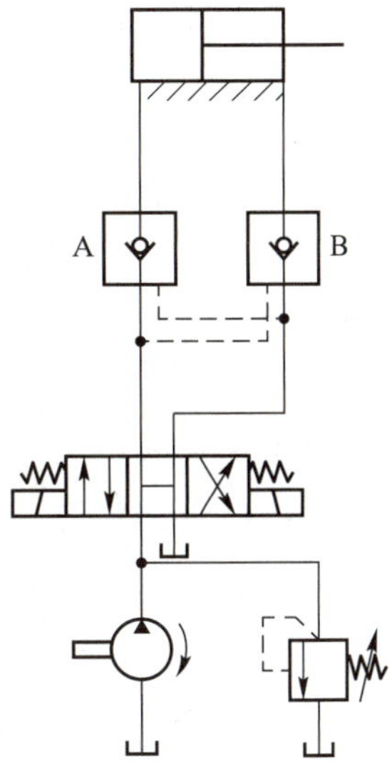

图 5.18　采用液控单向阀的锁紧回路

任务实施

任务　MJ-50 数控车床液压系统中换向回路的搭建与调试

在 MJ-50 数控车床液压系统中，分析控制动力卡盘、回转刀架和尾座套筒动作的换向回路的工作方式及其特点，采用虚拟仿真或实物搭建并调试该换向回路。

一、实施流程

（一）实施准备

1）液压实验台或 FluidSIM-H 虚拟仿真软件。

2）液压元件：液压泵、液压缸、液压马达、换向阀等（见图 5.19 换向回路）。

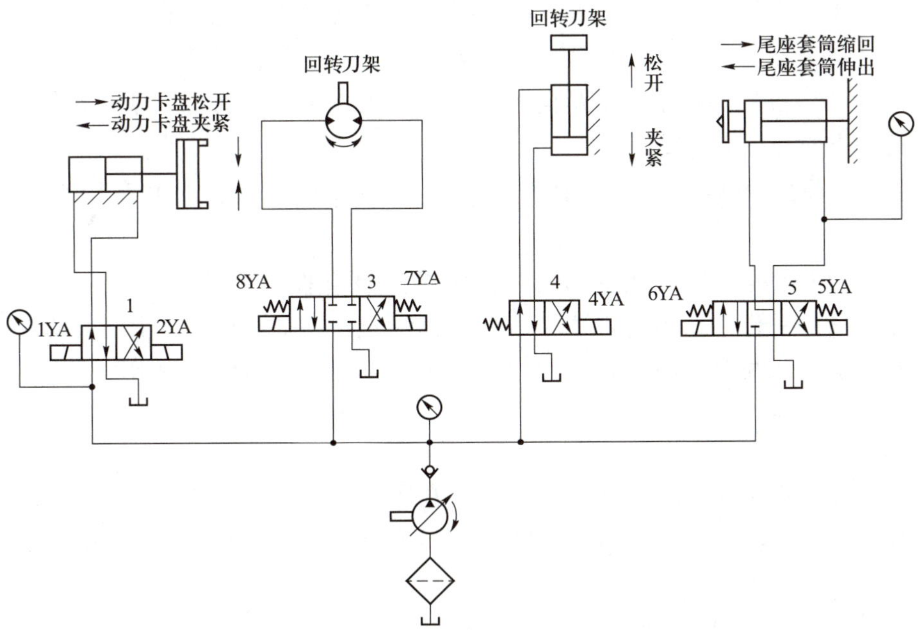

1、4—二位四通电磁换向阀；3、5—三位四通电磁换向阀

图 5.19　MJ-50 数控车床液压系统换向回路图

（二）实施原理

在 MJ-50 数控车床液压系统中，4 个执行元件的动作分别是：动力卡盘的夹紧与松开，回转刀架的转位，回转刀架的夹紧与松开，尾座套筒伸出与缩回，其电磁铁动作顺序见表 5-3。

表 5-3　电磁铁动作顺序

动作		1YA	2YA	4YA	5YA	6YA	7YA	8YA
动力卡盘正卡	夹紧	+	−	−	−	−	−	−
	松开	−	+	−	−	−	−	−
动力卡盘反卡	夹紧	−	+	−	−	−	−	−
	松开	+	−	−	−	−	−	−
回转刀架	正转	−	−	−	−	−	−	+
	反转	−	−	−	−	−	+	−
	松开	−	−	+	−	−	−/+	+/−
	夹紧	−	−	−	−	−	−	−
尾座套筒	伸出	−	−	−	−	+	−	−
	缩回	−	−	−	+	−	−	−

注：“+”表示通电；“−”表示断电。

在动力卡盘的动作中，二位四通电磁换向阀 1 控制动力卡盘的夹紧与松开。在要求动力卡盘处于正卡（卡爪向内夹紧工件外圆）时，电磁铁 1YA 通电，阀 1 左位工作，活塞杆缩回，动力卡盘夹紧，反之，电磁铁 2YA 通电，阀 1 右位工作，活塞杆伸出，动力卡盘松开；在要求动力卡盘处于反卡（卡爪向外夹紧工件内孔）时，动力卡盘的夹紧与松开，及活塞杆的运动方向与正卡相反。

采用三位四通电磁换向阀 3 控制刀架的转位（正转与反转），并利用 O 型中位机能锁紧。

回转刀架的夹紧与松开是通过二位四通电磁换向阀 4 控制实现的。

在尾座套筒的动作中，当电磁铁 5YA 得电时，三位四通电磁换向阀 5 在右位工作，尾座套筒缩回；反之，电磁铁 6YA 得电时，阀 5 在左位工作，尾座套筒伸出。

（三）实施步骤（表 5-4）

1）按照换向回路图选用所需的液压元件，并检查型号是否正确；

2）将液压元件安装在液压实验台面板上，并布置在合适位置，通过软管和快换接头按换向回路图连接换向回路；

3）把所用电磁换向阀电磁铁按图示编号；

4）连接电磁铁及对应按钮开关插线；

5）检查液压回路和电气回路连接是否完全正确；

6）在确认无误的情况下旋松溢流阀，打开电动机，启动泵站，调节溢流阀调定压力为 2 MPa（20 bar）；

7）按电磁铁动作顺序表控制按钮开关，实现液压缸及液压马达换向动作；

8）实训完毕后完全松开溢流阀，系统卸荷后，关闭电动机，拆卸液压系统，清理相关的实训器材，保持清洁和归位。

表 5-4 工作任务单

工作任务	MJ-50 数控车床液压系统中换向回路的搭建与测试
任务描述	分组讨论 MJ-50 数控车床液压系统中 4 个执行元件的换向动作如何实现，讨论换向回路的工作特点，采用虚拟仿真或实物搭建并调试该换向回路
任务要求	1）掌握单向阀、换向阀的工作原理和特性； 2）掌握换向回路的工作方式和特性； 3）能正确选择液压元件； 4）熟悉换向回路的搭建、调试方法和步骤
提交成果	用 FluidSIM-H 虚拟仿真软件（参考图 5.20～图 5.23）或液压实验台实物搭建并调试 4 个执行元件对应的换向回路，描述其特点

注：FluidSIM-H 虚拟仿真软件中所用图形符号为旧国家标准，参见 GB/T 786.1—2009。

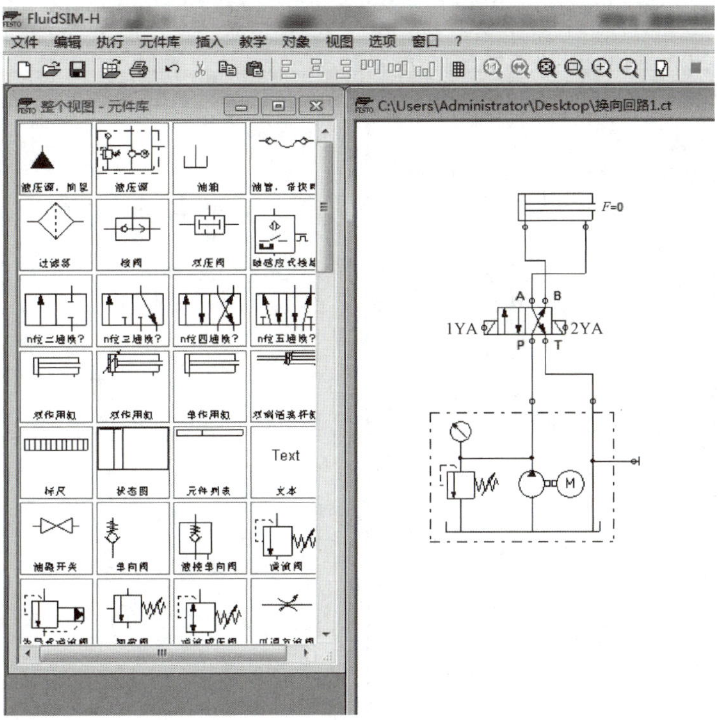

图 5.20 FluidSIM-H 虚拟仿真样例一

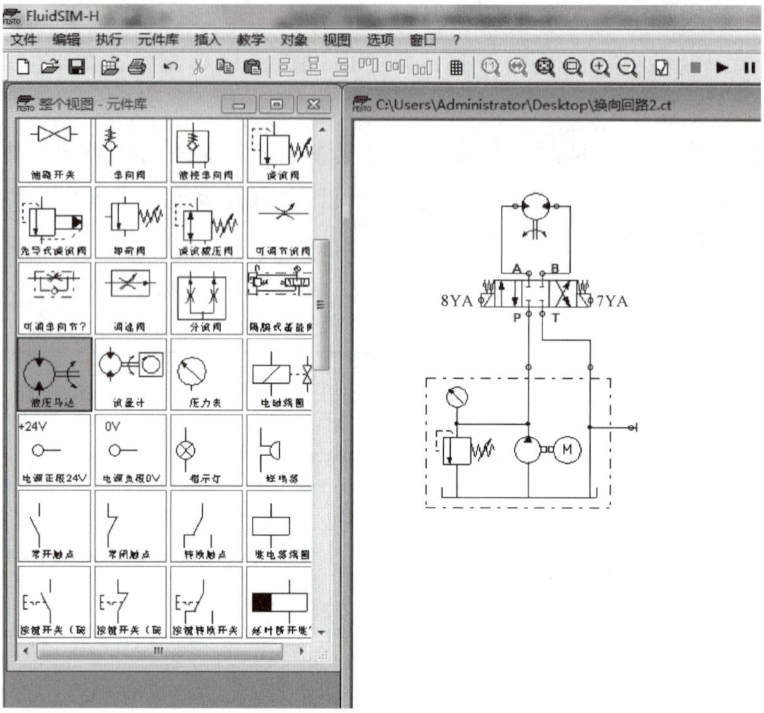

图 5.21 FluidSIM-H 虚拟仿真样例二

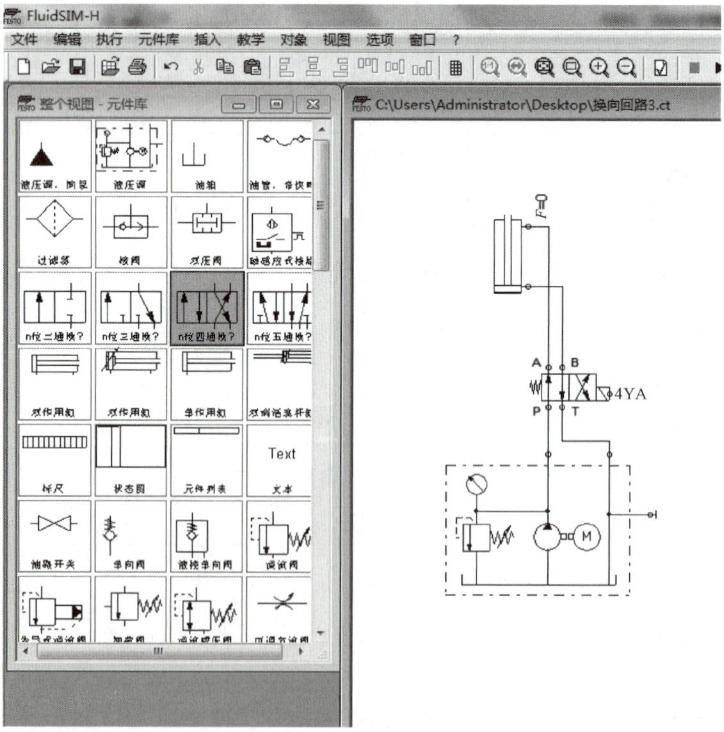

图 5.22 FluidSIM-H 虚拟仿真样例三

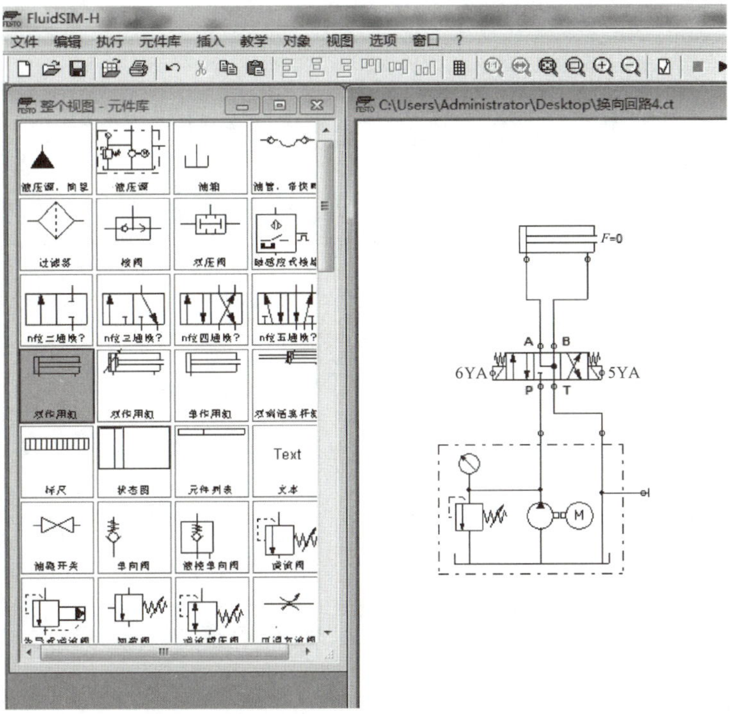

图 5.23　FluidSIM-H 虚拟仿真样例四

（四）AI 助力

利用 AI 提问，判断 AI 描述内容的正误并把正确的答案填写在表 5-5 中。

问题 1：不同操纵方式的换向阀各有什么特点？

问题 2：在 MJ-50 数控车床液压系统中，动力卡盘夹紧、回转刀架夹紧、回转刀架转位和尾座套筒伸缩 4 个换向回路中分别适合选用哪种操纵方式的换向阀？

问题 3：动力卡盘夹紧中正卡和反卡有何区别？在换向回路中如何调试？

问题 4：动力卡盘夹紧、回转刀架夹紧、回转刀架转位和尾座套筒伸缩 4 个换向回路中选用的换向阀是否有中位？如果有中位，分别是何种中位机能？该中位机能有何特点？

表 5-5　AI 助力任务实施

序号	内容描述	
问题 1		
问题 2	换向回路	换向阀操纵方式选择
	动力卡盘夹紧	

续表

<table>
<tr><th>序号</th><th colspan="4">内容描述</th></tr>
<tr><td rowspan="4">问题 2</td><td>换向回路</td><td colspan="3">换向阀操纵方式选择</td></tr>
<tr><td>回转刀架夹紧</td><td colspan="3"></td></tr>
<tr><td>回转刀架转位</td><td colspan="3"></td></tr>
<tr><td>尾座套筒伸缩</td><td colspan="3"></td></tr>
<tr><td rowspan="2">问题 3</td><td>正卡</td><td colspan="3"></td></tr>
<tr><td>反卡</td><td colspan="3"></td></tr>
<tr><td rowspan="5">问题 4</td><td>换向回路</td><td>是否有中位</td><td>中位机能</td><td>特点</td></tr>
<tr><td>动力卡盘夹紧</td><td></td><td></td><td></td></tr>
<tr><td>回转刀架夹紧</td><td></td><td></td><td></td></tr>
<tr><td>回转刀架转位</td><td></td><td></td><td></td></tr>
<tr><td>尾座套筒伸缩</td><td></td><td></td><td></td></tr>
</table>

二、任务评价（表 5-6）

表 5-6　实践考核评价单

姓名		班级		组别		日期	

序号	考核内容	小组评价（50%）	教师评价（50%）	总评
1	遵守实训室安全操作规程（10 分）			
2	能准确描述 MJ-50　数控车床液压系统中换向回路工作方式及特点（20 分）			
3	能正确选择液压元件（20 分）			
4	能正确搭建各换向回路（20 分）			
5	能对换向回路进行调试（20 分）			
6	做好 6S 管理工作（10 分）			

知识拓展

一、方向控制阀常见故障及排除方法

（一）单向阀常见故障及排除方法（表 5–7）

表 5–7　单向阀常见故障及排除方法

现象	产生原因	排除方法
发出尖叫声	1）单向阀通过的最大流量有一定限度，当超过额定流量时会出现尖叫声； 2）单向阀与其他元件产生共振时会出现尖叫声； 3）在高压立式液压缸中，缺乏卸荷装置（卸荷阀）的液控单向阀易产生噪声	1）根据实际需要，更换流量较大的单向阀或减少实际流量，使其最大值不超过铭牌上的规定值； 2）适当改变阀的额定压力或调节弹簧，必要时改变弹簧刚度； 3）更换带有卸荷装置的单向阀或补充卸压回路
泄漏	1）阀座锥面密封不严； 2）钢球（或锥面）不圆或磨损； 3）油液中有杂质，使锥面或钢球损坏； 4）阀芯或阀座拉毛； 5）配合的阀座损坏； 6）螺纹连接的结合部分没有拧紧或密封不严	1）重新配研，保证接触线密封严密； 2）拆下检查，更换钢球或锥阀； 3）检查油液，加以更换； 4）检查并重新配研； 5）更换或配研修复； 6）检查有关螺纹连接处，并拧紧，必要时更换螺纹紧固件
失灵	1）单向阀阀芯卡死； 2）弹簧折断或漏装； 3）锥阀（或钢球）与阀座完全失去密封作用。锥阀与阀座同轴度超差，密封表面锈蚀，形成接触不良及严重磨损等； 4）把背压阀当作单向阀使用，背压阀弹簧刚度大，而单向阀较软（最大压力不超过 0.3 MPa）	1）检修阀芯： ① 阀体变形：研修阀体内孔，消除误差； ② 阀芯有毛刺：去掉阀芯毛刺并磨光； ③ 阀芯变形：研修阀芯外径； ④ 油液污染：更换油液。 2）拆检、更换或补装弹簧； 3）检测密封性，配研锥阀与阀座，保证密封可靠。当锥阀与阀座同轴度超差或严重磨损时，应更换元件； 4）把背压阀的弹簧换成单向阀的软弹簧，或把背压阀换成单向阀

（二）换向阀常见故障及排除方法（表 5–8）

表 5–8　换向阀常见故障及排除方法

现象	产生原因	排除方法
阀芯不能移动	1）阀芯表面划伤、阀体内孔划伤、油液污染使阀芯卡阻、阀芯弯曲；	1）拆开换向阀，仔细清洗，研磨修复内存油脂或更换阀芯；

续表

现象	产生原因	排除方法
阀芯不能移动	2）阀芯与阀体内孔配合间隙不当，间隙过大，阀芯在阀体内歪斜，使阀芯卡住；间隙过小，摩擦力增加，阀芯不能移动； 3）弹簧太软，阀芯不能自动复位；弹簧太硬，阀芯推不到位； 4）手动换向阀的连杆磨损或失灵； 5）电磁换向阀的电磁铁损坏； 6）液动换向阀或电液换向阀两端的单向节流阀失灵； 7）液动换向阀或电液换向阀的控制油液压力过低； 8）油液黏度太大； 9）油温太高，阀芯因热变形卡住； 10）连接螺钉有的过松，有的过紧，致使阀体变形，阀芯不能移动	2）检查配合间隙，间隙太小，研磨阀芯，间隙太大，重配阀芯；也可以采用电镀工艺，增大阀芯直径，阀芯直径小于 20 mm 时，正常配合间隙应在 0.008～0.015 mm 范围内；阀芯直径大于 20 mm 时，间隙应在 0.015～0.025 mm 范围内； 3）更换弹簧； 4）更换或修复连杆； 5）更换或修复电磁铁； 6）仔细检查节流阀是否堵塞，单向阀是否泄漏，并进行修复； 7）检查压力低的原因，对症解决； 8）更换黏度适合的油液； 9）查找油温高的原因并降低油温； 10）松开全部螺钉，重新均匀拧紧
电磁铁线圈烧坏	1）线圈绝缘不良； 2）电磁铁铁芯轴线与阀芯轴线同轴度不良； 3）供电电压太高； 4）阀芯被卡住，电磁力推不动阀芯； 5）回油口背压过高	1）更换电磁铁线圈； 2）拆卸电磁铁，重新装配； 3）按规定电压值纠正供电电压； 4）拆开换向阀，仔细检查弹簧是否太硬、阀芯是否被污染物卡住以及是否有其他推不动阀芯的原因，进行修复并更换电磁铁线圈； 5）检查背压过高的原因，对症解决
外泄漏	1）泄油腔压力过高或 O 形密封圈失效造成电磁阀推杆处外泄漏； 2）安装面粗糙、安装螺钉松动、漏装 O 形密封圈或密封圈失效	1）检查泄油腔压力，如多个换向阀泄油腔串接在一起，则将它们分别接口油箱；更换密封圈； 2）磨削安装面使其粗糙度符合产品要求（通常阀的安装面的粗糙度 *Ra* 不大于 0.8μm）；拧紧螺钉，补装或更换 O 形密封圈
噪声大	1）电磁铁推杆过长或过短； 2）电磁铁铁芯的吸合面不平或接触不良	1）修整或更换推杆； 2）拆开电磁铁，修整吸合面，清除污染物

二、FluidSIM 虚拟仿真软件介绍

FluidSIM 是全球领先的气动、液压和电气技术系统图设计和仿真软件。

FluidSIM 常用于液压与气压传动的教学过程中，其中 FluidSIM-H 用于液压传动教学（图 5.24），FluidSIM-P 用于气压传动教学。FluidSIM 软件可设计液压 / 气动回路以及相配套的电气控制回路，并可虚拟电气控制液压回路，能充分展现各种开关和阀的动作过程。

软件包含气动、液压、电工、电子和数字组件的庞大资料库，且这些组件库还在不断扩充和修订，用户可单独使用其中一个组件库，也可组合使用。

软件提供了用于集成电路中的真实和虚拟测量设备。真实测量设备在仿真前插入，虚拟

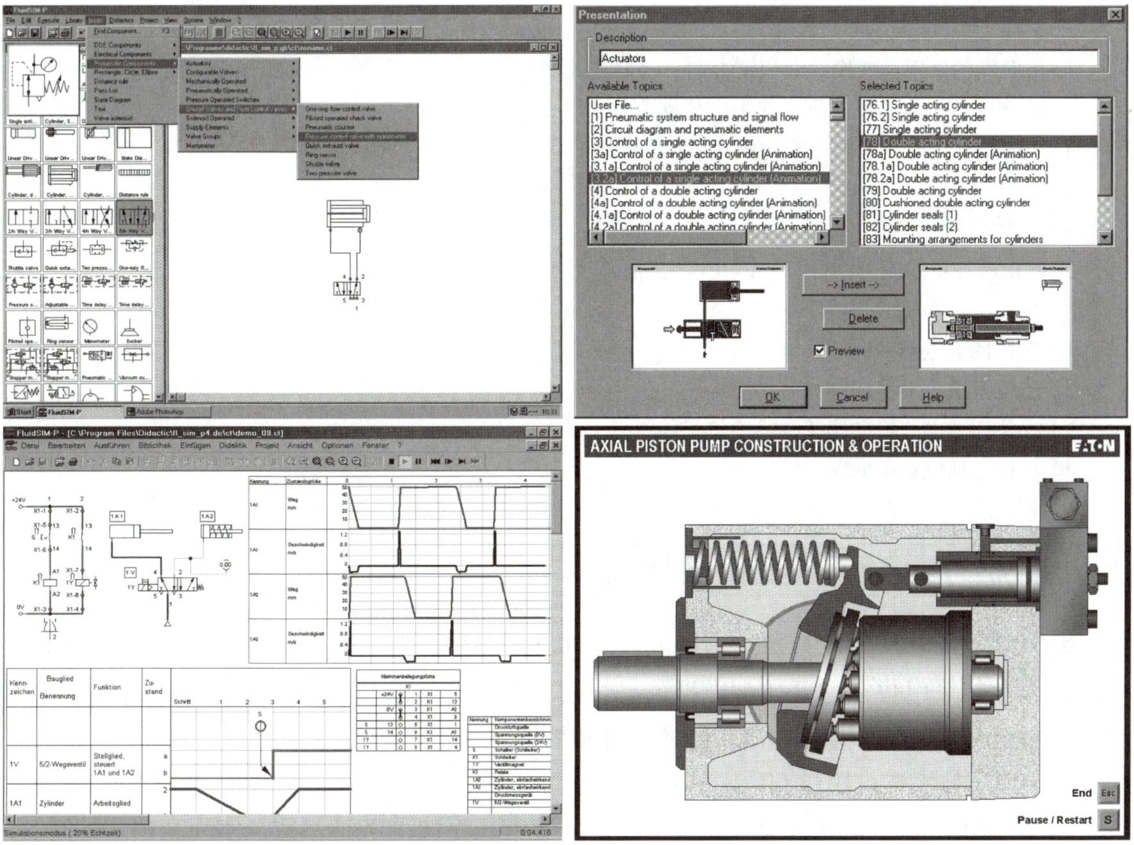

图 5.24　FluidSIM-H 虚拟仿真软件

测量设备可在仿真前或仿真过程中插入，用于显示所有状态变量，且不会影响电路，显示的是软件模拟的数值，可用于电气、气动和液压回路。

软件采用新型诊断方案，可为各种部件汇总已有的故障模型。在仿真前选择特定的故障配置，其将对随后的仿真产生影响，仿真过程中可借助虚拟测量设备识别故障部件并进行虚拟修复，有助于培养学生排除和预防故障的能力。

巩固与提高

一、填空题

1. 液压阀按其用途可分为 ____________、____________ 和 ____________ 三大类，分别调节、控制液压系统中油液的 ____________、____________ 和 ____________。

2. 根据改变阀芯位置的操纵方式不同，换向阀可分为 ____________、____________、____________、____________ 和 ____________ 等。

3. 可以使液压缸实现锁紧的三位四通换向阀的中位机能有____________ 和 ____________。

二、判断题

1. 单向阀的作用是变换油液流动方向，接通或关闭油路。 （ ）
2. M 型中位机能的换向阀可实现中位卸荷。 （ ）
3. H 型中位机能三位四通换向阀在中位工作时，可以使缸浮动。 （ ）

三、问答题

1. 画出液控单向阀的图形符号，并根据图形符号简要说明其工作原理。
2. 画出以下各阀的图形符号：

1）二位四通电磁换向阀；

2）二位三通手动换向阀；

3）三位四通电液换向阀（O 型中位机能）；

4）二位二通机动换向阀。

职业与素养——数字液压技术

数字液压技术是近年来液压领域的一项新技术，它是在传统的液压控制技术基础上发展而来的，其采用数字信号代替模拟信号，实现了传感器、执行器、控制器之间数字化的协作，从而大大提高了液压控制系统的精度和效率。

数字液压技术在应用中有以下特点：

1）高精度　数字液压控制系统能够实时采集液压系统的各种参数，实现高精度控制。

2）灵活性　数字液压控制系统具有较强的适应性和灵活性，能够快速实现非线性控制，适用于不同领域的应用。

3）高效性　数字液压控制系统采用数字化的控制方式，在保证控制精度的同时，也提升了系统运行效率。

数字液压技术可应用于各种液压系统中，目前已经在工程机械、航空航天、机器人、智能制造等领域得到了广泛应用。

1）工程机械　数字液压技术已经成为重型工程机械中的标配。通过数字液压的控制方式，可以实现精细化控制，提高反应速度和控制精度。

2）航空航天　数字液压技术在航空航天中有着重要的应用。航空发动机、驱动伺服系统等都需要采用数字液压技术控制。

3）机器人　机器人是数字液压技术的一大应用领域。数字液压技术可以大大提升机器人的精度、稳定性和灵活性，使机器人更适合完成复杂的任务。

4）智能制造　数字液压技术可被应用于各种智能制造领域，如数控机床、工业机器人等。通过数字液压技术的高精度控制，能够提高生产效率和产品质量。

数字液压技术未来的发展趋势主要集中在以下几个方面：

1）可靠性　数字液压技术还需进一步提高自身的稳定性和可靠性，以满足各个领域对液压系统的要求。

2）智能化　数字液压技术还需进一步实现对系统的智能化，提高系统自动化程度，实现智能、高效的控制方式。

3）节能环保　数字液压技术还需进一步提高系统的能量利用效率，以实现节能环保。

项目六　压力控制回路的搭建与调试

项目引入

在液压系统中，通常由液压泵提供具有一定压力的压力油来驱动执行元件，完成既定的工作任务。有时候在同一个液压系统中，需要不同的支路有不同的压力，或者要求系统在不同的工作状态下有不同的压力，这些都需要采用压力控制阀，形成压力控制回路来实现。在MJ-50数控车床中，动力卡盘的夹紧需要根据工件情况调节夹紧力，实现高压、低压夹紧的转换，应如何选择、搭建和调试该压力控制回路？

思维导图

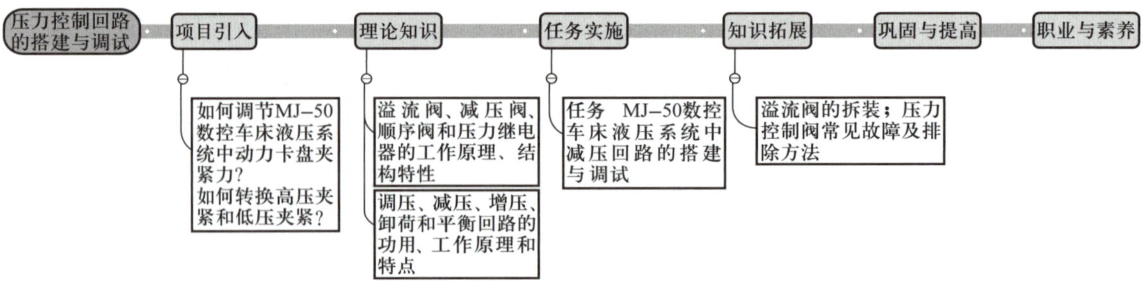

学习目标

1. 掌握溢流阀、减压阀、顺序阀和压力继电器的工作原理、类型和图形符号。
2. 掌握溢流阀、减压阀、顺序阀和压力继电器的结构特性。
3. 掌握调压、减压、增压、卸荷和平衡回路的功用、工作原理和特点。
4. 熟悉压力控制回路的安装调试方法和步骤。
5. 了解溢流阀的拆装步骤。
6. 了解压力控制阀的常见故障。

理论知识

一、压力控制阀

在液压系统中，控制工作介质压力的阀称为压力控制阀，简称压力阀。其基本功能是控制液压系统压力或利用压力作为信号去控制其他元件的动作。压力阀按功用可分为溢流阀、减压阀、顺序阀和压力继电器等。它们共同之处是：利用作用在阀芯上的液压作用力和弹簧力相平衡来实现控制。

（一）溢流阀

溢流阀是利用溢出系统中部分或全部流量来控制系统压力的元件。它的主要用途有两个：一是用来保持系统压力的稳定，其阀口常开溢流；二是起过载保护作用，即安全阀的作用，其阀口常闭，只有当系统过载时才开启溢流，以限定系统最高压力。根据结构不同，溢流阀可分为直动式和先导式两类。

1. 溢流阀的结构和工作原理

（1）直动式溢流阀（图 6.1）

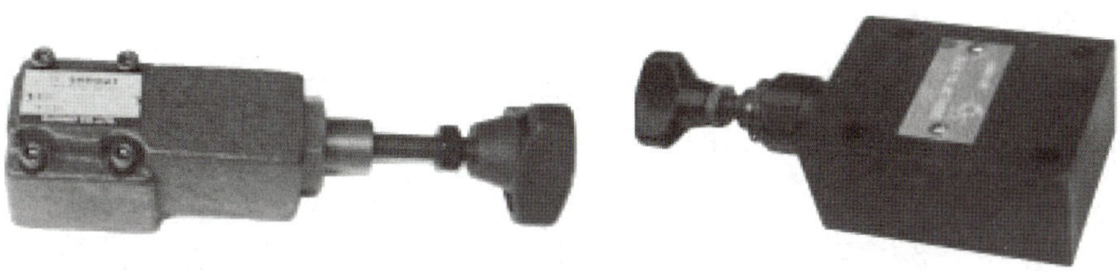

直动式溢流阀的结构

图 6.1　直动式溢流阀实物图

直动式溢流阀是依靠系统中的压力油直接作用在阀芯上而与弹簧力相平衡，以控制阀芯启闭动作的溢流阀。

直动式溢流阀由阀体、阀芯、弹簧和调压螺母等组成，如图 6.2（a）所示。

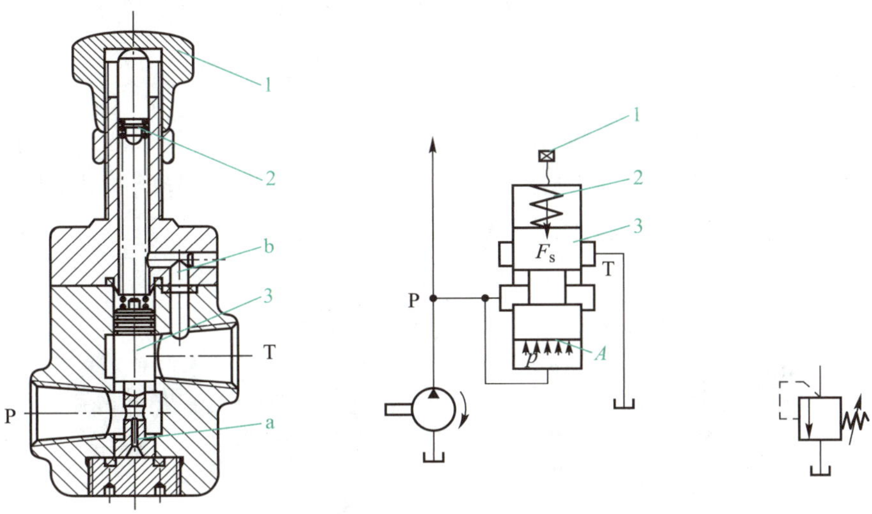

直动式溢流阀的工作原理

(a)　(b)　(c)

1—调压螺母；2—弹簧；3—阀芯

图 6.2　直动式溢流阀

图 6.2（b）所示为直动式溢流阀的工作原理图。压力油从 P 口进入，作用于阀芯上，当液压作用力小于弹簧 2 的弹簧力时，阀芯 3 处于关闭状态；当液压作用力大于弹簧力 F_s 时，阀芯 3 被打开，压力油经回油口 T 向油箱溢流。压力越高，阀口开度越大，溢流也越大，乃至溢出系统全部流量，实现稳压或过载保护作用。

调节螺母 1 可以改变弹簧的预压缩量，从而调定溢流阀的工作压力 p。通道 b 使弹簧腔与回油口连通，以排掉泄入弹簧腔的油液，此泄油方式为内泄式。阀芯 3 上阻尼孔 a 的作用是减小油压的脉动，提高阀工作的平稳性。

图 6.2（c）所示为直动式溢流阀的图形符号。

溢流阀在稳定工作时，作用在阀芯上力的平衡方程式（忽略阀芯自重和摩擦力）为：

$$pA = K(x_0 + x) \tag{6-1}$$

或

$$p = \frac{K(x_0 + x)}{A} \tag{6-2}$$

式中：p 为系统工作压力；A 为阀芯有效作用面积；K 为弹簧刚度；x_0 为弹簧预压缩量；x 为阀口开启时的阀芯位移量，即弹簧附加压缩量。

由式（6-2）分析可知：

1）当液压作用力 pA 很大时，即高压大流量系统，要求弹簧力 $K(x_0+x)$ 亦很大，则弹簧粗大，调节费力，易产生振动和噪声，并且影响阀的结构尺寸。

2）在阀口初开（$x \to 0$）和阀口全开（x 最大，全溢流）时，对应的弹簧力不同，所以压力 p 也不同。弹簧刚度越大，差异越大，不利于保持系统压力的稳定。

3）由于主液流直接作用于阀芯上，所以动作响应快。

综上所述，直动式溢流阀适用于作安全阀使用或在低压小流量系统中作溢流阀（稳压）使用。

（2）先导式溢流阀（图 6.3）

先导式溢流阀的结构如图 6.4 所示，它由先导阀和主阀两部分组成。先导阀实际上是一个小流量的直动式溢流阀，它由调压螺母、调压弹簧、（锥形）先导阀阀芯、阀座和阀盖等组成。调压弹簧刚度较大，溢流阀的动作压力由先导阀调定。

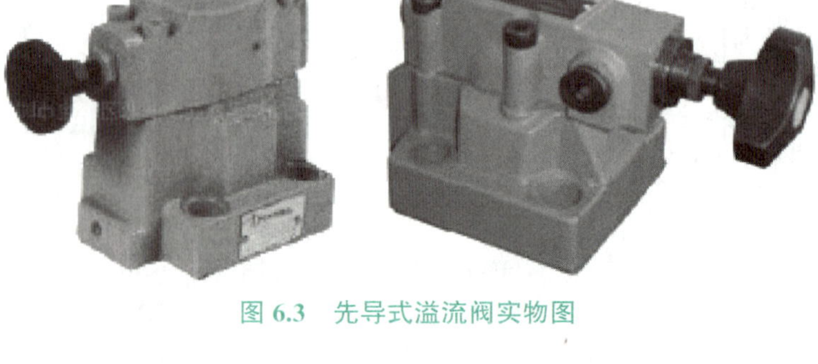

图 6.3　先导式溢流阀实物图

主阀由阀体、主阀阀芯和主阀弹簧等组成。主阀阀芯中部为平衡活塞，其上有一阻尼孔 b，主阀阀芯中心有一轴向通孔 a。主阀弹簧刚度较小，它以一定的预压缩量装入主阀上端，使溢流口关闭。溢流量由主阀控制。

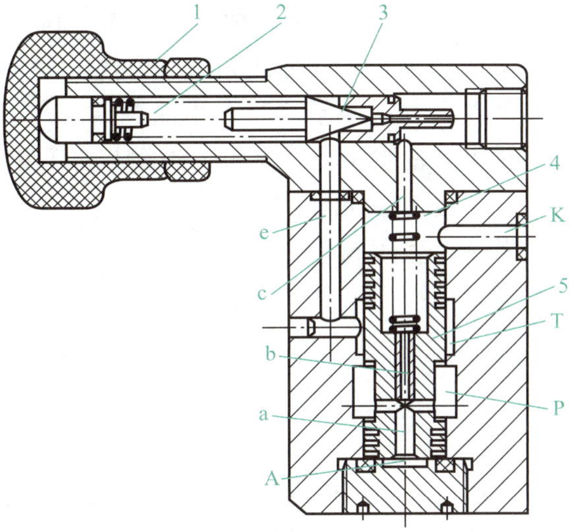

1—调节螺母；2—调压弹簧；3—先导阀阀芯；4—主阀弹簧；5—主阀阀芯

图 6.4　先导式溢流阀的结构

先导式溢流阀的工作原理如图 6.5（a）所示，其是利用主阀阀芯两端压差作用力与弹簧力平衡原理来进行压力控制的。

压力油经进油口 P、通道 a，进入主阀芯 5 底部油腔 A，并经阻尼孔 b 进入上部油腔，再经通道 c 进入先导阀右侧油腔 B，施加给先导阀阀芯 3 向左的作用力，调压弹簧 2 施加给先导阀阀芯 3 向右的弹簧力。

当油液压力 p 较小时，作用于先导阀阀芯 3 上的液压作用力小于弹簧力，先导阀关闭。此时，阻尼孔 b 处油液上下连通但没有流动，油腔 A、B 的压力相同，在主阀弹簧 4 的作用下，主阀阀芯处于最下端位置，回油口 T 关闭，没有溢流。

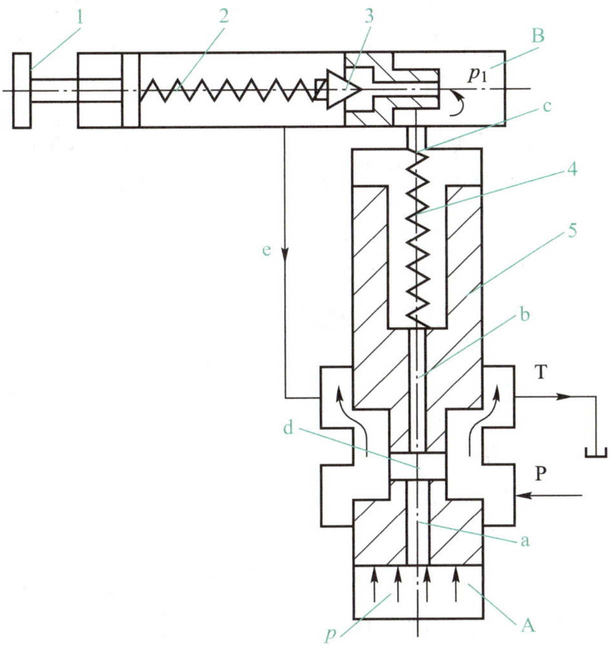

(a)

先导式溢流阀的结构与工作原理

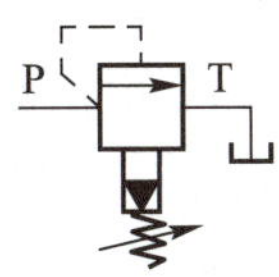

(b)

1—调节螺母；2—调压弹簧；3—先导阀阀芯；4—主阀弹簧；5—主阀阀芯

图 6.5　先导式溢流阀

当油液压力 p 增大，使作用于先导阀阀芯 3 上的液压作用力大于弹簧力时，先导阀开启，油液经通道 e、回油口 T 流回油箱。这时，压力油流经阻尼孔 b 时产生压力降，使油腔 B 中油液压力 p_1 小于油腔 A 中油液压力 p，当此压差（$\Delta p = p-p_1$）产生的向上作用力超过主阀弹簧 4 的弹簧力并克服主阀阀芯自重和摩擦力时，主阀阀芯向上移动，进油口 P 和回油口 T 接通，溢流阀溢流。

若忽略主阀阀芯自重和摩擦力，那么溢流阀在稳定工作时，作用在主阀阀芯上力的平衡方程式为

$$pA = p_1 A + K(x_0 + x) \tag{6-3}$$

或

$$\Delta p = p - p_1 = \frac{K(x_0 + x)}{A} \tag{6-4}$$

式中：p 为系统工作压力；p_1 为油液流经主阀阀芯阻尼孔以后的压力；A 为油液流经主阀阀芯两端有效作用面积；K 为油液流经主阀弹簧刚度；x_0 为油液流经主阀弹簧预压缩量；x 为油液流经阀口开启时的主阀阀芯位移量。

由式（6-4）分析可知：

1）主阀弹簧仅用于平衡主阀阀芯两端的压差 Δp，这个差值远小于系统工作压力 p，所以主阀弹簧力 $K(x_0+x)$ 较小，即主阀弹簧刚度不大且较软，在高压大流量系统中使用时，不会因弹簧粗大而影响结构尺寸。

2）由于主阀弹簧较软，在主阀阀口（溢流口）初开和全开时，虽然弹簧压缩量不同，但弹簧力变化不大，与之平衡的压差变化也不大，所以利于保持压力的稳定，即稳压性能好。

3）先导阀调压弹簧直接承受系统压力，但因先导阀流量很小，仅为全溢流量的 0.5%～1%，所以其阀座孔直径也很小，作用在先导阀阀芯上的液压作用力也不大，相应地调压弹簧刚度也不大，利于手动调节，结构也紧凑。

4）主阀动作滞后于先导阀动作，故动作反应不如直动式迅速。

综上所述，先导式溢流阀适用于在高压大流量系统中作为溢流阀（稳压）使用。

先导式溢流阀设有远程控制口 K，可以实现远程调压（与远程调压阀接通）或卸荷（与油箱接通），不用时封闭。

先导式溢流阀的图形符号如图 6.5（b）所示。

2. 溢流阀的应用

（1）实现溢流稳压作用

如图 6.6（a）所示，在定量泵供油的节流调速系统中，调节节流阀开口的大小可以调节进入液压缸的流量，定量泵多余流量则从溢流阀回油箱。在工作中溢流阀是常开的，泵的出口压力由溢流阀调定，并保持基本稳定。

（2）实现安全保护作用

如图 6.6（b）所示，在变量泵供油系统中，泵压油口处的溢流阀是为了限制液压系统

的最高压力，以保证系统的安全，此时溢流阀也称为安全阀。在系统正常工作情况下，阀关闭不溢流，此时系统压力取决于外负载；当系统压力达到阀的调定压力时，阀开启溢流，此时系统压力就取决于溢流阀的调定压力。

（3）实现液压系统卸荷

如图 6.6（c）所示，先导式溢流阀的远程控制口通油箱，就可以利用溢流阀使系统卸荷。一般将远程控制口通过二位二通换向阀与油箱接通，溢流阀进口压力只需克服主阀弹簧力便可实现系统卸荷。

（4）实现远程调压

如图 6.6（d）所示，在先导式溢流阀的远程控制口上通过管路与远程调压阀（小流量直动式溢流阀）连接，可实现远程调压。此时远程调压阀代替了先导阀的功能，而先导阀可以完全关死或调定在系统的最大工作压力值以上。

（5）实现背压

如图 6.6（e）所示，溢流阀装在液压缸回油路上，起到背压作用，此时溢流阀也称为背压阀，能使系统工作平稳。

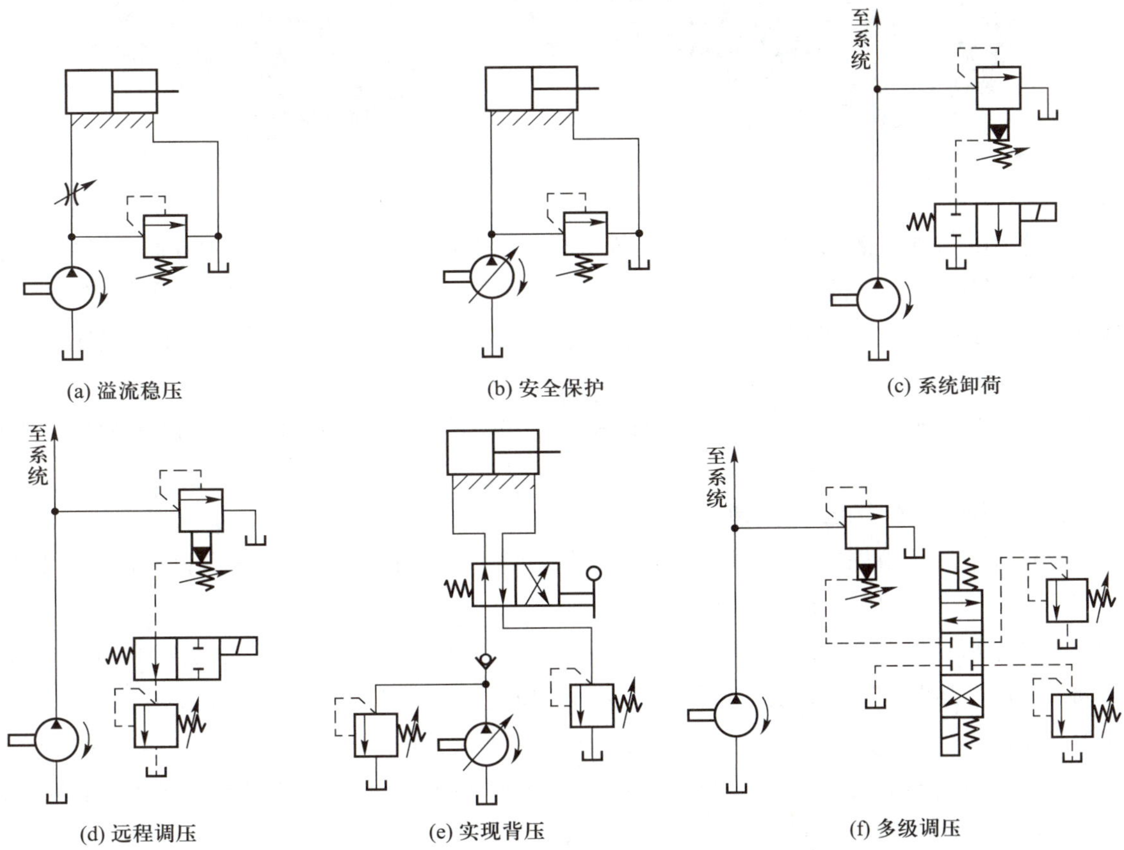

图 6.6　溢流阀的应用

（6）实现多级调压

如图 6.6（f）所示，溢流阀与换向阀配合，可实现系统的多级压力控制。

此外，在制动回路中，溢流阀可实现制动作用；在液压实验台中，溢流阀可用作加载阀等。

（二）减压阀（图 6.7）

减压阀是一种利用压力油流过阀口缝隙产生压力降的原理来使出口压力低于进口压力的压力控制阀。在液压系统中，若一台泵同时向几个液动机供油，而某一个液动机所需的工作压力低于泵的供油压力时，可在该液动机供油支路上串联一个减压阀，即使用一个压力源配合减压阀能同时提供两种或几种不同压力的输出。

图 6.7 减压阀实物图

按作用的不同，减压阀可分为定值减压阀、定差减压阀和定比减压阀。通常，减压阀是指定值减压阀，它可以保持出口压力恒定，不受进口压力变化的影响，应用较广；定差减压阀是保持阀的进、出口压力差值恒定；定比减压阀是保持阀的进、出口压力之比恒定。下面只介绍定值减压阀。

按结构的不同，减压阀可分为直动式和先导式两种，国产标准化系列产品都为先导式，直动式一般与其他阀组合使用。

1. 减压阀的结构和工作原理

先导式减压阀由先导阀和主阀组成，其结构如图 6.8（a）所示。先导阀多为锥阀，起调压作用；主阀多为滑阀，起减压作用。

先导型减压阀的工作原理如图 6.8（b）所示，压力油从进油口流入，经主阀阀芯和阀体间形成的减压缝隙 h，即减压阀口，再从出油口流出，一方面送至液动机，另一方面经阀体上小孔进入主阀下腔，又经主阀阀芯上的阻尼孔进入主阀上腔，并作用在先导阀阀芯上。

当出口压力 p_2 小于先导阀的开启压力时，先导阀关闭，主阀阀芯阻尼孔 b 无油液流动，故主阀阀芯两端油液压力相等 $p_2=p_3$，主阀阀芯 5 被主阀弹簧 4 的弹簧力推至最下端位置，减压缝隙 h 最大，即阀口全开，不起减压作用，出口压力等于进口压力，即 $p_1=p_2$。

当负载增大时，出口压力 p_2 升高，p_3 随之升高，若大于先导阀开启压力时，则先导阀打开，少量油液经先导阀阀口、通道 e，由泄油口 L 流回油箱。由于这时有油液流过阻尼孔 b，使 $p_3<p_2$，产生压差 $\Delta p=p_2-p_3$。此压差克服主阀弹簧 4 的弹簧力使主阀阀芯 5 上移，减压缝隙 h 减小，通流阻力增大，利用油液流经缝隙产生的局部压力损失使出口压力 p_2 降低，达到减压目的。

如果进口压力引起出口压力再继续升高，先导阀阀口将进一步增大，阻尼孔流量将增加，流速加快，阻尼作用增强，主阀阀芯 5 两端压差也将增大，主阀阀芯 5 将继续向上移动，使减压缝隙 h 进一步减小，油液流经缝隙产生的局部压力损失增大，从而使出口压力下降，稳定在调定值上。由此可知，减压阀在出口负载不变的条件下，若进口压力在减压阀开启压力以上范围内变化时，通过减压阀的自动调节作用，可使出口压力基本恒定。

先导式减压阀的符号如图 6.8（c）所示。

先导式减压阀的结构和工作原理

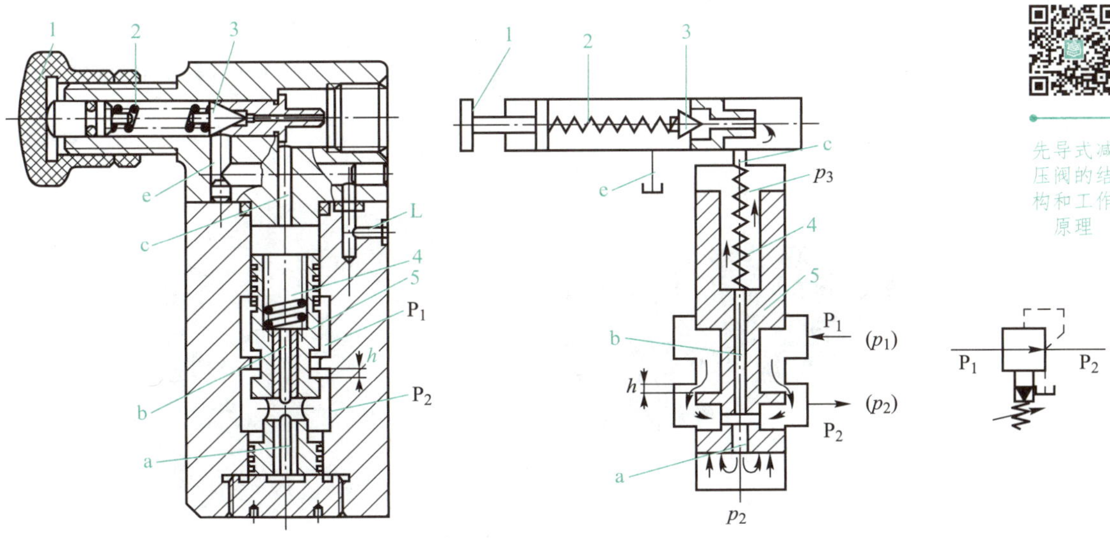

(a)　(b)　(c)

1—调节螺母；2—调压弹簧；3—先导阀阀芯；4—主阀弹簧；5—主阀阀芯

图 6.8　先导式减压阀

2. 减压阀与溢流阀比较

减压阀与溢流阀在结构上的相似之处是两阀的主要零件可互相通用，主要区别是：

1）减压阀的进、出油口位置与溢流阀相反，减压阀的先导阀控制出口压力，而溢流阀的先导阀控制进口压力。

2）由于减压阀的进、出油口油液均有压力，所以其先导阀的泄油不能像溢流阀一样流入回油口，而必须设有单独的泄油口。

3）减压阀主阀阀芯在结构上中间多一个凸肩（即三节杆），在正常情况下，减压阀阀口开得很大（常开），而溢流阀阀口则关闭（常闭）。

3. 减压阀的应用

减压阀的基本应用是减压回路，如图 6.9 所示的夹紧回路，减压阀可以调节夹紧力并使夹紧力保持稳定。由于减压阀是利用压力损失来实现减压的，其能量损失较大，并会使油液发热，故常用于短期工作的辅助系统。

减压阀的远程控制口通过换向阀与远程调压阀相连，则可实现远程减压和多级减压等作用。

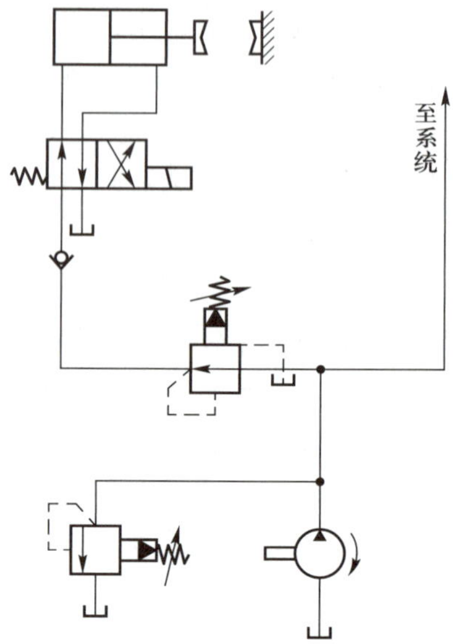

图 6.9 减压阀的应用

（三）顺序阀（图 6.10）

顺序阀是用来控制液压系统中各执行元件动作先后顺序的。根据控制压力的不同，顺序阀可分为内控式和外控式两种。前者用阀的进口压力控制阀芯的启闭，后者用外来的控制压力油控制阀芯的启闭（即液控顺序阀）。顺序阀也有直动式和先导式两种，前者一般用于低压系统，后者用于中高压系统。

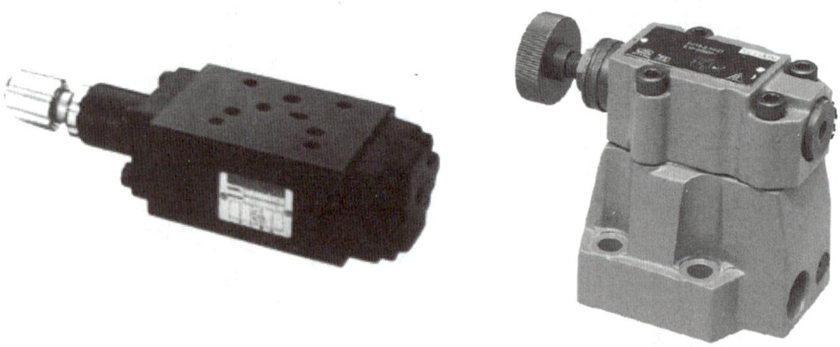

图 6.10 顺序阀实物图

1. 顺序阀的结构和工作原理

直动式顺序阀的结构和工作原理都与直动式溢流阀相似。图 6.11（a）所示，当其进口压力低于弹簧 6 的调定压力时，控制活塞 3 下端油液向上的推力小，阀芯 5 处于最下端位置，阀口关闭，油液不能通过顺序阀流出。当进口压力达到弹簧 6 的调定压力时，阀芯 5 被抬起，阀口开启，压力油可从顺序阀出油口流出，供阀后的油路工作。这种利用进口压力控制阀芯启闭的顺序阀称为普通顺序阀（内控式顺序阀），其图形符号如图 6.11（b）所示。由于顺序阀出油口接压力油路，因此其上端弹簧处的泄油口必须另接一油路通油箱，这种连接方式称为外泄式。

若将下阀盖 2 相对阀体 4 旋转 90°或 180°安装，则内控孔道断开，再将控制口的螺堵 1 去掉，接上控制管路，通上控制压力油，则成为外控式，即液控顺序阀，其图形符号如

图 6.11（c）所示；若将上阀盖 7 相对于阀体 4 旋转 180°安装，并将外泄口堵死，则泄油口经上阀盖 7 上的小孔 a 和阀体 4 孔道 b 与出油口相通（内泄式），再将出油口接通油箱，此时外控式顺序阀即成了卸荷阀，其图形符号如图 6.11（d）所示。

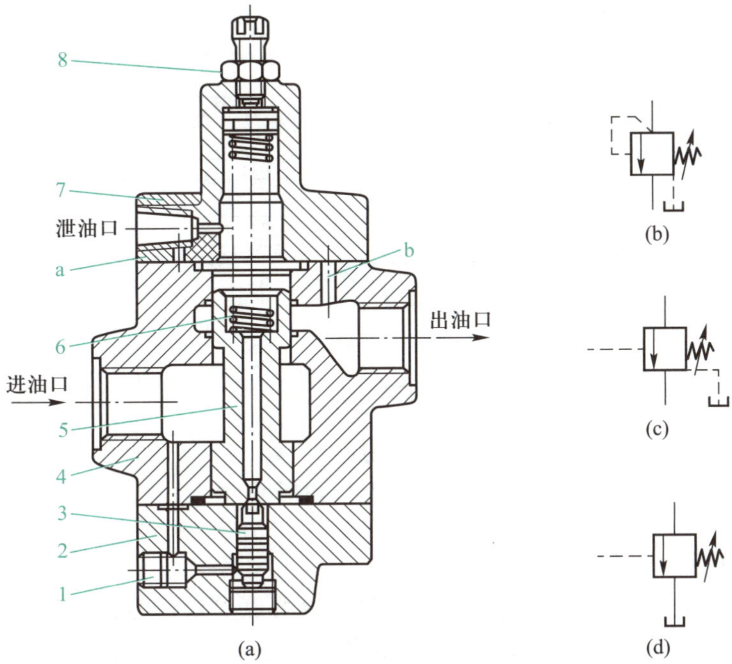

1—螺堵；2—下阀盖；3—控制活塞；4—阀体；5—阀芯；6—弹簧；7—上阀盖；8—调压螺钉

图 6.11　直动式顺序阀

直动式顺序阀的结构

直动式顺序阀的工作原理

2. 顺序阀与溢流阀比较

顺序阀与溢流阀的主要区别在于：

1）溢流阀出油口连通油箱，顺序阀的出油口通常连接另一工作油路，因此顺序阀的进、出油口处的油液都有压力。

2）溢流阀打开时，进油口的油液压力基本上保持在调定压力值；顺序阀打开后，进油口的油液压力可以继续升高。

3）溢流阀的出油口连通油箱，其内部泄油可通过回油口流回油箱；而顺序阀出油口油液为压力油，且通往另一工作油路，所以顺序阀的内部要有单独设置的泄油口 L。

4）顺序阀关闭时要有良好的密封性能，因此阀芯和阀体间的封油长度较溢流阀长。

3. 顺序阀的应用

在图 6.12 所示液压回路中，两液压缸要求先定位后夹紧，可以在夹紧缸支路上串联一个顺序阀。二位四通换向阀右位工作时，定位缸活塞先伸出。当定位缸活塞停止运动后，回路压力升高，达到顺序阀调定压力时，顺序阀开启，压力油方能进入夹紧缸，使夹紧缸活塞伸出，实现夹紧动作。为保证顺序动作可靠，顺序阀的调定压力应比先动作的液压缸

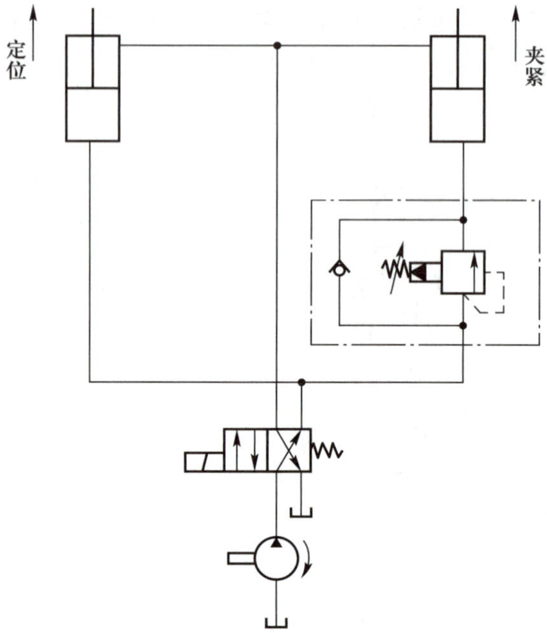

图 6.12　顺序阀的应用

最大工作压力高 0.5～0.8 MPa。

此外，顺序阀也可作为卸荷阀使用。把顺序阀并联到液压泵的压油口，当系统压力达到卸荷阀的调定压力时，阀口开启，液压泵卸荷。

4. 三种压力控制阀比较（表 6-1）

表 6-1　三种压力控制阀比较

类型		溢流阀	减压阀	顺序阀
压力特点		通过调整弹簧的压力控制进油路的压力，保证进口压力恒定，p_2=0	通过调整弹簧的压力控制出油口的压力，保证出口压力 p_2 稳定	直控式通过调定调压弹簧的压力控制进油路压力；液控式由单独油路控制压力
控制信号来源		进油腔压力 p_1 控制阀芯移动	出油腔压力 p_2 控制阀芯移动	进油腔压力 p_1 控制阀芯移动
出油口情况		出油口与油箱相连	出油口与减压回路相连	出油口与工作回路相连
泄油方式		内泄式	外泄式	内泄式
进油口状态及压力值	常态	常闭（原始状态）	常开（原始状态）	常闭（原始状态）
	工作状态	进、出油口相通，进油口压力为调定压力	进口压力低于出口压力，出口压力稳定在调定值以上	进、出油口相通，进口压力允许继续升高
连接方式		并联	串联	实现顺序动作时串联，作卸荷阀用时并联
功用		定压、溢流或安全作用，限压、稳压、保压	减压、稳压	不控制系统的压力，只利用系统的压力变化控制油路的通断

续表

类型	溢流阀	减压阀	顺序阀
图形符号	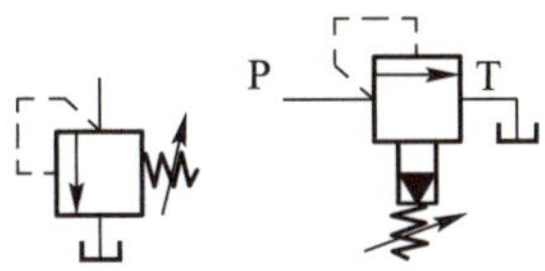	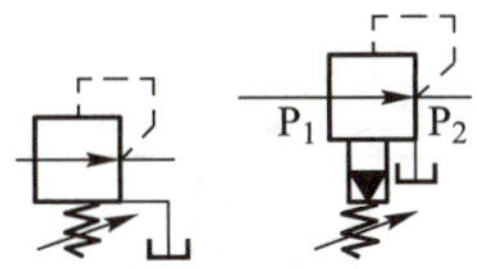	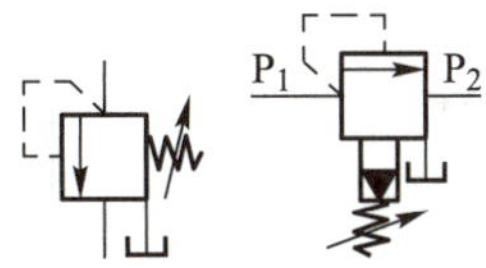

（四）压力继电器（图 6.13）

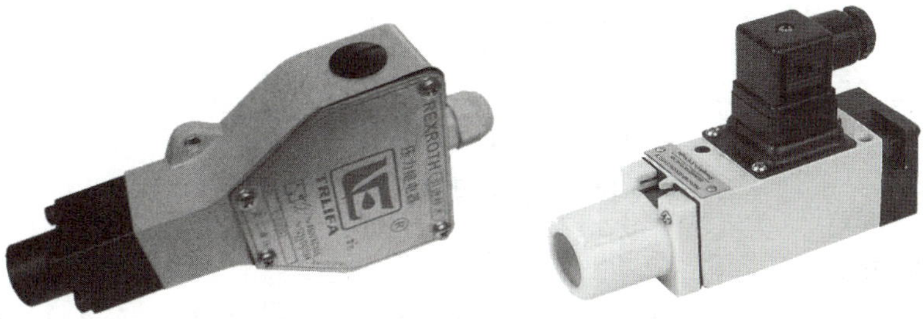

图 6.13　压力继电器实物图

压力继电器是一种将压力信号变换为电信号的转换元件。它的作用是根据液压系统压力的变化，通过内部的微动开关自动接通或断开有关电路，以实现自动控制或安全保护。

在压力继电器中，当油液压力达到压力继电器的调定压力时，即发出电信号，以控制电磁铁、电磁离合器、继电器等元件动作，使油路卸压、换向，执行元件实现顺序动作，或关闭电动机使系统停止工作，起安全保护作用等。常用的柱塞式压力继电器如图 6.14 所示。当从压力继电器下端进油口通入的油液压力达到调定压力值时，油液推动柱塞 1 上移，此位移通过杠杆 2 放大后推动开关 4 动作。改变弹簧 3 的压缩量即可以调节压力继电器的动作压力。

二、压力控制回路

压力控制回路是利用各种压力阀对系统整体或系统局部油路的压力进行控制的回路，用来实现系统调压、减压、增压、卸荷、平衡等控制，以满足执行元件对力或转矩的要求。

（一）调压回路

当液压系统工作时，液压泵应向系统提供所需压力的液压油，同时，需兼顾节省能源，减少油液发热，提高执行元件运动平稳性等。所以，系统中应设置调压回路。若要求液压泵一直在系统的调定压力下工作，就要通过溢流阀调节并稳定液压泵的工作压力。在变量泵系统中或旁路节流调速系统中用溢流阀（当安全阀用）限制系统的最高工作压力。当系统在不同的工作时间内需要有不同的工作压力时，可采用二级或多级调压回路。

压力继电器的结构

压力继电器的工作原理

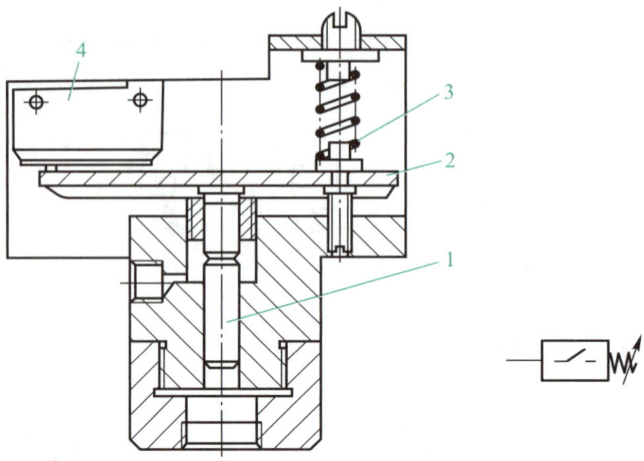

(a) (b)

1—柱塞；2—杠杆；3—弹簧；4—开关

图 6.14 常用的柱塞式压力继电器

1. 单级调压回路

如图 6.15（a）所示，通过液压泵 1 和溢流阀 2 的并联连接，即可组成单级调压回路。通过调节溢流阀的调定压力，可以改变泵的输出压力。当溢流阀的调定压力确定后，液压泵就在溢流阀的调定压力下工作，从而实现了对液压系统调压和稳压控制。如果将液压泵 1 改换为变量泵，这时溢流阀将作为安全阀来使用，系统的工作压力低于溢流阀的调定压力时，溢流阀不工作，当系统出现故障，系统的工作压力上升，一旦压力达到溢流阀的调定压力时，溢流阀将开启，并将系统的工作压力限制在溢流阀的调定压力以下，使液压系统不致因压力过载而受到破坏，从而保护液压系统。

2. 二级调压回路（远程调压回路）

图 6.15（b）所示为二级调压回路，该回路可实现两种不同的系统压力控制，由先导式溢流阀 2 和直动式溢流阀 4 各调一级压力。当二位二通电磁换向阀 3 处于图示位置时，系统压力由先导式溢流阀 2 调定；当二位二通电磁换向阀 3 得电后处于上位工作时，系统压力由直动式溢流阀 4 调定，实现二级调压或远程调压。但要注意，直动式溢流阀 4 的调定压力一定要小于先导式溢流阀 2 的调定压力，否则不能实现二级调压；当系统压力由直动式溢流阀 4 调定时，先导式溢流阀 2 的先导阀阀口关闭，主阀开启，液压泵的溢流经主阀回油箱，这时直动式溢流阀 4 亦处于工作状态，并有油液通过。

3. 多级调压回路

图 6.15（c）所示为三级调压回路，三级压力分别由溢流阀 1、2、3 调定，当电磁铁 1YA、2YA 失电时，系统压力由溢流阀 1 调定；当 1YA 得电时，系统压力由溢流阀 2 调定；当 2YA 得电时，系统压力由溢流阀 3 调定。在这种调压回路中，溢流阀 2 和溢流阀 3 的调定压力要低于溢流阀 1 的调定压力，但溢流阀 2 和溢流阀 3 的调定压力之间没有必然

联系。当溢流阀 2 或溢流阀 3 工作时，阀 2 或阀 3 相当于阀 1 上的另一个先导阀。

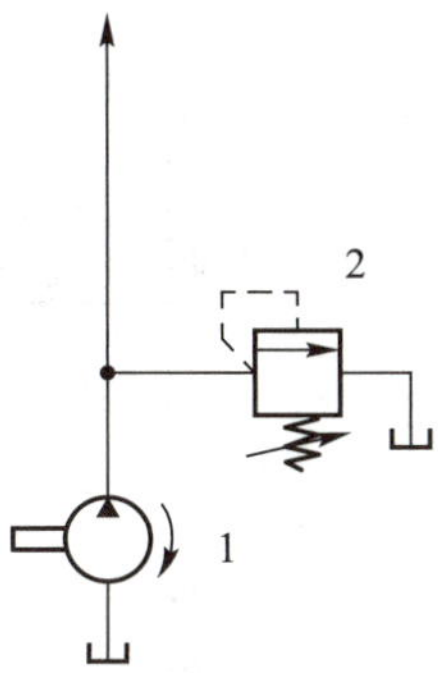

(a) 单级调压回路

1—液压泵；2—溢流阀

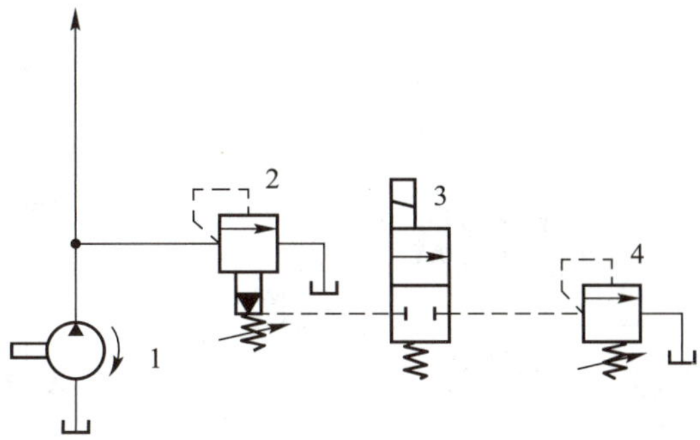

(b) 二级调压回路

1—液压泵；2—先导式溢流阀；3—二位二通电磁换向阀；4—直动式溢流阀

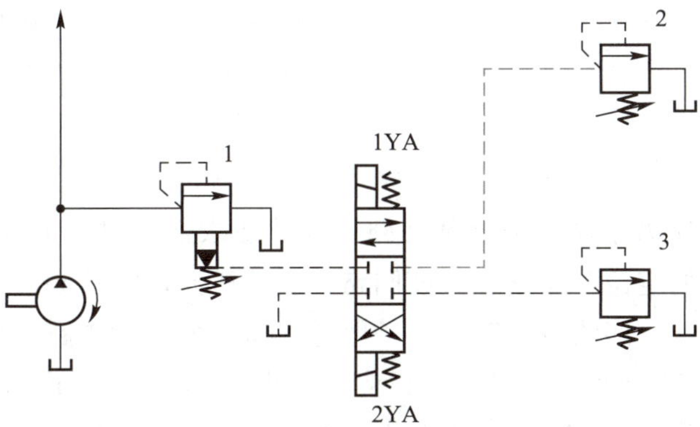

(c) 三级调压回路

1、2、3—溢流阀

图 6.15　调压回路

4. 双向调压回路

执行元件的正、反行程需不同的供油压力时，可采用双向调压回路。

当图 6.16（a）所示的换向阀左位工作时，液压缸左腔进油，活塞向右移，液压泵的输出压力由溢流阀 1 调定为较高的压力，液压缸右腔油液经换向阀卸压回油箱，溢流阀 2 关闭不起作用；当换向阀右位工作时，活塞左移实现空程返回，液压泵的输出压力由溢流阀 2 调定为较低的压力，此时溢流阀 1 因调定压力低而关闭不起作用，液压缸左腔的油液经换向阀回油箱。

图 6.16（b）所示回路在图示位置时，直动式溢流阀 2 的出油口被高压油封闭，即先导式溢流阀 1 的远程控制口封闭，故液压泵的输出压力由先导式溢流阀 1 调定为较高的压力；当换向阀右位工作时，液压缸左腔通油箱，压力为零，直动式溢流阀 2 相当于先导式溢流阀 1 的远程调压阀，液压泵的输出压力被调定为较低的压力。该回路的优点是：直动式溢流阀 2 工作时仅通过少量溢流，故可选用小规格的远程调压阀。

单级调压回路

远程调压回路

双向调压回路

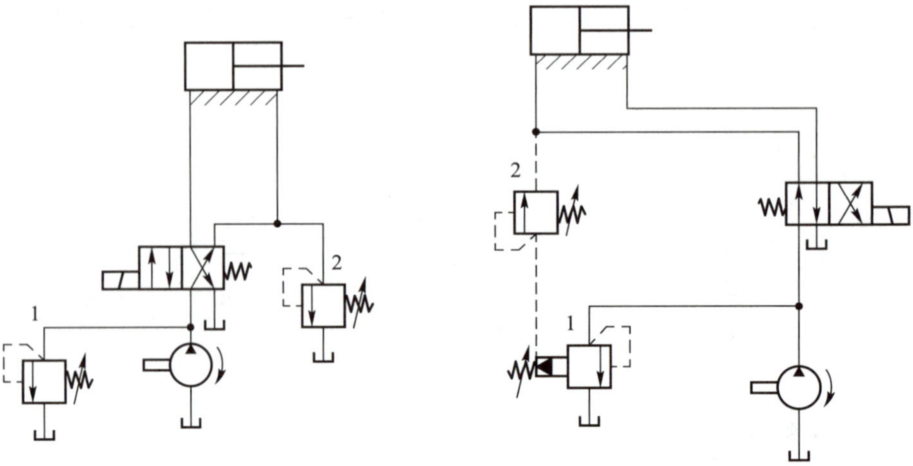

(a)

1、2—溢流阀

(b)

1—先导式溢流阀；2—直动式溢流阀

图 6.16 双向调压回路

（二）减压回路

当液压泵的输出压力是高压但局部回路或支路要求低压时，可以采用减压回路调定，例如机床液压系统中的定位、夹紧、分度回路以及液压元件的控制油路等，它们往往要求比主油路低的压力。减压回路较为简单，一般是在所需低压的支路上串接减压阀。采用减压回路虽能方便地获得某支路稳定的低压，但压力油经减压阀时会产生压力损失。

常见的减压回路采用定值减压阀与主油路相连，如图 6.17（a）所示。回路中单向阀的作用为主油路压力降低（低于减压阀调定压力）时防止油液倒流，可短时保压。减压回路中也可以采用类似二级或多级调压的方法获得二级或多级减压。如图 6.17（b）所示，利用先导式减压阀 1 的远程控制口接一远控溢流阀 2，则可由阀 1、阀 2 各调得一种低压，但要注意，阀 2 的调定压力值一定要低于阀 1 的调定压力值。

为了使减压回路工作可靠，减压阀的最低调定压力不应小于 0.5 MPa，最高调定压力至少应比系统工作压力小 0.5 MPa。当减压回路中的执行元件需要调速时，调速元件应放在减压阀后，以避免因减压阀泄漏（指由减压阀泄油口流回油箱的油液）对执行元件的速度产生影响。

（三）增压回路

如果系统或系统的某一支路需要压力较高但流量又不大的压力油，且采用高压泵又不经济，或者根本没有必要增设高压泵时，常采用增压回路，这样不仅易于选择液压泵，而且系统工作较可靠，噪声小。增压回路中提高压力的主要元件是增压缸或增压器。

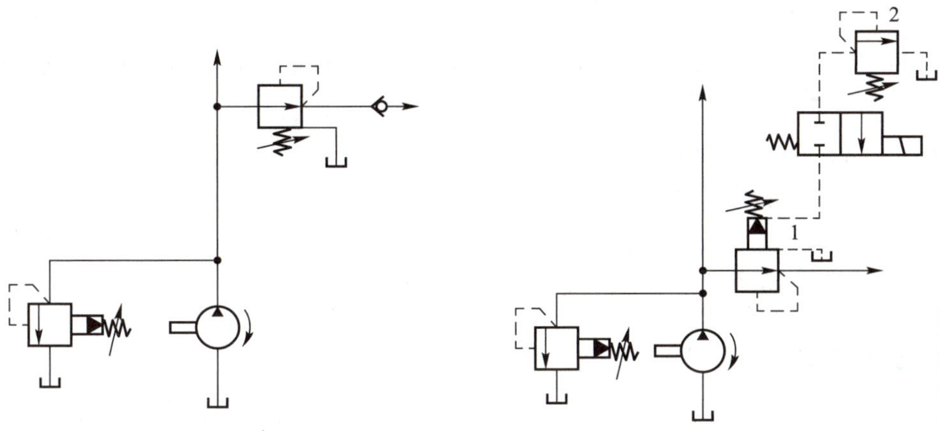

(a)　(b)

1—先导式减压阀；2—远控溢流阀

图 6.17　减压回路

减压回路

1. **采用单作用增压缸的增压回路**

图 6.18（a）所示为采用单作用增压缸的增压回路，当系统在图示位置工作时，系统的供油压力 p_1 进入增压缸的大活塞腔，此时在小活塞腔即可得到所需的较高压力 p_2；当二位四通电磁换向阀右位接入系统时，增压缸返回，辅助油箱中的油液经单向阀补充进入小活塞腔。该回路只能间歇增压，故称为单作用增压回路。

2. **采用双作用增压缸的增压回路**

图 6.18（b）所示为采用双作用增压缸的增压回路，该回路能连续输出高压油。在图示

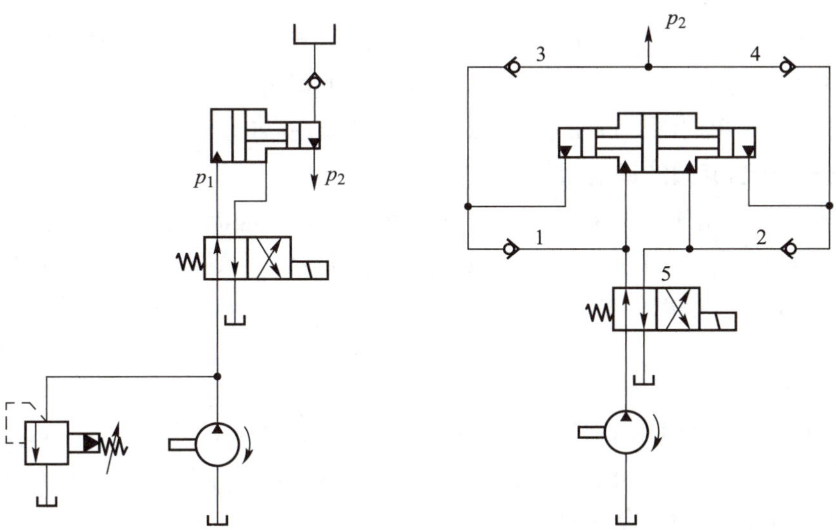

(a) 单作用增压回路　(b) 双作用增压回路

1、2、3、4—单向阀；5—换向阀

图 6.18　采用增压缸的增压回路

增压回路

位置，液压泵输出的压力油经换向阀 5 和单向阀 1 分别进入增压缸左端大、小活塞腔，右端大活塞腔的回油口通油箱，右端小活塞腔增压后的高压油经单向阀 4 输出，此时单向阀 2、3 被关闭。当增压缸活塞移到右端时，换向阀得电换向，增压缸活塞向左移动。同理，左端小活塞腔输出的高压油经单向阀 3 输出，这样，增压缸的活塞不断往复运动，两端便交替输出高压油，从而实现了连续增压。

需要注意的是，增压缸只能将高压端输出油液通入其他液压缸以获取大的推力，其本身不能直接作为执行元件，安装时应尽量靠近执行元件。

（四）卸荷回路

在液压系统工作过程中，有时执行元件需短时间停止工作，不需要液压系统传递能量，或者执行元件在某段工作时间内需保持一定的力，且运动速度极慢，甚至停止运动，在这种情况下，不需要液压泵输出油液，或只需要很小流量的液压油，即液压泵输出的压力油全部或绝大部分从溢流阀流回油箱，造成能量的无谓消耗，引起油液发热，使油液加快变质，从而影响液压系统的性能及泵的使用寿命。为此，需要采用卸荷回路，其功用是在液压泵驱动电动机不频繁启闭的情况下，使液压泵在输出功率接近于零的状态下运转，以减少功率损耗，降低油液发热，延长泵和电动机的使用寿命。液压泵的输出功率为其流量和压力的乘积，两者中任意一值近似为零，其功率损耗即近似为零。因此液压泵的卸荷有流量卸荷和压力卸荷两种，前者主要是采用变量泵，使变量泵仅为补偿泄漏而以最小流量运转，此方法比较简单，但泵仍在高压状态下运行，磨损比较严重；后者是使泵在接近零压下运转。

下面介绍两种常用的卸荷回路。

1. 采用三位换向阀的卸荷回路

采用三位换向阀的卸荷回路中，M、H 和 K 型中位机能三位换向阀处于中位时，液压泵卸荷。图 6.19 所示为采用 M 型中位机能三位换向阀的卸荷回路，这种回路换向时压力冲击小，但回路中须设置单向阀，以使系统能保持 0.3 MPa 左右的压力，供操纵控制油路之用。

2. 采用先导式溢流阀的卸荷回路

图 6.20 所示为采用先导式溢流阀的卸荷回路。先导式溢流阀的远程控制口直接与二位二通电磁换向阀 3 相连，当二位二通电磁换向阀 3 通电时，便构成一种采用先导式溢流阀的卸荷回路，这种卸荷回路卸荷压力小，换向时冲击也小。

（五）平衡回路

为防止立式液压缸的工作部件在上位停止时因自重而下滑，或在下行时超速，导致运动不平稳，常采用平衡回路。平衡回路通常用单向顺序阀或液控单向顺序阀来实现平衡控制。

1. 采用单向顺序阀的平衡回路

图 6.21（a）所示为采用单向顺序阀的平衡回路，当电磁铁 1YA 得电后液压缸活塞下行时，回油路上存在着一定的背压；只要将这个背压调得能支承得住活塞和与之相连的工作

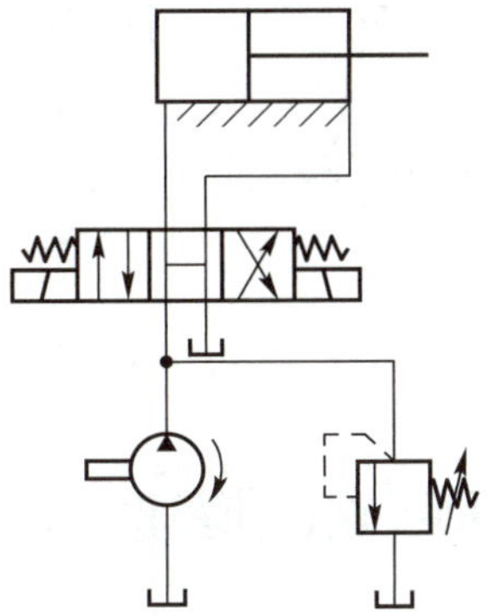

图 6.19　采用 M 型中位机能三位换向阀的卸荷回路

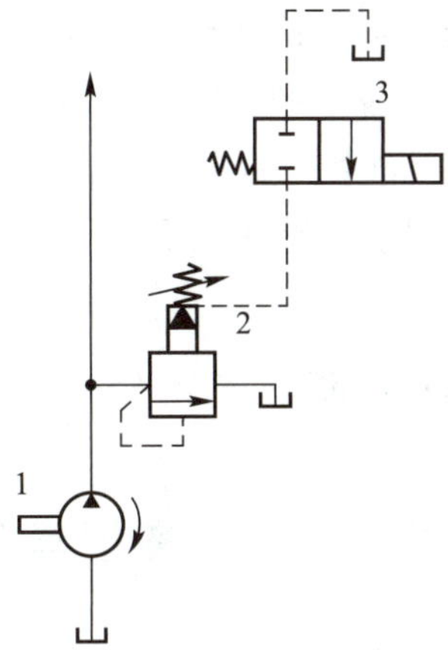

1—液压泵；2—先导式溢流阀；3—二位二通电磁换向阀

图 6.20　采用先导式溢流阀的卸荷回路

采用三位换向阀的卸荷回路

部件的自重，活塞就可以平稳地下落。当换向阀处于中位时，活塞停止运动，不再继续下移。这种回路当活塞向下快速运动时功率损失大，锁住时活塞和与之相连的工作部件会因单向顺序阀和换向阀的泄漏而缓慢下落，因此它只适用于工作部件质量不大、活塞锁住时定位要求不高的场合。

2. 采用液控单向顺序阀的平衡回路

图 6.21（b）所示为采用液控单向顺序阀的平衡回路。当液压缸活塞下行时，控制压力油打开液控顺序阀，背压消失，因而此回路效率较高；当锁住时，液控顺序阀关闭，以防止活塞和工作部件因自重而下降。这种平衡回路的优点是只有液压缸上腔进油时活塞才下

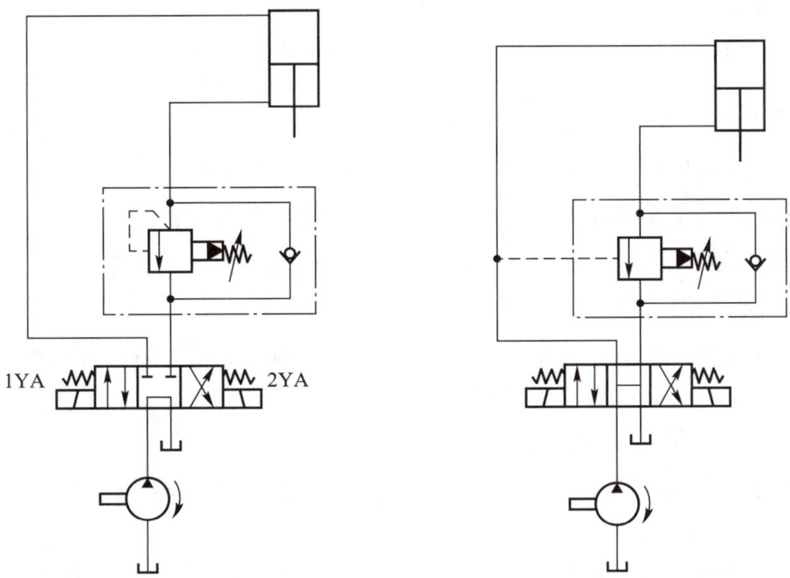

(a) 采用单向顺序阀　　(b) 采用液控单向顺序阀

图 6.21　平衡回路

采用液控单向顺序阀的平衡回路

行，比较安全可靠；缺点是活塞下行时平稳性较差。这是因为活塞下行时，液压缸上腔油压降低，将使液控顺序阀关闭。当液控顺序阀关闭时，活塞停止下行，使液压缸上腔油压升高，又打开液控顺序阀。因此液控顺序阀始终处于启闭的过渡状态，影响工作的平稳性。这种回路适用于工作部件质量不是很大、停留时间较短的液压系统中。

任务实施

任务　MJ-50 数控车床液压系统中减压回路的搭建与调试

在 MJ-50 数控车床液压系统中，动力卡盘的夹紧力和尾座套筒的顶紧力都是通过减压回路实现的，分析减压回路的工作方式及其特点，用虚拟仿真软件搭建并调试减压回路。

一、实施流程

（一）实施准备

1）液压实验台或 FluidSIM-H 虚拟仿真软件。

2）液压元件：液压泵、液压缸、减压阀、换向阀、压力表等（见图 6.22 所示减压回路）。

（二）实施原理

在 MJ-50 数控车床液压系统中，动力卡盘的夹紧力是通过两个减压阀 6 和 7 来调节的，使动力卡盘获得大小不同的夹紧力。当电磁铁 3YA 得电时，减压阀 7 接入工作，低压夹紧；当电磁铁 3YA 失电时，减压阀 6 接入工作，高压夹紧。尾座套筒回路中，调节减压阀 8，可以控制尾座套筒的顶紧力。其电磁铁动作顺序见表 6-2。

（三）实施步骤（表 6-3）

1）按照回路图选出所需的液压元件，并检查型号是否正确。

2）将液压元件安装在液压实验台面板上，并布置在合适位置。

3）将减压阀安装在回路中，并连接液压泵、低压油路和高压油路。

4）连接电磁铁及对应按钮开关插线。

5）检查溢流阀是否全部打开以及液压回路和电气回路连接是否完全正确。

6）在确认无误的情况下旋松溢流阀，打开电动机，启动泵站，调节溢流阀调定压力。

7）调节减压阀，设定不同的出口压力值。

8）使用压力表测量回路中不同位置的压力值，观察液压缸的运动情况，以及压力变化对系统的影响，并记录数据。

9）实验完毕后完全松开溢流阀，关闭电动机，拆卸液压系统，清理相关的实验器材，保持清洁和归位。

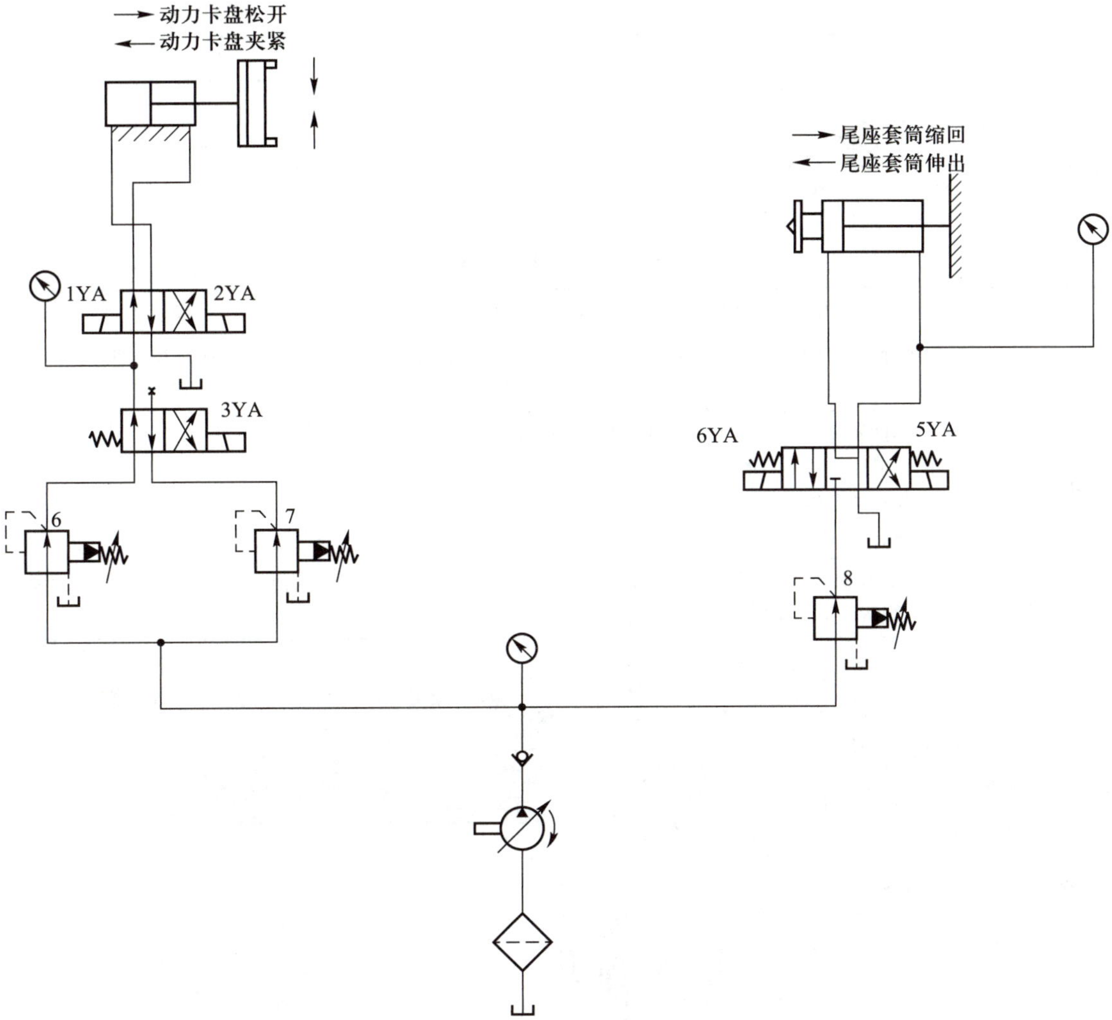

6、7、8—减压阀

图 6.22 MJ-50 数控车液压系统中的减压回路

表 6-2 电磁铁动作顺序

动作			1YA	2YA	3YA	5YA	6YA
动力卡盘正卡	高压	夹紧	+	−	−	−	−
		松开	−	+	−	−	−
	低压	夹紧	+	−	+	−	−
		松开	−	+	+	−	−
动力卡盘反卡	高压	夹紧	−	+	−	−	−
		松开	+	−	−	−	−
	低压	夹紧	−	+	+	−	−
		松开	+	−	+	−	−

续表

动作		1YA	2YA	3YA	5YA	6YA
尾座套筒	伸出	−	−	−	−	+
	缩回	−	−	−	+	−

注：“+”表示通电；“−”表示断电。

表 6-3 工作任务单

工作任务	MJ−50 数控车床液压系统中减压回路的分析与搭建
任务描述	分组分析 MJ−50 数控车床液压系统中的动力卡盘夹紧的夹紧力和尾座套筒的顶紧力是如何控制调节的，讨论减压回路的工作特点，并用虚拟仿真软件调试该液压回路
任务要求	1）掌握溢流阀、减压阀、顺序阀和压力继电器的工作原理和特性； 2）掌握压力控制回路的工作原理和特性； 3）能正确选择液压元件； 4）熟悉减压回路的安装调试方法和步骤
提交成果	用 FluidSIM−H 虚拟仿真软件（参考图 6.23、图 6.24）搭建、调试动力卡盘夹紧和尾座套筒顶紧所对应的减压回路，并描述其压力特点

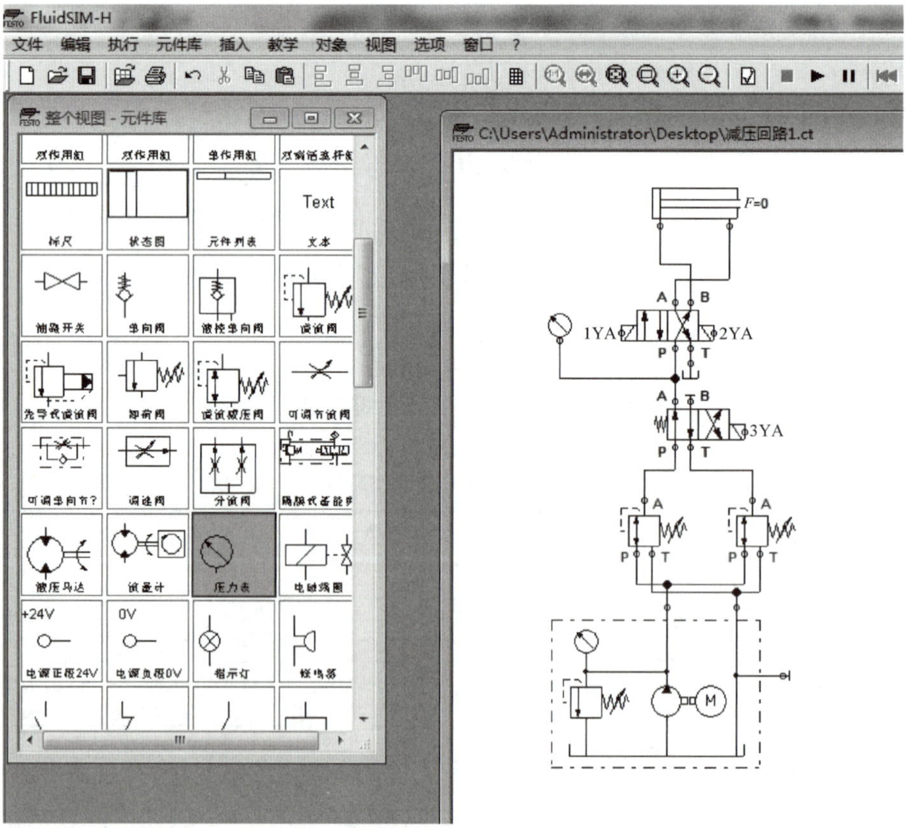

图 6.23 FluidSIM−H 虚拟仿真样例一

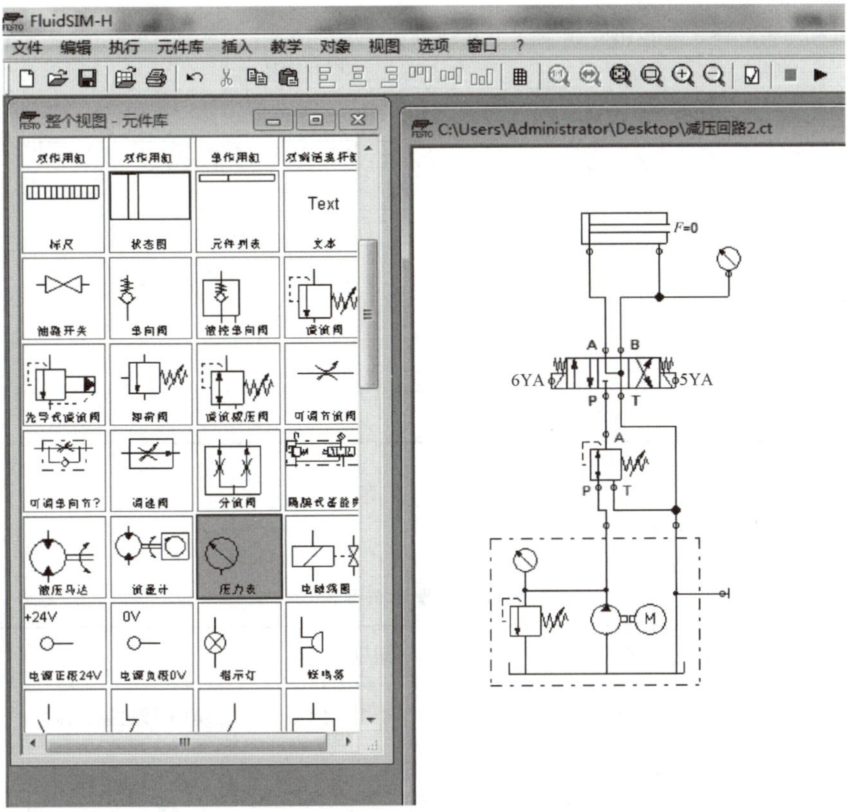

图 6.24 FluidSIM-H 虚拟仿真样例二

（四）AI 助力

利用 AI 提问，判断 AI 描述内容的正误并把正确的答案填写在表 6-4 中。

问题 1：溢流阀、减压阀和顺序阀的进、出口压力各有什么特点？

问题 2：在 MJ-50 数控车床液压系统中，动力卡盘夹紧和尾座套筒伸缩的减压回路各能实现几级减压？

问题 3：动力卡盘夹紧减压回路如何实现高低压切换？

问题 4：如何检测动力卡盘夹紧和尾座套筒伸缩的减压回路的压力数值？

表 6-4 AI 助力任务实施

序号	内容描述	
问题 1	类型	压力特点
	溢流阀	
	减压阀	
	顺序阀	

续表

序号	内容描述	
问题 2	动力卡盘夹紧	
	尾座套筒伸缩	
问题 3		
问题 4	动力卡盘夹紧	
	尾座套筒伸缩	

二、任务评价（表 6–5）

表 6–5　实践考核评价单

姓名		班级		组别		日期	

序号	考核内容	小组评价（50%）	教师评价（50%）	总评
1	遵守实训室安全操作规程（10 分）			
2	能准确描述 MJ–50 数控车床液压系统中减压回路工作方式及特点（20 分）			
3	能正确选择液压元件（20 分）			
4	能正确搭建各减压回路（20 分）			
5	能对回路进行调试（20 分）			
6	做好 6S 管理工作（10 分）			

知识拓展

一、溢流阀的拆装

（一）拆装准备

溢流阀

1）先导式溢流阀（图 6.25）。

2）工具：内六方扳手、固定扳手、螺丝刀、卡簧钳等。

3）辅料：铜棒、棉纱、煤油等。

图 6.25　先导式溢流阀

（二）拆装要求

1）拆装前认真预习，弄清楚先导式溢流阀的工作原理，对其结构组成有一个基本的认识。

2）针对不同的零件，利用相应工具，严格按照其拆卸、装配步骤进行拆装，严禁违反操作规程私自进行拆卸、装配。

3）拆装过程中弄清楚先导式溢流阀的结构组成、工作原理及主要零件、组件特殊结构的作用。

（三）拆装步骤

1）观察先导式溢流阀的外观，找出进油口 P、出油口 T、控制口 K 及安装阀芯用的中心圆孔，从出油口向里窥视，可以看见阀口是被阀芯堵死的，阀口被遮盖量约为 2 mm。

2）用内六方扳手对称位置松开阀体上的螺栓后，再取掉螺栓，用铜棒轻轻敲打使先导阀和主阀分开，轻轻取出阀芯，注意不要损伤零件，观察、分析其结构特点，搞清楚各自的作用。

3）取出弹簧，观察先导调压弹簧、主阀复位弹簧的大小和刚度的不同。

4）观察、分析其结构特点，掌握溢流阀的工作原理。

5）装配时，遵循先拆的零部件后安装，后拆的零部件先安装的原则，特别注意装配阀芯时，需防止阀芯卡死，正确合理的安装，保证溢流阀能正常工作。

6）注意，拆装中弄脏的零部件应用煤油清洗后才可装配。

二、压力控制阀常见故障及排除方法

（一）溢流阀常见故障及排除方法（表 6-6）

表 6-6　溢流阀常见故障及排除方法

现象	产生原因		排除方法
调不上压力	主阀故障	1）主阀阀芯阻尼孔堵塞（装配时主阀阀芯未清洗干净，油液过脏）； 2）主阀阀芯在开启位置卡死（如零件精度低，装配质量差，油液过脏）； 3）主阀阀芯复位弹簧折断或弯曲，使主阀阀芯不能复位	1）清洗阻尼孔使之畅通；过滤或更换油液； 2）拆开检修，重新装配；阀盖紧固螺钉拧紧力要均匀；过滤或更换油液； 3）更换弹簧
调不上压力	先导阀故障	1）调压弹簧折断； 2）未装调压弹簧； 3）未装锥阀或钢球； 4）锥阀损坏	1）更换弹簧； 2）补装弹簧； 3）补装锥阀或钢球； 4）更换锥阀
调不上压力	遥控口电磁阀故障或遥控口直通油箱	1）电磁换向阀未通电（常开）； 2）滑阀卡死； 3）电磁铁线圈烧毁或铁芯卡死； 4）电气线路故障	1）检查电气线路，接通电源； 2）检修、更换滑阀； 3）更换电磁铁； 4）检修电气线路
调不上压力	装错	进、出油口安装错误	纠正安装

续表

现象	产生原因		排除方法
调不上压力	液压泵故障	1）滑动副之间间隙过大（如齿轮泵、柱塞泵）； 2）叶片泵的多数叶片在转子槽内卡死； 3）叶片和转子方向装反	1）修配间隙到适宜值； 2）清洗，修配间隙达到适宜值； 3）纠正方向
压力调不高	主阀故障（若主阀为锥阀）	1）主阀阀芯锥面封闭性差： ① 主阀阀芯锥面磨损或不圆； ② 阀座锥面磨损或不圆； ③ 锥面处有污染物黏着； ④ 主阀阀芯锥面与阀座锥面不同轴； ⑤ 主阀阀芯工作有卡滞现象，阀芯不能与阀座严密结合。 2）主阀压盖处有泄漏（如密封垫损坏，装配不良，压盖螺钉有松动等）	1）主阀阀芯锥面封闭性差的解决方法： ① 更换并配研主阀阀芯； ② 更换并配研阀座； ③ 清洗并配研锥面； ④ 修配使之结合良好； ⑤ 修配使之结合良好。 2）拆开检修，更换密封垫，重新装配，并确保螺钉拧紧力均匀
	先导阀故障	1）调压弹簧弯曲、太软或长度过短； 2）锥阀与阀座结合处封闭性差（如锥阀与阀座磨损，锥阀接触面不圆，接触面太宽进入污染物或被胶质物黏着）	1）更换弹簧； 2）检修、更换清洗，使之达到要求
压力突然升高	主阀故障	主阀阀芯工作不灵敏，在关闭状态突然卡死（如零件加工精度低，装配质量差，油液过脏等）	检修，更换零件，过滤或更换油液
	先导阀故障	1）先导阀阀芯与阀座结合面突然黏着，脱不开； 2）调压弹簧弯曲造成卡滞	1）清洗、修配或更换油液； 2）更换弹簧
压力突然下降	主阀故障	1）主阀阀芯阻尼孔突然被堵死； 2）主阀阀芯工作不灵敏，在关闭状态突然卡死（如零件加工精度低，装配质量差，油液过脏等）； 3）主阀阀盖处密封垫突然破损	1）清洗，过滤或更换油液； 2）检修，更换零件，过滤或更换油液； 3）更换密封件
	先导阀故障	1）先导阀阀芯突然破裂； 2）调压弹簧突然折断	1）更换阀芯； 2）更换弹簧
	远程控制口电磁换向阀故障	电磁铁突然断电，使溢流阀卸荷	检查电气故障并消除
压力波动（不稳定）	主阀故障	1）主阀阀芯动作不灵活，有时有卡住现象； 2）主阀芯阻尼孔有时堵有时通； 3）主阀阀芯锥面与阀座锥面接触不良，磨损不均匀； 4）阻尼孔孔径太大，造成阻尼作用差	1）检修，更换零件，压盖螺钉拧紧力应均匀； 2）拆开清洗，检查油质，更换油液； 3）修配或更换零件； 4）适当缩小阻尼孔孔径

续表

现象	产生原因		排除方法
压力波动（不稳定）	先导阀故障	1）调压弹簧弯曲； 2）锥阀与阀座接触不良，磨损不均匀； 3）由于锁紧螺母松动而使螺钉的调节压力变动	1）更换弹簧； 2）修配或更换零件； 3）调压后应将锁紧螺母锁紧
振动与噪声	主阀故障	1）阀体与主阀阀芯几何精度差，棱边有毛刺； 2）阀体内黏附有污染物，使配合间隙增大或不均匀	1）检查零件精度，更换不符合要求的零件，并把棱边毛刺去掉； 2）检修、更换零件
	先导阀故障	1）锥阀与阀座接触不良，圆周面的圆度不好，表面粗糙度大，造成调压弹簧受力不平衡，使锥阀振荡加剧，产生尖叫声； 2）调压弹簧轴心线与端面不够垂直，这样针阀会倾斜，造成接触不均匀； 3）调压弹簧在定位杆上偏向一侧； 4）装配时阀座装偏； 5）调压弹簧侧向弯曲	1）把封油面圆度误差控制在0.005～0.01 mm以内； 2）提高锥阀精度，表面粗糙度应达*Ra*0.4 μm； 3）更换弹簧； 4）提高装配质量； 5）更换弹簧
	系统存在空气	泵吸入空气或系统存在空气	排除空气
	阀使用不当	通过流量超过允许值	在额定流量范围内使用
	回油不畅	回油路阻力过高或回油过滤器堵塞或回油管口贴近油箱底面	适当增大管径，减少弯头，回油管口应离油箱底面2倍管径距离以上，更换滤芯
	远程控制口管径选择不当	溢流阀远程控制口至电磁换向阀之间的管子通径不宜过大，过大会引起振动	一般管径取6 mm较适宜

（二）减压阀常见故障及排除方法（表6-7）

表6-7　减压阀常见故障及排除方法

现象	产生原因		排除方法
无二次压力	主阀故障	主阀阀芯在全闭位置卡死（如零件精度低）；主阀弹簧折断，弯曲变形；阻尼孔堵塞	修理、更换零件和弹簧，过滤或更换油液
	无油源	未向减压阀供油	检查油路，消除故障
不起减压作用	使用错误	1）螺堵未拧开； 2）泄油管细长，弯头多，阻力太大； 3）泄油管与主回油管道相连，回油背压太大； 4）泄油管道堵塞、不通	1）将螺堵拧开； 2）更换符合要求的管道； 3）泄油管应与主回油管道分开，单独流回油箱； 4）清洗泄油管道
	主阀故障	主阀阀芯在全开位置时卡死（如零件精度低，油液过脏等）	修理、更换高精度零件，检查油质，更换油液
	先导阀故障	调压弹簧太硬，弯曲并卡住不动	更换弹簧

续表

现象	产生原因		排除方法
二次压力不稳定	主阀故障	1）主阀阀芯与阀体几何精度差，工作时不灵敏； 2）主阀弹簧太软，变形或将主阀阀芯卡住，使阀芯移动困难； 3）阻尼孔时堵时通	1）检修，使其动作灵活； 2）更换弹簧； 3）清洗阻尼孔
二次压力升不高	外泄漏	1）顶盖结合面漏油（如密封件老化失效，螺钉松动或拧紧力矩不均）； 2）各螺堵处有漏油	1）更换密封件，紧固螺钉，并保证力矩均匀； 2）紧固螺堵并消除外泄漏
	先导阀故障	1）先导阀与阀座接触不良； 2）调压弹簧太软	1）修理或更换零件； 2）更换弹簧

（三）顺序阀常见故障及排除方法（表 6-8）

表 6-8　顺序阀常见故障及排除方法

现象	产生原因	排除方法
始终出油，不起顺序阀作用	1）阀芯在打开位置上卡死（如几何精度差，配合间隙太小，弹簧弯曲、断裂，油液过脏）； 2）单向阀在打开位置上卡死（如几何精度差，配合间隙太小，弹簧弯曲、断裂，油液过脏）； 3）单向阀密封不良（如几何精度差）； 4）调压弹簧断裂； 5）调压弹簧漏装； 6）未装锥阀或钢球	1）修理，使配合间隙达到要求，并使阀芯移动灵活；更换弹簧；检查油质，若不符合要求应过滤或更换油液； 2）修理，使配合间隙达到要求，并使单向阀阀芯移动灵活；更换弹簧；检查油质，若不符合要求应过滤或更换油液； 3）修理，使单向阀的密封良好； 4）更换弹簧； 5）补装弹簧； 6）补装锥阀或钢球
始终不出油，不起顺序阀作用	1）阀芯在关闭位置上卡死（如几何精度差、弹簧弯曲、油液过脏）； 2）控制油液流动不畅通（如阻尼孔堵死，或远程控制管道被压扁堵死）； 3）远程控制压力不足，或下端盖结合处漏油严重； 4）通向调压阀油路上的阻尼孔被堵死； 5）泄油管道中背压太高，使滑阀不能移动； 6）调节弹簧太硬，或压力调得太高	1）修理，使滑阀移动灵活，更换弹簧；过滤或更换油液； 2）清洗或更换管道，过滤或更换油液； 3）提高控制压力，拧紧端盖螺钉并使之受力均匀； 4）清洗阻尼孔； 5）泄油管道不能接在回油管道上，应单独接回油箱； 6）更换弹簧，适当调整压力
调定压力值不符合要求	1）调压弹簧调整不当； 2）调压弹簧侧向变形，最高压力调不上去； 3）滑阀卡死，移动困难	1）重新调整所需要的压力； 2）更换弹簧； 3）检查滑阀的配合间隙，修配，使滑阀移动灵活；过滤或更换油液
振动与噪声	1）回油阻力（背压）太高； 2）油温过高	1）降低回油阻力； 2）控制油温在规定范围内

续表

现象	产生原因	排除方法
单向顺序阀反向不能回油	单向阀卡死打不开	检修单向阀

（四）压力继电器常见故障及排除方法（表 6-9）

表 6-9 压力继电器常见故障及排除方法

现象	产生原因	排除方法
无输出信号	1）微动开关损坏； 2）电气线路故障； 3）阀芯卡死或阻尼孔堵死； 4）进油管路弯曲、变形，使油液流动不畅通； 5）调节弹簧太硬或压力调得过高； 6）与微动开关相接的触头未调整好； 7）弹簧和顶杆装配不良，有卡滞现象	1）更换微动开关； 2）检查原因，排除故障； 3）清洗，修配，达到要求； 4）更换管道，使油液流动畅通； 5）更换适宜的弹簧或按要求调节压力值； 6）精心调整，使触头接触良好； 7）重新装配，使动作灵敏
灵敏度太差	1）顶杆柱销处摩擦力过大，或钢球与柱塞接触处摩擦力过大； 2）装配不良，动作不灵活或“憋劲”； 3）微动开关接触行程太长； 4）调整螺钉、顶杆等调节不当； 5）钢球不圆； 6）阀芯移动不灵活； 7）安装不当，如不平和倾斜安装	1）重新装配，使动作灵敏； 2）重新装配，使动作灵敏； 3）合理调整位置； 4）合理调整位置； 5）更换钢球； 6）清洗、修理，使阀芯移动达到灵活； 7）改为垂直或水平安装
发信号太快	1）进油口阻尼孔大； 2）膜片碎裂； 3）系统冲击压力太大； 4）电气系统设计有误	1）阻尼孔适当改小，或在控制油路上增设阻尼管（蛇形管）； 2）更换膜片； 3）在控制油路上增设阻尼管，以减弱冲击压力； 4）按工艺要求设计电气系统

巩固与提高

一、填空题

1. 在先导式溢流阀中，先导阀的作用是 ____________ ，主阀的作用是 ____________ 。

2. 溢流阀在液压系统中起调压溢流作用，当溢流阀进口压力低于调定压力时，阀口是 ____________ 的，溢流量为 ____________ ，当溢流阀进口压力等于调定压力时，溢流阀阀口是 ____________ ，溢流阀开始 ____________ 。

3. 压力控制回路可用来实现 ____________ 、____________ 、____________ 、____________ 等控制。

二、判断题

1. 先导式溢流阀只适用于低压系统。 ( )
2. 当溢流阀的远程控制口通油箱时，液压系统卸荷。 ( )
3. 液控顺序阀阀芯的启闭不是利用进口压力来控制的。 ( )
4. 先导式溢流阀主阀弹簧刚度应比先导阀弹簧刚度小。 ( )
5. 压力控制顺序动作回路的可靠性比行程控制顺序动作回路的可靠性差。 ( )
6. 增压回路的增压比取决于大、小缸的直径之比。 ( )

三、问答题

1. 比较直动式溢流阀、减压阀、顺序阀的异同（表 6-10）。

表 6-10 压力阀比较

类型	图形符号	主要功用	控制信号来源	进、出口压力	常态启闭	泄油方式
溢流阀						
减压阀						
顺序阀						

2. 溢流阀的压力调不高可能是哪些原因引起的?

四、分析题

1. 如图 6.26（a）、（b）所示，两种回路中溢流阀的调定压力分别为 $p_{Y1}=3$ MPa，$p_{Y2}=2$ MPa，$p_{Y3}=4$ MPa，当外负载无穷大时，分析两种回路中液压泵的输出压力各为多少?

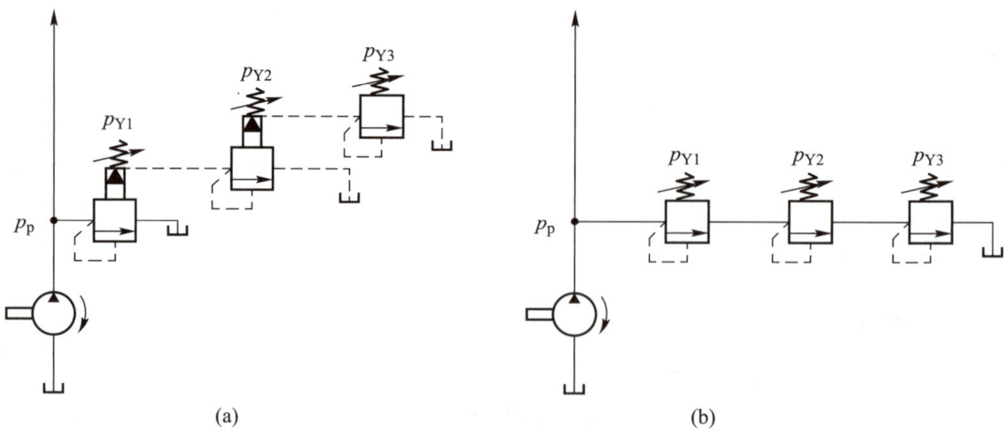

图 6.26 回路案例一

2. 如图 6.27 所示，溢流阀的调定压力为 5 MPa，减压阀的调定压力为 1.5 MPa，活塞运动时负载压力为 1 MPa，其他损失不计，试分析：

（1）活塞负载运动时 A、B 点的压力值。

（2）活塞碰到挡铁后 A、B 点的压力值。

（3）活塞空载运动时 A、B 点的压力值。

3. 如图 6.28 所示，试分析该液压系统的调压回路中各溢流阀的调定压力应如何设置，能实现几级调压？

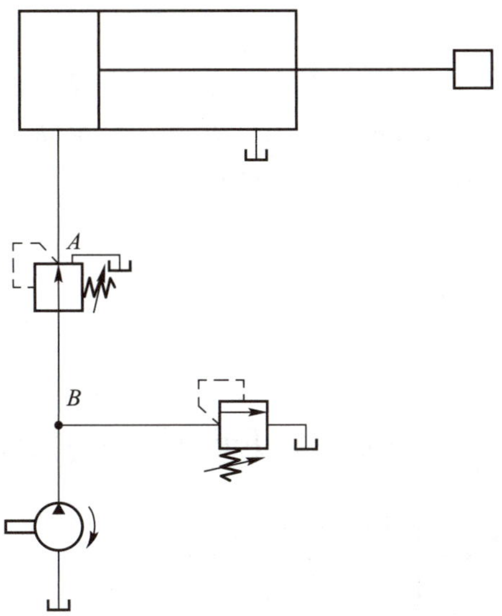

图 6.27　回路案例二

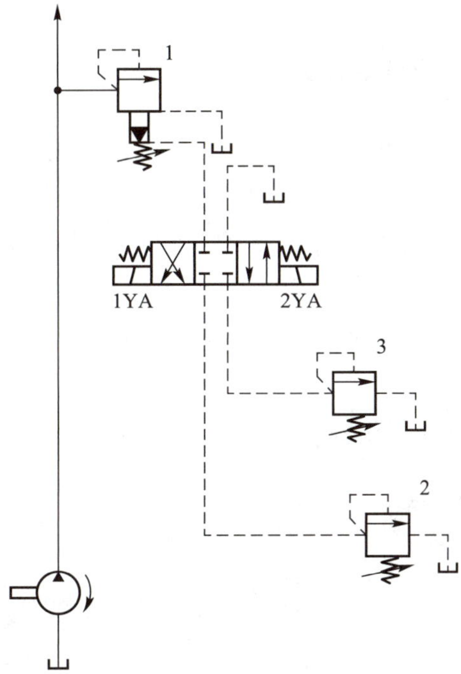

图 6.28　回路案例三

职业与素养——工匠精神

执着、专注和坚持是踏实做事的态度，是工匠精神的基本内涵，是干一行、爱一行、术业有专攻的追求，是大国工匠显著、可贵的行为特质，更是对新一代工匠们提出的重要要求。

液压技术工匠精神体现在液压领域从业者的敬业、精益、专注和创新等方面。例如，全国劳模李斌是上海电气液压气动有限公司的总工艺师。他进厂近四十年来始终立足于生产一线，在液压技术方面取得了显著成就。面对我国液压技术长期处于低水平、高端工程机械配套的高端液压泵大部分依赖进口的状况，李斌团队主动承担“高压轴向柱塞泵 / 马达国产化关键技术”项目的攻关任务。其中最大难点之一是柱塞环零件的制造，该零件制造的关键是攻克材质和热处理工艺技术。为解决此问题，李斌团队积极开展产学研合作，最终，经过 200 多次试验，11 个关键技术逐一被攻破，产品的工作压力和转速大幅提升，主要技术性能达到国内领先、国际先进水平。该技术先后申请多项专利，李斌也成为获得国家科技进步奖项的一线技术工人之一。

项目七　速度控制回路的搭建与调试

项目引入

在液压系统中，液压缸或液压马达等执行元件经常需要变换速度，以满足不同的工作需要。速度控制回路便是对液压系统中执行元件的运动速度和速度变换实现控制的回路。合理选择速度控制回路，能提高生产效率，降低功率损耗，减少油液发热。在MJ−50数控车床液压系统中，回转刀架的正转与反转和尾座套筒的伸缩，都需要速度的调节，应如何选择、搭建和调试该速度控制回路?

思维导图

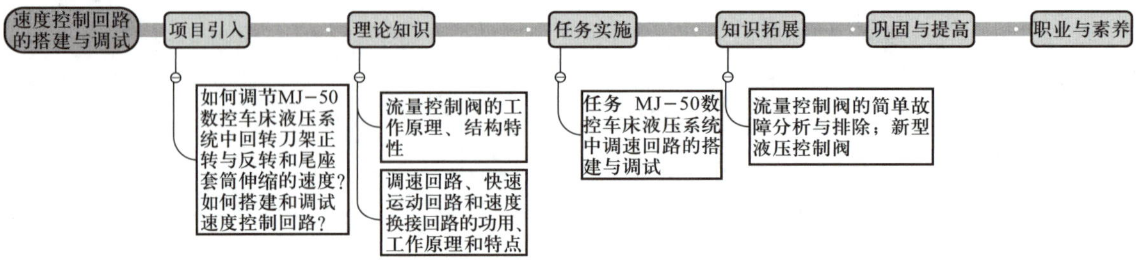

学习目标

1. 掌握节流阀、调速阀的工作原理、类型和图形符号。
2. 掌握节流阀、调速阀的结构特性。
3. 掌握调速回路、快速运动回路和速度换接回路的功用、工作原理和特点。
4. 熟悉速度控制回路的安装调试方法和步骤。
5. 了解流量控制阀常见故障及排除方法。
6. 了解新型液压阀。

理论知识

一、流量控制阀

在液压系统中，控制工作介质流量的阀称为流量控制阀，简称流量阀。流量控制阀通过改变节流口的开口大小调节通过阀口的流量，从而改变执行元件的运动速度。常用的流量控制阀有节流阀、调速阀等，节流阀是最基本的流量控制阀。

（一）流量控制原理及节流口形式

1. 流量控制工作原理

液流从直径较大的通道流经截面急剧收缩的部位时，会遇到较大的局部阻力，使流动受到限制，这种现象称为节流。能使流动呈现节流的阀口称为节流口。实质上节流口是串联在液流通道中的一个可变截面，起局部液阻作用。

流量控制阀节流口通常有三种基本形式：薄壁小孔、细长小孔和短孔，但无论节流口采用何种形式，节流口的流量特性均可用通式表示：

$$q = KA\Delta p^{m} \tag{7-1}$$

式中：q 为通过节流口的流量；A 为节流口的通流截面面积；Δp 为节流口前后的压差；K 为流量系数；m 取决于节流口形式（薄壁小孔 $m = 0.5$；细长小孔 $m = 1$；短孔 $m =$ 0.5～1）。

因此，当 K、Δp 和 m 一定时，只要改变流量控制阀通流截面面积 A，就可以调节通过流量控制阀的流量。

2. 节流口形式

流量控制阀节流口的形式很多，图 7.1 所示为常用的几种形式。

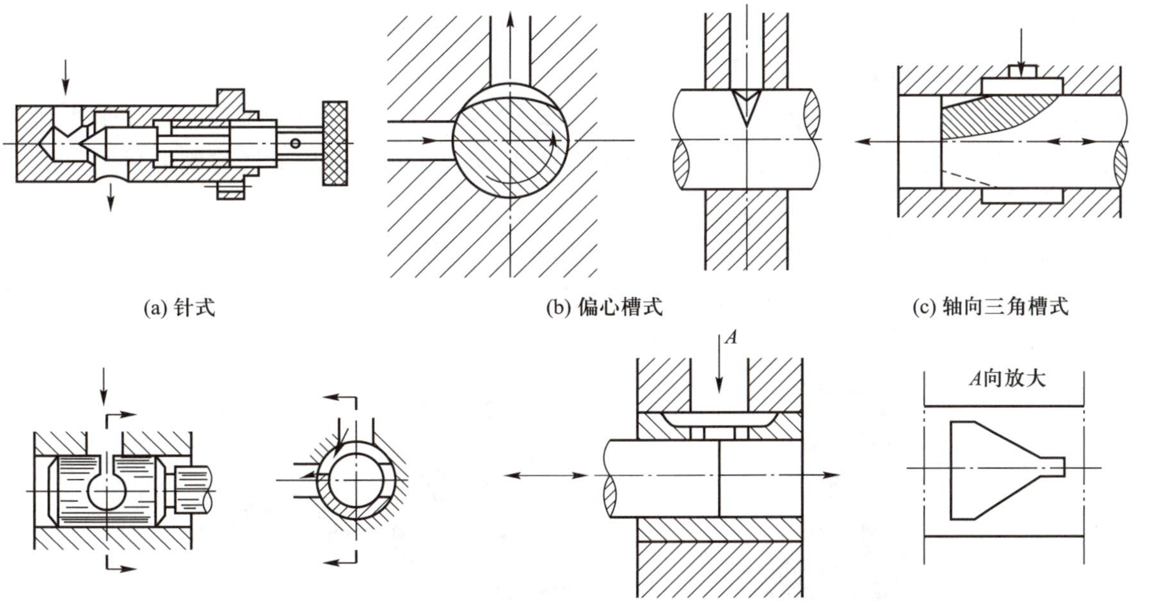

(a) 针式　(b) 偏心槽式　(c) 轴向三角槽式

(d) 周向缝隙式　(e) 轴向缝隙式

图 7.1　节流口常见的形式

（1）针式节流口

如图 7.1（a）所示，当针状阀芯做轴向移动时，节流口的通流截面面积即可随之改变。其结构简单，制造方便，但节流长度大，易阻塞，流量受温度变化影响较大，一般用于要求较低的场合。

（2）偏心槽式节流口

如图 7.1（b）所示，阀芯表面开有一个截面为三角形或矩形的偏心槽，转动阀芯可改变通流截面面积。其防阻塞性能优于针式，但阀芯承受不平衡径向力，不能用于高压系统。

（3）轴向三角槽式节流口

如图 7.1（c）所示，阀芯端部开有 1～3 个斜的轴向三角槽，轴向移动阀芯可改变通流截面面积。其结构简单，不易阻塞，可得到较小的稳定流量，故应用较多。若沟槽对称布置可使径向力平衡，适于高压系统。

（4）周向缝隙式节流口

如图 7.1（d）所示，阀芯上开有狭缝，液流可经狭缝进入阀芯内孔再流出，转动阀芯可改变缝隙通流截面面积。其节流口属薄壁小孔结构，不易阻塞，温度对流量影响小，可得到较小的稳定流量，但阀芯承受不平衡径向力，故一般用于低压小流量系统。

（5）轴向缝隙式节流口

如图 7.1（e）所示，在阀套上开有轴向缝隙，轴向移动阀芯可改变缝隙通流截面面积。其性能与周向缝隙式相似。

（二）节流阀（图 7.2）

1. 节流阀的结构和工作原理

节流阀是简单、基本的流量控制阀，其形式很多，均是靠改变节流口的开度来控制流量的。对节流阀的基本要求是：流量调节范围宽且均匀，其调速比（通过阀的最大与最小稳定流量之比）一般在 50 以上，工作稳定性好，不易阻塞，操作轻便。

如图 7.3（a）所示，节流阀的节流口采用轴向三角槽式，压力油从进油口 P_1 流入，经阀芯 3 左端的轴向三角槽，从出油口 P_2 流出。转动手柄 1，通过推杆 2 使阀芯 3 做轴向移

图 7.2　节流阀实物图

动，可改变节流口通流截面面积，实现流量的调节。弹簧 4 的作用是使阀芯 3 向右抵紧在推杆 2 上。

图 7.3（b）所示为节流阀的图形符号。

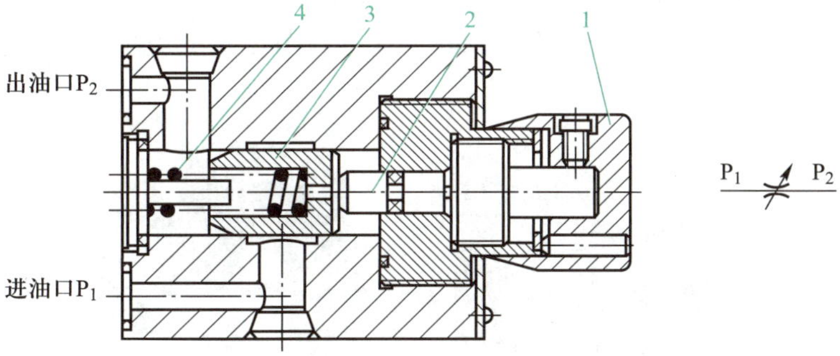

(a)　　　　(b)

1—手柄；2—推杆；3—阀芯；4—弹簧

图 7.3　节流阀

节流阀的结构

节流阀的工作原理

节流阀结构简单，制造容易，体积小，但负载和温度的变化对流量的稳定性影响较大，因此只适用于负载和温度变化不大或执行元件速度稳定性要求较低的液压系统。

2. 单向节流阀的结构和工作原理

节流阀和单向阀可以组合成单向节流阀，如图 7.4（a）所示。在结构上，这种阀是利用一个阀芯同时起着单向阀和节流阀的作用，主要用于需要单方向控制流量的液压系统。当压力油从油口 P_1 流入时，油液经阀芯上的轴向三角槽节流，再从油口 P_2 流出，旋转手柄可改变节流口通流截面面积从而调节流量。当压力油从油口 P_2 流入时，在压力作用下，阀芯下移，压力油直接从油口 P_1 流出，起单向阀作用。

图 7.4（b）所示为单向节流阀的图形符号。

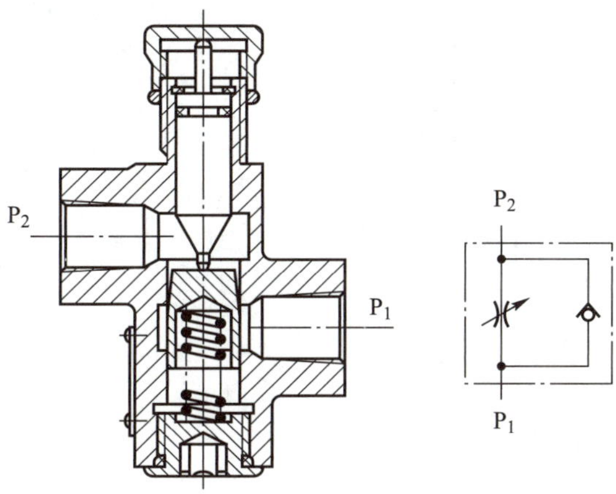

(a)　　　　(b)

图 7.4　单向节流阀

单向节流阀的结构

单向节流阀的工作原理

（三）调速阀（图 7.5）

当节流阀节流口开度不变时，负载的变化会引起压差的变化，造成流量的不稳定，所以在负载变化较大而调速稳定性又要求较高的系统中，通常采用调速阀。调速阀是由一个定差减压阀和一个节流阀串联组合而成的。节流阀用来调节流量，定差减压阀用来保证节流阀前后的压差 Δp 不受负载变化的影响，从而使通过节流阀的流量保持稳定。

图 7.5　调速阀实物图

图 7.6（a）所示为调速阀的工作原理，定差减压阀 1 与节流阀 2 串联。若减压阀进口压力为 p_1，出口压力为 p_2，节流阀出口压力为 p_3，则减压阀 a 腔、b 腔、c 腔的油液压力分别为 p_2、p_2、p_3；若 a 腔、b 腔、c 腔的有效作用面积分别为 A_1、A_2、A_3，则 $A_3 = A_1 + A_2$。

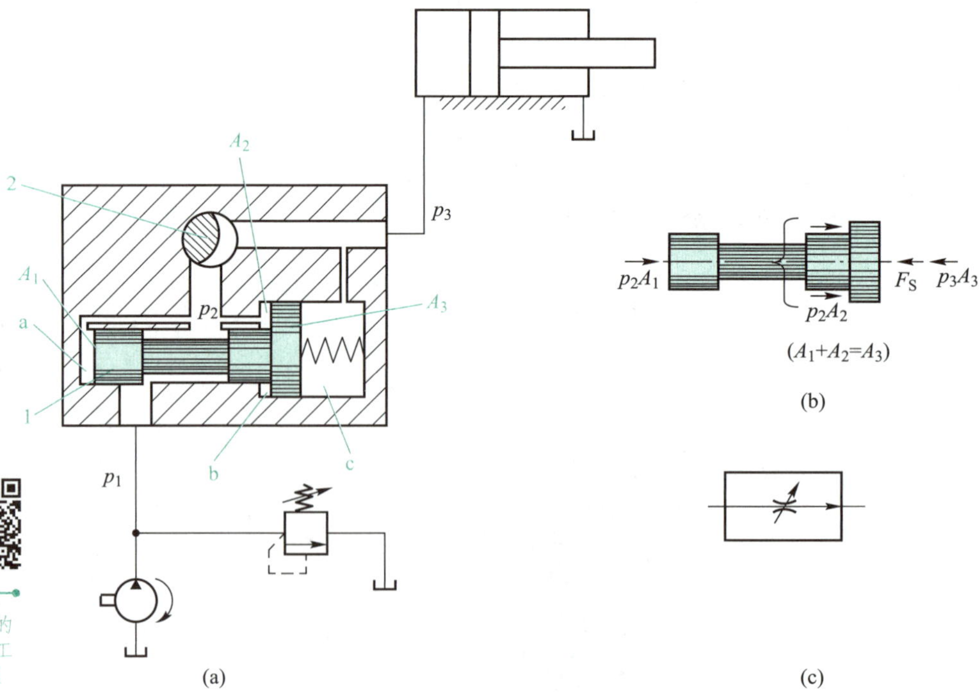

调速阀的结构及工作原理

1—定差减压阀；2—节流阀

图 7.6　调速阀

由图 7.6（b）所示的定差减压阀阀芯的受力图可得受力平衡方程为：

$$p_2A_1+p_2A_2=p_3A_3+F_S \tag{7-2}$$

即：

$$\Delta p=p_2-p_3=\frac{F_S}{A_3}\approx \text{常量} \tag{7-3}$$

因为定差减压阀阀芯弹簧很软（刚度很低），当阀芯左右移动时，其弹簧作用力 F_s 变化不大，所以节流阀前后的压差 Δp 基本保持不变为一常量。也就是说，当负载变化时，通过调速阀的油液流量基本不变，液压系统执行元件的运动速度保持稳定。

若负载增加，使 p_3 增大的瞬间，定差减压阀向左的推力增大，使阀芯左移，阀口开大，阀口液阻减小，使 p_2 也增大，其差值（$\Delta p=p_2-p_3$）基本保持不变。同理，当负载减小，p_3 减小时，定差减压阀阀芯右移，p_2 也减小，其差值亦基本不变。因此调速阀适用于负载变化较大，速度平稳性要求较高的液压系统。

图 7.6（c）所示为调速阀的图形符号。

调速阀、节流阀的流量特性比较如图 7.7 所示。由图可知，通过节流阀的流量随其进、出油口压差的改变而变化。当调速阀的进、出油口压差大于一定数值（Δp_{min}）后，通过调速阀的流量将不随压差的改变而变化；而当其压差小于 Δp_{min} 时，如图 7.6 所示，由于压差对阀芯产生的作用力不足以克服阀芯上的弹簧力，此时定压减压阀阀芯仍处于左端，阀口完全打开，定差减压阀不起减压作用，故其特性曲线与节流阀特性曲线重合。因此，欲使调速阀正常工作，就必须保证其有一最小压差（一般为 0.5 MPa）。

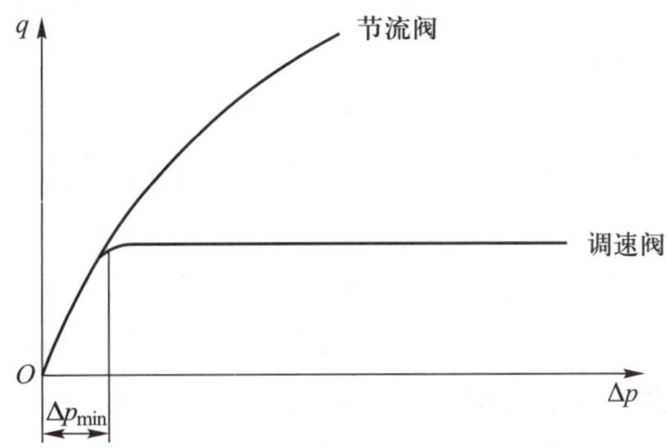

图 7.7　调速阀和节流阀的流量特性比较

二、速度控制回路

速度控制回路是用来实现液压系统的速度调节和变换需求的，常用的速度控制回路有调速回路、快速运动回路和速度换接回路等。

（一）调速回路

调速回路是用来调节执行元件运动速度的。执行元件有液压马达和液压缸，由液压马达和液压缸的工作原理可知，液压马达的转速 n 由输入流量 q 和液压马达的排量 V_m 决定，即 $n=\frac{q}{V_m}$；液压缸的运动速度 v 由输入流量 q 和液压缸的有效作用面积 A 决定，即 $v=\frac{q}{A}$。

通过以上关系可以知道，要想调节液压马达的转速 n 或液压缸的运动速度 v，可通过改变输入流量 q、液压马达的排量 V_m 和液压缸的有效作用面积 A 等方法来实现。由于液压缸的有效作用面积 A 是定值，故只能改变输入流量 q 的大小来调速。改变输入流量 q，可以通过采用流量控制阀或变量泵来实现；改变液压马达的排量 V_m，可通过采用变量液压马达来实现。因此，调速回路主要有以下三种方式：

1）节流调速回路　由定量泵供油，用流量控制阀调节进入或流出执行元件的流量来实现调速。

2）容积调速回路　调节变量泵或变量马达的排量来调速。

3）容积节流调速回路　用限压变量泵供油，由流量控制阀调节进入执行元件的流量，并使变量泵的流量与流量控制阀的调节流量相适应来实现调速。

1. 节流调速回路

节流调速回路是在定量泵供油的液压系统中安装了流量控制阀，调节进入液压缸的油液流量，从而调节执行元件运动速度的。该回路的优点是结构简单，成本低，使用、维修方便；缺点是有节流损失，且流量损失大，效率低，发热大，故一般只用于小功率场合。

根据流量控制阀在油路中安装位置的不同，其可分为进油路节流调速回路、回油路节流调速回路和旁油路节流调速回路三种形式。

（1）进油路节流调速回路

把流量控制阀串联在执行元件的进油路上的调速回路称为进油路节流调速回路，如图 7.8 所示。回路工作时，液压泵输出的油液（压力 p_B 由溢流阀调定），经可调节流阀进入液压缸左腔，推动活塞向右运动，右腔的油液则流回油箱。

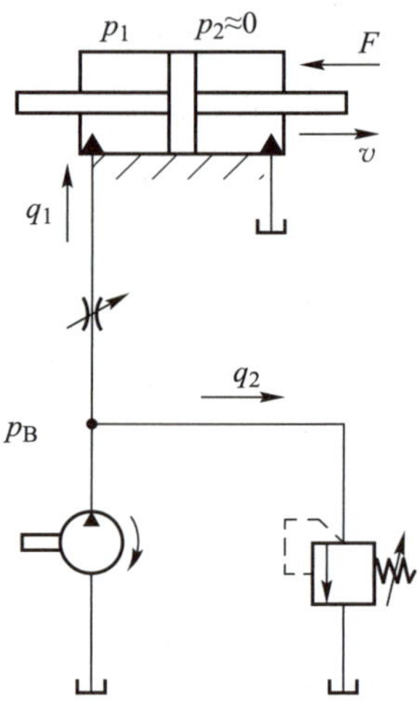

图 7.8　进油路节流调速回路

进油路节流调速回路

液压缸左腔的油液压力 p_1 由作用在活塞上的负载阻力 F 的大小决定。液压缸右腔的油液压力 $p_2≈0$，进入液压缸油液的流量 q_1 由节流阀调节，多余的油液 q_2 经溢流阀流回油箱。A 为活塞的有效作用面积；A_0 为节流阀节流口通流截面面积。

当活塞带动执行元件以速度 v 向右做匀速运动时，作用在活塞两个方向上的力互相平衡，则：

$$p_1A = F \quad 或 \quad p_1 = \frac{F}{A} \tag{7-4}$$

设节流阀前后的压差为 Δp，则：

$$\Delta p = p_B - p_1 \tag{7-5}$$

假定节流口形状为薄壁小孔，则经节流阀流入液压缸左腔的流量为：

$$q_1 = K A_0 \Delta p^m = K A_0 \sqrt{\Delta p} \tag{7-6}$$

故活塞的运动速度为：

$$v=\frac{q_1}{A}=\frac{KA_0}{A}\sqrt{\Delta p}=\frac{KA_0}{A}\sqrt{p_{\mathrm{B}}-\frac{F}{A}} \tag{7-7}$$

进油路节流调速回路的特点如下：

1）结构简单，使用方便。活塞运动速度 v 与节流阀节流口通流截面面积 A_0 成正比，调节 A_0 即可方便地调节活塞运动速度。

2）可以获得较大的推力和较低的速度。液压缸回油腔和回油路中油液压力很低，接近于零，且当单杆活塞缸在无杆腔进油实现工作进给时，活塞有效作用面积较大，故输出推力较大，速度较低。

3）速度稳定性差。由式（7-7）可知，液压泵工作压力 p_{B} 经溢流阀调定后近于恒定，节流阀调定后 A_0 也不变，活塞有效作用面积 A 为常量，活塞运动速度 v 将随负载 F 的变化而波动。

4）运动平稳性差。由于回油路压力近似为零，即回油腔没有背压，当负载突然变小、为零或为负值时，活塞会产生突然前冲。为了提高运动的平稳性，需要在回油路中串接一个背压阀。

5）系统效率低，传递功率小。因液压泵输出的流量和压力在系统工作时经调定后均不变，所以液压泵的输出功率为定值。当执行元件在轻载低速下工作时，液压泵输出功率中有很大部分消耗在溢流阀和节流阀上，流量损失和压力损失大，导致系统效率很低。功率损耗会引起油液发热，使进入液压缸的油液温度升高，导致泄漏增加。

6）容易实现自动控制。当运动部件行至终点停止时，液压缸进油腔压力升高，使节流阀前后压差减小。这样可以在节流阀和液压缸之间设置压力继电器，利用该压力变化发出电信号，对系统下一步动作实现自动控制。

采用节流阀的进油路节流调速回路通常用于功率较小、负载变化不大的液压系统中。

（2）回油路节流调速回路

直接把流量控制阀安装在执行元件通往油箱的回油路上的调速回路称为回油路节流调速回路，如图 7.9 所示。

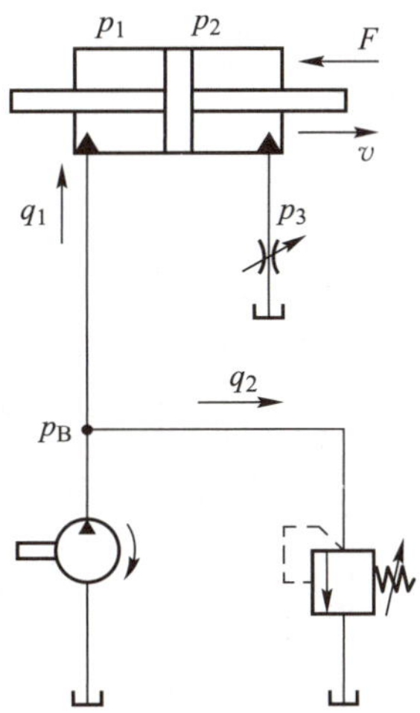

图 7.9　回油路节流调速回路

与进油路节流调速回路分析同理，在回油路节流调速回路中，当液压缸活塞匀速运动时，活塞上的作用力平衡方程式为：

$$p_1A=F+p_2A \tag{7-8}$$

p_1 等于由溢流阀调定的液压泵工作压力 p_{B}，即：

回油路节流调速回路

$$p_1 = p_B \tag{7-9}$$

则：

$$p_2 = p_1 - \frac{F}{A} = p_B - \frac{F}{A} \tag{7-10}$$

节流阀前后的压差 $\Delta p = p_2 - p_3$，因节流阀出口接油箱，即 $p_3 \approx 0$，则有

$$\Delta p = p_2 = p_B - \frac{F}{A} \tag{7-11}$$

则活塞运动速度为：

$$v = \frac{q_1}{A} = \frac{KA_0}{A}\sqrt{\Delta p} = \frac{KA_0}{A}\sqrt{p_B - \frac{F}{A}} \tag{7-12}$$

式（7-12）与进油路节流调速回路所得式（7-7）完全相同，因此两种回路具有相似的调速特点。但回油路节流调速回路有两个明显的优点：

1）节流阀装在回油路上，回油路上有较大的背压，因此在外负载变化时可起缓冲作用，运动的平稳性好，且能承受一定的负值负载。

2）回油路节流调速回路中，油液经节流阀后压力损耗而发热，但温度升高的油液可直接流回油箱，容易散热。

回油路节流调速回路广泛用于功率不大、负载变化较大或运动平稳性要求较高的液压系统中。

实际应用中，常采用进油路节流调速回路，并在其回油路上加背压阀。这种方式兼具了上述两种回路的优点。

（3）旁油路节流调速回路

如图 7.10 所示，将节流阀设置在与执行元件并联的旁油路上，即构成了旁油路节流调速回路。该回路采用定量泵供油，节流阀调节了液压泵溢流回油箱的流量 q_2，从而控制了进入液压缸的流量 q_1，调节节流阀的通流截面面积，即可实现对执行元件的调速。这时，溢流阀不需要“常开”溢流，实为安全阀，其常态为关闭状态。

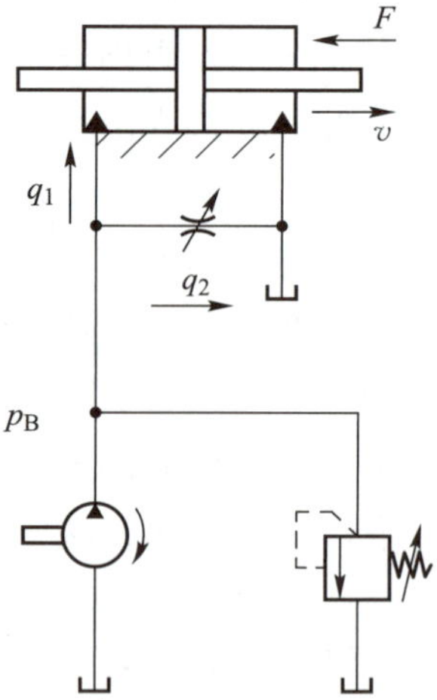

图 7.10　旁油路节流调速回路

旁油路节流调速回路有节流损失，但无溢流损失，油液发热较少，其效率比进、回油路节流调速回路高一些。

旁油路节流调速回路主要用于高速、重载且对速度平稳性要求不高的中等功率的液压系统中。

采用节流阀的节流调速回路，其运动速度受负载变化的影响比较大，即速度稳定性较差，为了克服这个缺点，在回路中可用调速阀替代节流阀。

采用调速阀的节流调速回路

2. 容积调速回路

容积调速回路是通过改变回路中液压泵或液压马达的排量来实现调速的。其

主要优点是功率损失小（没有溢流损失和节流损失），且其工作压力随负载变化，所以效率高、油液温度低，适用于高速、大功率系统。

按油路循环方式不同，容积调速回路有开式回路和闭式回路两种。开式回路中液压泵从油箱吸油，执行元件的回油直接回到油箱，油箱容积大，油液能得到较充分的冷却，但空气和污染物易进入回路。闭式回路中，液压泵输出的油液进入执行元件的进油腔，又从执行元件的回油腔吸油。闭式回路中油液基本上在系统内部循环，无须容量很大的油箱，其结构紧凑，运动平稳，空气和污染物不易侵入，噪声小，但冷却条件差。为了补偿工作中油液的泄漏，一般设补油泵，如图 7.11（b）所示。补油泵的流量为主泵流量的 10%～15%，其出口压力调节为 0.3～1 MPa。

容积调速回路通常有三种基本形式：变量泵和定量执行元件的容积调速回路、定量泵和变量马达的容积调速回路、变量泵和变量马达的容积调速回路。

（1）变量泵和定量执行元件的容积调速回路

这种调速回路可由变量泵与液压缸或变量泵与定量马达组成。图 7.11（a）所示为变量泵—液压缸开式容积调速回路；图 7.11（b）所示为变量泵—定量马达闭式容积调速回路。

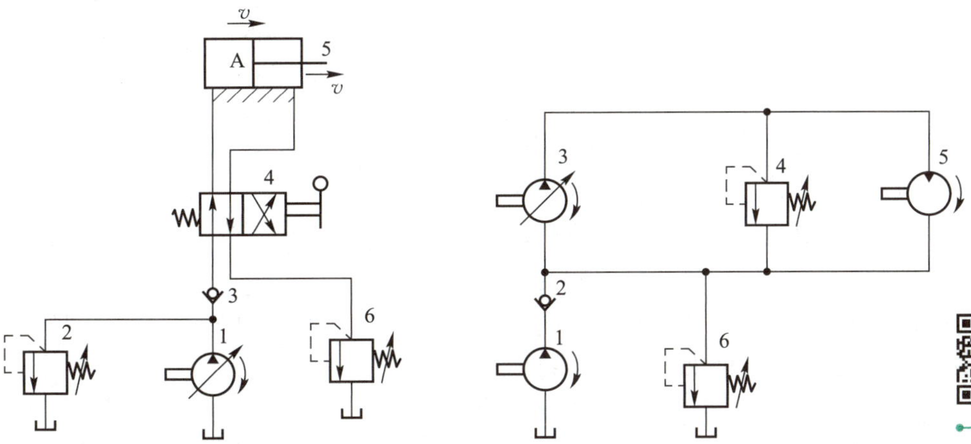

(a) 变量泵—液压缸开式回路

1—变量泵；2—安全阀；3—单向阀；4—换向阀；5—液压缸；6—背压阀

(b) 变量泵—定量马达闭式回路

1—补油泵；2—单向阀；3—变量泵；4—安全阀；5—定量马达；6—溢流阀

图 7.11 变量泵和定量执行元件的容积调速回路

变量泵—液压缸容积调速回路

图 7.11（a）中液压缸 5 活塞的运动速度 v 由变量泵 1 调节，安全阀 2 起过载保护作用；背压阀 6 使运动更平稳；单向阀 3 串联至液压泵压油口，用以防止油液倒流。

图 7.11（b）中变量泵 3 调节定量马达 5 的转速，安全阀 4 用以防止过载，补油泵 1 用以补油，其补油压力由溢流阀 6 来调节。

变量泵和定量执行元件的容积调速回路为恒推力 / 恒转矩输出，可实现无级调速，调速范围较大，适用于调速范围较大且要求恒推力 / 恒转矩输出的场合，如大型机床的主运动或进给系统中。

（2）定量泵和变量马达的容积调速回路

定量泵与变量马达的容积调速回路如图 7.12 所示。该回路中定量泵输出的流量不变，调节变量马达的排量 V_m 可实现马达转速的调节，属恒功率调速，其调速范围比较小（一般为 3～4），因而较少单独应用。

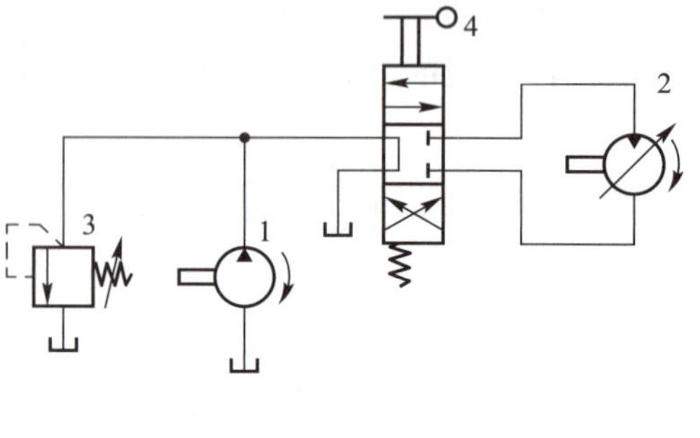

(a) 开式回路

1—定量泵；2—变量马达；3—安全阀；4—换向阀

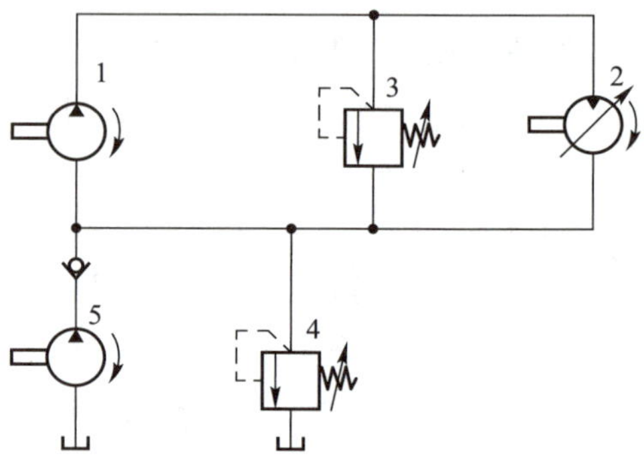

(b) 闭式回路

1—定量泵；2—变量马达；3—安全阀；4—溢流阀；5—补油泵

图 7.12 定量泵和变量马达的容积调速回路

（3）变量泵和变量马达的容积调速回路

如图 7.13 所示，该回路由双向变量泵 1 和双向变量马达 3 等组成，且为闭式容积调速回路。双向变量泵 1 可正反向供油，双向变量马达 3 可正反向旋转。安全阀 2 并联在双向变量泵 1 的出油口处，通过单向阀 8 或 9，起到双向过载保护作用。补油泵 4 通过单向阀 6 或 7 实现双向回油路补油，其补油压力由溢流阀 5 来调节。

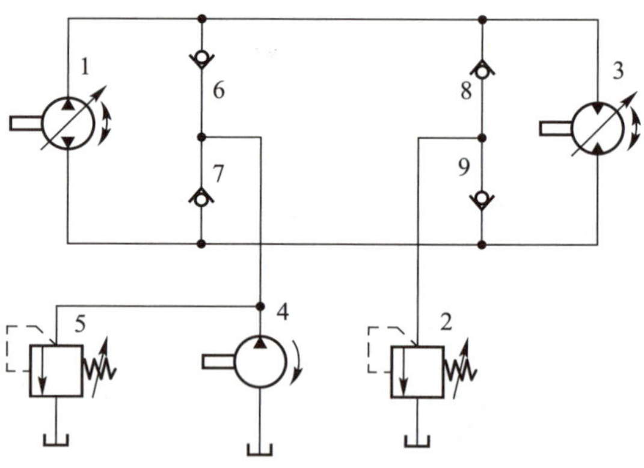

1—双向变量泵；2—安全阀；3—双向变量马达；4—补油泵；5—溢流阀；6、7、8、9—单向阀

图 7.13 变量泵和变量马达的容积调速回路

调速时液压泵和液压马达的排量分阶段调节。在低速阶段，液压马达排量保持最大，通过改变液压泵的排量来调速；在高速阶段，液压泵排量保持最大，通过改变液压马达的排量来调速。这样就扩大了调速范围。

这种容积调速回路的调速范围是变量泵调节范围和变量马达调节范围之乘积，所以其调速范围大（可达 100），并且有较高的效率，它适用于大功率的场合，如矿山机械、起重机械以及大型机床的主运动液压系统。

3. 容积节流调速回路

容积节流调速回路的基本工作原理是采用压力补偿式变量泵供油，调速阀（或节流阀）调节进入液压缸的流量并使泵的输出流量自动地与液压缸所需流量相适应。

常用的容积节流调速回路有：限压式变量泵和调速阀的容积节流调速回路、变压式变量泵和节流阀的容积节流调速回路。

图 7.14 所示为限压式变量泵和调速阀的容积节流调速回路。当换向阀 3 在图示位置工作时，液压缸 4 活塞快速向右运动，限压式变量泵 1 按快速运动要求调节其输出流量 q_B 达到最大流量 q_{max}，同时调节限压式变量泵的压力调节螺钉，使泵的限定压力大于快速运动所需压力。当换向阀 3 电磁铁通电时，泵输出的压力油经调速阀 2 进入液压缸 4，其回油经背压阀 5 回油箱。调节调速阀 2 的流量 q_1 就可调节活塞的运动速度 v，由于 $q_1 < q_B$，压力油迫使泵的压油口与调速阀进油口之间的油压升高，即泵的供油压力升高，泵的流量便自动减小到 $q_B \approx q_1$ 为止。

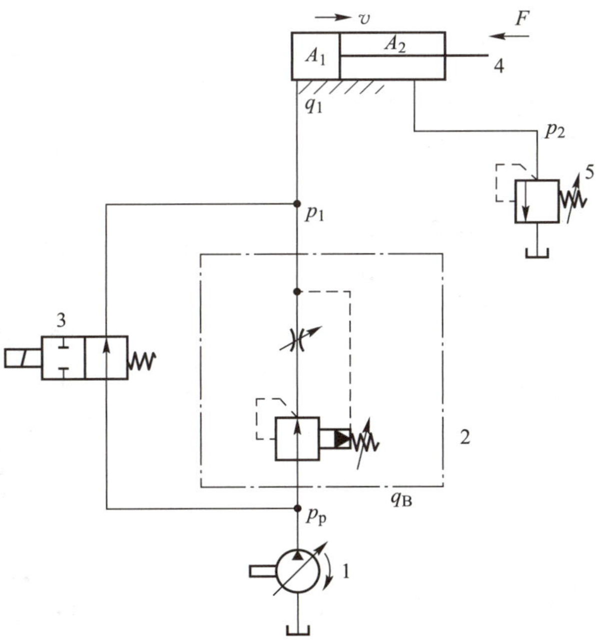

1—限压式变量泵；2—调速阀；3—换向阀；4—液压缸；5—背压阀

图 7.14　限压式变量泵和调速阀的容积节流调速回路

限压式变量泵和调速阀的容积节流调速回路具有效率较高、调速较稳定、结构较简单等优点，目前已广泛用于负载变化不大的中、小功率组合机床的液压系统中。

（二）快速运动回路

为了提高生产效率，工作部件常常要求实现空行程（或空载）的快速运动。这时要求液压系统流量大而压力低，这和工作运动时一般需要的流量较小和压力较高的情况正好相反。对快速运动回路的要求主要是在快速运动时，尽量减小所需液压泵输出的流量，或者在加大液压泵的输出流量后，在工作运动时又不致引起过多的能量消耗。常见的快速运动回路有以下几种。

1. 差动连接快速运动回路

图 7.15 所示是利用单杆活塞缸的差动连接来实现快速运动的回路。当二位三通电磁换向阀右位工作时，液压缸呈差动连接，液压泵输出的油液和液压缸有杆腔返回的油液一起进入液压缸的无杆腔，实现活塞的快速运动。

差动连接快速运动回路比较简单、经济，但快慢速转换不够平稳，且液压缸的速度有限，差动连接与非差动连接的速度之比等于活塞与活塞杆截面面积之比。若仍不能满足快速运动的要求，则需与限压式变量泵等其他方法联合使用。

差动连接快速运动回路

图 7.16 所示为可实现差动快进—工进—快退的专用机床液压回路，表 7-1 列出了其电磁铁动作顺序。

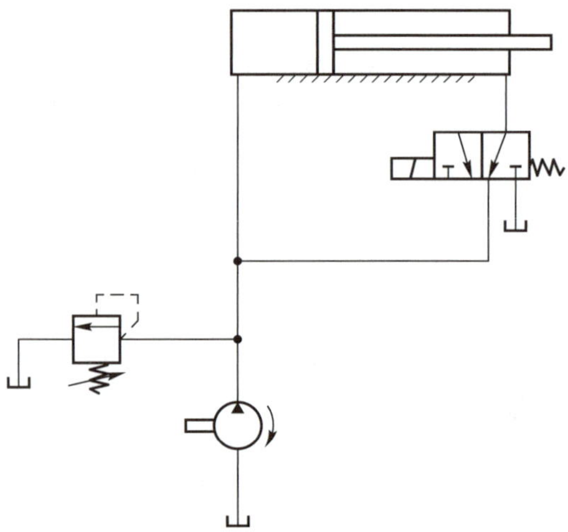

图 7.15 差动连接快速运动回路

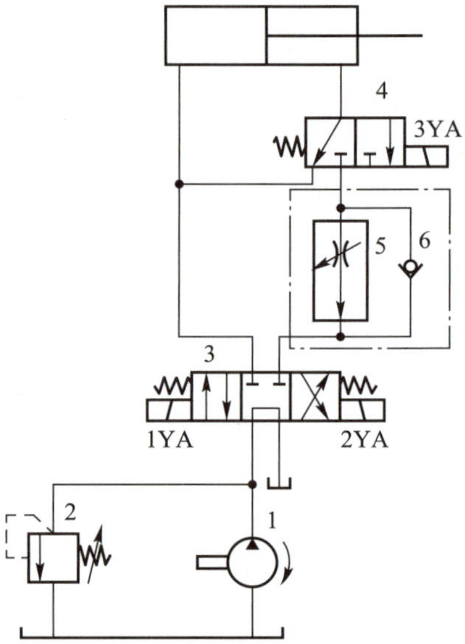

1—液压泵；2—溢流阀；3、4—换向阀；5—调速阀；6—单向阀

图 7.16 专用机床液压回路

表 7-1 电磁铁动作顺序

动作	1YA	2YA	3YA
快进	+	−	−
工进	+	−	+
快退	−	+	+
停止	−	−	−

注：表中“+”表示通电；“−”表示断电。

油路分析：

（1）快进

进油路：1→3 左位→液压缸左腔；

回油路：液压缸右腔→4 左位→液压缸左腔（可实现差动快进）。

（2）工进

进油路：1→3 左位→液压缸左腔；

回油路：液压缸右腔→4 右位→5→3 左位→油箱。

（3）快退

进油路：1→3 右位→6→4 右位→液压缸右腔；

回油路：液压缸左腔→3 右位→油箱。

2. 双泵供油快速运动回路

图 7.17 所示的快速运动回路采用了双泵供油，其中 1 为高压小流量泵，2 为低压大流量泵。在快速运动时，泵 2 输出的油液经单向阀 4 和泵 1 输出的油液共同向系统供油。在工作进给时，系统压力升高，打开液控顺序阀（卸荷阀）3 使泵 2 卸荷，此时单向阀 4 关闭，由泵 1 单独向系统供油。溢流阀 5 是根据系统所需最大工作压力来调节泵 1 的供油压力的，而液控顺序阀 3 使泵 2 在快速运动时供油，在工作进给时卸荷，因此它的调定压力应比快速运动时系统所需的压力要高，但比溢流阀 5 的调定压力低。

双泵供油快速运动回路功率利用合理、效率高，并且速度换接较平稳，在快、慢速度相差较大的机床中应用很广泛，缺点是要用双泵供油，油路系统稍复杂。

双泵供油快速运动回路

3. 采用蓄能器的快速运动回路

在图 7.18 所示蓄能器辅助供油的快速回路中，当换向阀中位工作时，液压缸

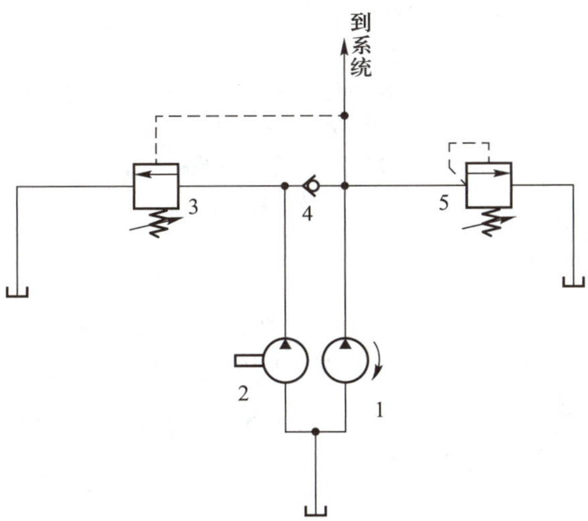

1—高压小流量泵；2—低压大流量泵；3—液控顺序阀；4—单向阀；5—溢流阀

图 7.17　双泵供油快速运动回路

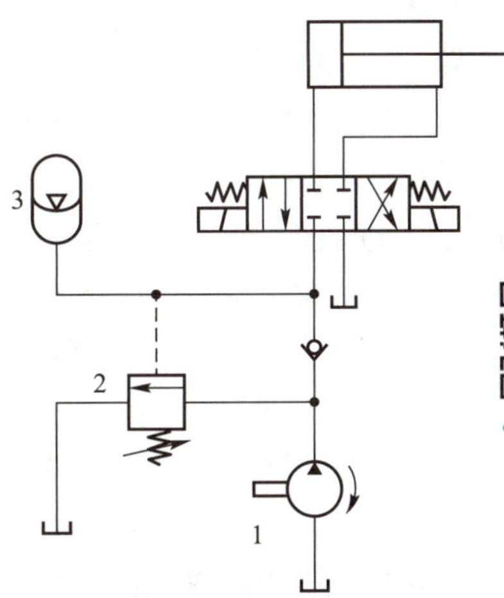

1—液压泵；2—液控顺序阀；3—蓄能器

图 7.18　采用蓄能器的快速运动回路

采用蓄能器的快速运动回路

停止工作，液压泵 1 经单向阀向蓄能器 3 供油。随着蓄能器 3 内油量的增加，压力亦升高，压力升高至液控顺序阀 2 的调定压力时，液压泵 1 卸荷。当换向阀左位或右位工作时，液压泵 1 和蓄能器 3 同时向液压缸供油，实现快速运动。

这种回路适用于短时间内需要大流量的场合，并可用小流量的液压泵使液压缸获得较大的运动速度，但蓄能器充油时，液压缸必须停止工作，在时间上有些浪费。

（三）速度换接回路

在实现运动部件自动工作循环的过程中，需要进行速度的换接。如从快速转换为慢速工作，或者两种慢速的转换等。对这种回路的要求是速度换接要平稳，即不允许在速度变换的过程中有前冲（速度突然增加）现象。

1. 快慢速的速度换接回路

如图 7.19 所示，在采用行程阀的快慢速的速度换接回路中，液压缸 7 活塞杆上的挡块未压下行程阀 6 时，液压缸 7 右腔的油液经行程阀 6 回油箱，活塞快速运动；当挡块压下行程阀 6 时，液压缸 7 的回油经节流阀 4 回油箱，活塞转为慢速工进。

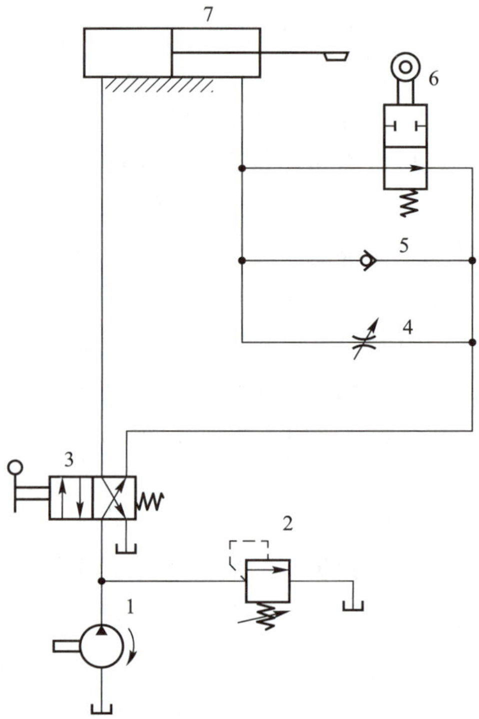

1—液压泵；2—溢流阀；3—换向阀；4—节流阀；5—单向阀；6—行程阀；7—液压缸

图 7.19 采用行程阀的快慢速的速度换接回路

油路分析：

（1）快进

进油路：1 → 3 左位→ 7 左腔；

回油路：7 右腔→ 6 下位→ 3 左位→油箱。

（2）工进

进油路：1 → 3 左位→ 7 左腔；

回油路：7 右腔→ 4 → 3 左位→油箱。

（3）快退

进油路：1 → 3 右位→ 5 → 7 右腔；

回油路：7 左腔→ 3 右位→油箱。

这种换接回路，行程阀阀口是逐渐关闭（或开启）的，速度的换接比较平稳，换接点的位置精度高，但行程阀的安装位置不能任意布置，管路连接较为复杂。

采用行程阀的快慢速的速度换接回路

若将行程阀改为电磁换向阀，则安装连接方便，便于实现自动控制，这种应用很广泛，但其速度换接的平稳性、可靠性和换接精度都较差。

2. 两种慢速的速度换接回路

对于某些自动机床、注塑机等，需要在自动工作循环中变换两种以上的工作进给速度，这时需要采用两种（或多种）工作进给速度的换接回路。

如图 7.20 所示，在采用两个调速阀并联的方法来实现两种进给速度的换接回路中，两个调速阀由二位三通换向阀换接，它们各自独立调节流量，互不影响，一个调速阀工作时，另一个调速阀没有油液通过。在速度换接过程中，由于原来没工作的调速阀中的减压阀处于最大开口位置，速度换接时大量油液通过该阀，将使执行元件突然前冲。

如图 7.21 所示，在采用两个调速阀串联的方法来实现两种不同速度的换接回路中，两个调速阀由二位二通换向阀换接，但后接入的调速阀的开口要小，否则得不到两种调节速度，该回路的速度换接平稳性比调速阀并联的速度换接回路好。这种回路常用于组合机床实现二次进给的油路中。

采用调速阀并联的两种慢速的速度换接回路

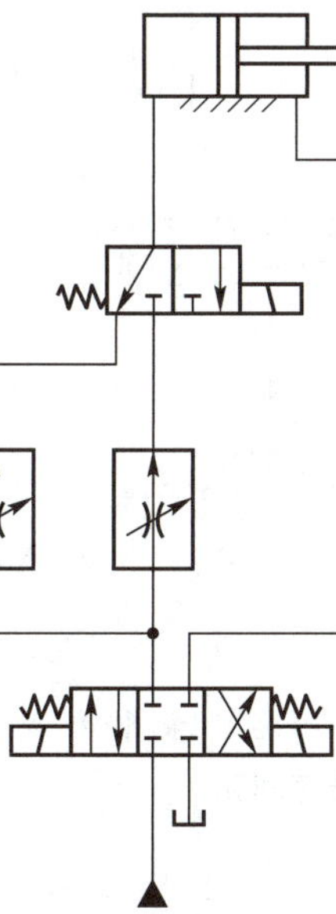

图 7.20　采用调速阀并联的两种慢速的速度转换回路

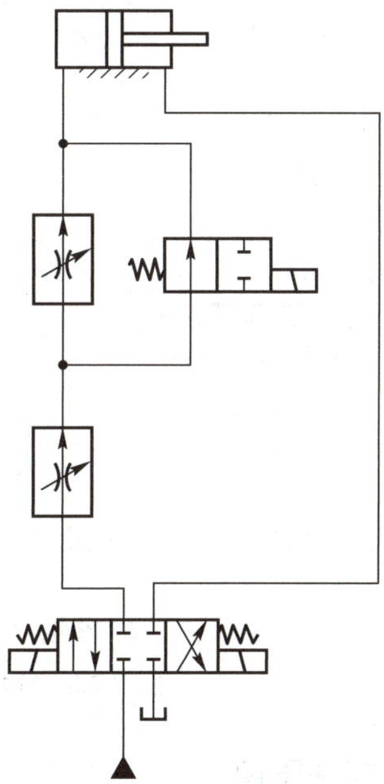

图 7.21　采用调速阀串联的两种慢速的速度转换回路

任务实施

任务　MJ-50 数控车床液压系统中调速回路的搭建与调试

在 MJ-50 数控车床中，回转刀架的正转与反转和尾座套筒的伸缩需要进行速度的调节，分析液压回路选择的调速方式及其特点，并用虚拟仿真软件仿真或实物搭建并调试该回路。

一、实施流程

（一）实施准备

1）液压实验台或 FluidSIM-H 虚拟仿真软件。

2）液压元件：液压泵、液压缸、液压马达、换向阀、单向调速阀等（见图 7.22 所示调速回路图）。

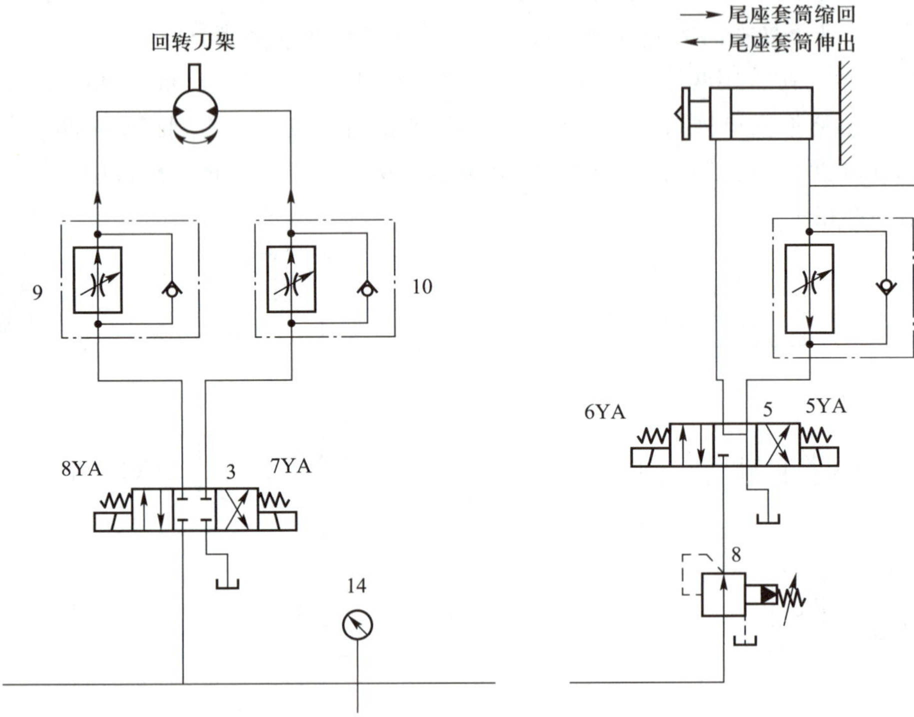

(a) 回转刀架转位回路　　(b) 尾座套筒伸缩回路

图 7.22　MJ-50 数控车床液压系统中的调速回路

（二）实施原理

为了提高该液压系统的安全性和可靠性，在 MJ-50 数控车床液压系统中，回转刀架转位马达的双向调速和尾座套筒液压缸活塞伸出的速度都是由单向调速阀调节实现的，整个工作进程要求准确、精准，速度调节要求低速、稳定，并且要保证功率损耗和发热都较小。其电磁铁动作顺序见表 7-2。

表 7-2　电磁铁动作顺序

动作		5YA	6YA	7YA	8YA
回转刀架	正转	−	−	−	+
	反转	−	−	+	−
尾座套筒	伸出	−	+	−	−
	缩回	+	−	−	−

注：“+”表示通电；“−”表示断电。

（三）实施步骤（表 7-3）

1）按照回路图选出所需液压元件，并检查型号是否正确。

2）将液压元件安装在液压实验台面板上，并布置在合适位置。

3）按回路图在液压实验台面板上连接液压元件及液压泵。

4）连接电磁铁及对应按钮开关插线。

5）检查液压回路和电气回路连接是否完全正确。

6）在确认无误的情况下旋松溢流阀，打开电动机，启动泵站，调节溢流阀调定压力。

表 7-3　工作任务单

工作任务	MJ-50 数控车床液压系统中速度控制回路的分析与搭建
任务描述	分组对 MJ-50 数控车床液压系统中回转刀架转位和尾座套筒伸缩的调速回路进行分析，讨论其调速方式及特点，并用虚拟仿真软件仿真或实物搭建该液压回路
任务要求	1）掌握节流阀、调速阀的工作原理和特性； 2）掌握速度控制回路的工作原理和特点； 3）能正确选择液压元件； 4）熟悉速度控制回路的安装调试方法和步骤
提交成果	用 FluidSIM-H 虚拟仿真软件仿真（参考图 7.23、图 7.24）或液压实验台实物搭建并调试回转刀架转位和尾座套筒伸缩的调速回路，并分析其调速方式及特点

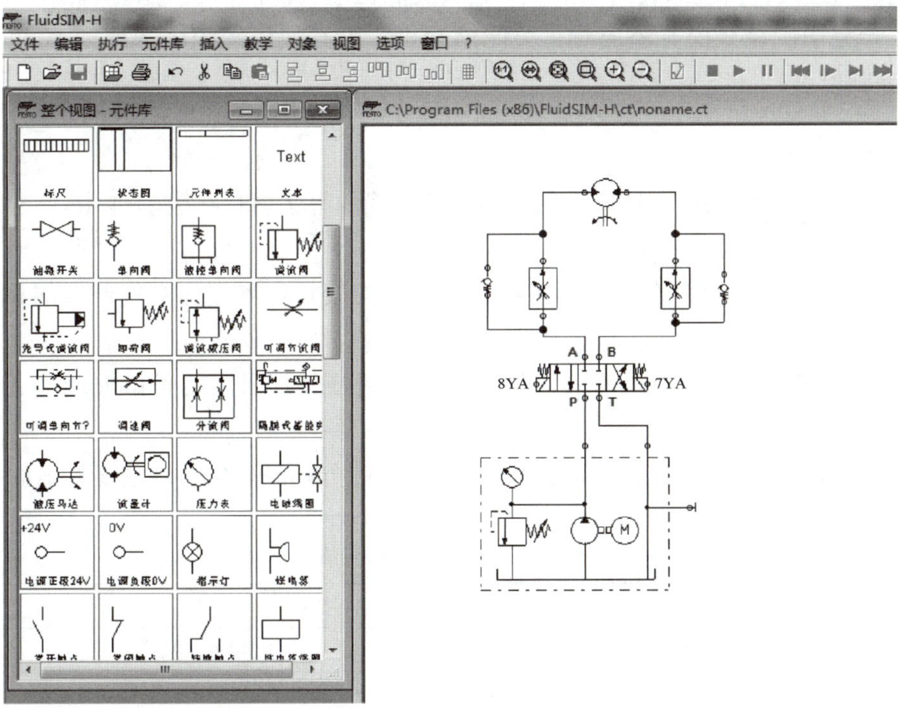

图 7.23　FluidSIM-H 虚拟仿真样例一

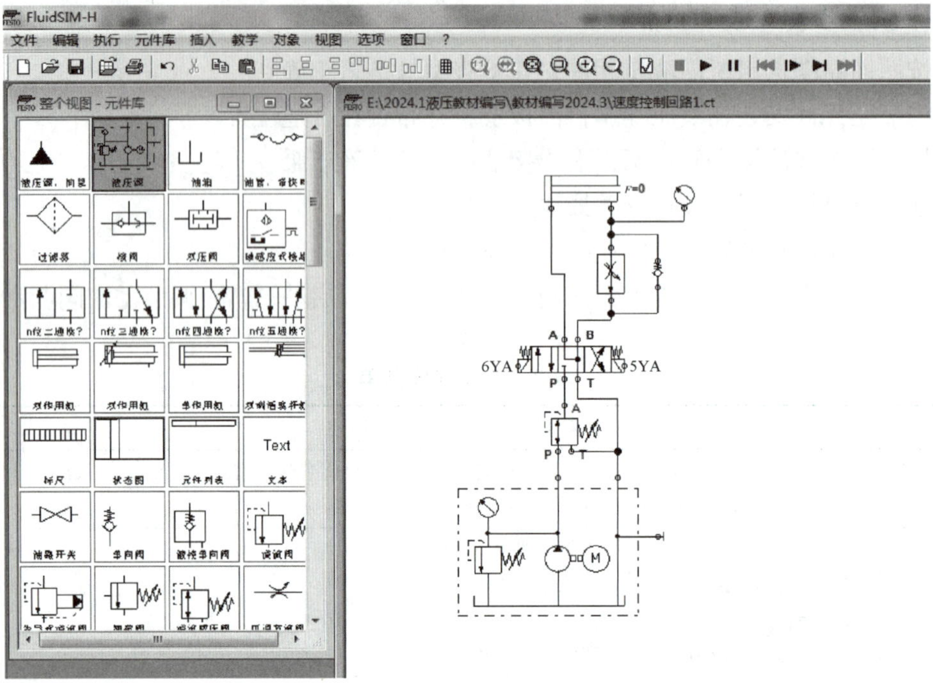

图 7.24 FluidSIM-H 虚拟仿真样例二

7）调节调速阀，实现回转刀架液压马达转速和尾座套筒液压缸活塞伸缩速度的变化。

8）实验完毕后完全松开溢流阀，关闭电动机，拆卸液压系统，清理相关的实验器材，保持清洁和归位。

（四）AI 助力

利用 AI 提问，判断 AI 描述内容的正误并把正确的答案填写在表 7-4 中。

问题 1：调速回路有哪些类型？各有什么特点？

问题 2：在 MJ-50 数控车床液压系统中，回转刀架转位和尾座套筒伸缩的调速回路分别采用了哪种调速方式？

问题 3：回转刀架转位和尾座套筒伸缩的调速回路分别采用的是单向调速还是双向调速？原因是什么？

问题 4：回转刀架转位和尾座套筒伸缩的调速回路分别是如何实现速度调节的？

表 7-4 AI 助力任务实施

<table>
<tr><th>序号</th><th colspan="2">内容描述</th></tr>
<tr><td rowspan="3">问题 1</td><td>调速回路类型</td><td>调速回路特点</td></tr>
<tr><td></td><td></td></tr>
<tr><td></td><td></td></tr>
</table>

续表

序号	内容描述	
问题 1	调速回路类型	调速回路特点
问题 2	调速回路	调速回路选择
	回转刀架转位	
	尾座套筒伸缩	
问题 3	调速回路	单向 / 双向调速及原因
	回转刀架转位	
	尾座套筒伸缩	
问题 4	调速回路	如何调速
	回转刀架转位	
	尾座套筒伸缩	

二、任务评价（表 7-5）

表 7-5　实践考核评价单

姓名		班级		组别		日期	

序号	考核内容	小组评价（50%）	教师评价（50%）	总评
1	遵守实训室安全操作规程（10 分）			
2	能准确描述 MJ-50 数控车床液压系统中回转刀架转位和尾座套筒伸缩的调速回路的调速方式及特点（20 分）			
3	能正确选择液压元件（20 分）			
4	能正确搭建调速回路（20 分）			
5	能对回路进行调试（20 分）			
6	做好 6S 管理工作（10 分）			

知识拓展

一、流量控制阀常见故障及排除方法

流量控制阀通过改变节流口的大小来控制油液的流量，并保证执行元件运行平稳。这类阀一般在低速小流量调节段故障率较高，因为低速段阻尼孔较小，对油液的清洁度敏感，对内部结构及其密封性要求严格，并要求速度调节平稳。

流量控制阀常见故障及排除方法见表 7-6。

表 7-6　流量控制阀常见故障产生原因及排除方法

现象	产生原因		排除方法
调整节流阀手柄无流量变化	压力补偿阀阀芯在关闭位置上卡死	1）阀芯与阀套几何精度差，间隙太小； 2）弹簧侧向弯曲、变形而使阀芯卡住； 3）弹簧太软	1）检查精度，修配间隙达到要求，使阀芯移动灵活； 2）更换弹簧； 3）更换弹簧
	节流阀故障	1）油液过脏，使节流口堵死； 2）手柄与节流阀阀芯装配位置不合适； 3）节流阀阀芯连接故障或未装键； 4）节流阀阀芯因配合间隙过小或变形而卡死； 5）调节杆螺纹被污染物堵住，造成调节不良	1）检查油质，过滤油液； 2）检查原因，重新装配； 3）更换键或补装键； 4）清洗，修配间隙或更换零件； 5）拆开清洗
	系统未供油	换向阀阀芯未换向	检查原因并消除
执行元件运动速度不稳定（流量不稳定）	使用错误	1）螺堵未拧开； 2）泄油管道细长，弯头多，阻力太大； 3）泄油管道与回油管道相连，回油背压太大； 4）泄油管道堵塞、不通	1）将螺堵拧开； 2）更换符合要求的管道； 3）泄油管道应与回油管道分开，单独流回油箱； 4）清洗泄油管道
	压力补偿阀故障	1）压力补偿阀阀芯工作不灵敏： ① 阀芯有卡死现象； ② 压力补偿阀的阻尼孔时堵时通； ③ 弹簧侧向弯曲、变形，或弹簧端面与弹簧轴线不垂直。 2）压力补偿阀阀芯在全开位置上卡死： ① 压力补偿阀阻尼孔堵死； ② 阀芯与阀套几何精度差，配合间隙过小； ③ 弹簧侧向弯曲、变形而使阀芯卡住	1）使阀芯工作灵敏： ① 修配阀芯，使其移动灵活； ② 清洗阻尼孔，若油液过脏应更换； ③ 更换弹簧。 2）使阀芯动作灵活： ① 清洗阻尼孔，若油液过脏，应更换； ② 修理阀芯，使其移动灵活； ③ 更换弹簧
	节流阀故障	1）节流口处积有污染物，造成时堵时通； 2）节流阀外负载变化会引起流量变化	1）拆开清洗，检查油质，若油质不合格应更换； 2）对外负载变化大的或要求执行元件运动速度非常平稳的系统，应改用调速阀
执行元件运动速度不稳定（流量不稳定）	油液品质劣化	1）油温过高，造成节流口流量变化； 2）带有温度补偿的流量控制阀的补偿杆敏感性差，已损坏； 3）油液过脏，堵死节流口或阻尼孔	1）检查温升原因，降低油温，并控制在要求范围内； 2）选用对温度敏感性强的材料做补偿杆，损坏的应及时更换； 3）拆开清洗，检查油质，若油质不合格应更换

续表

现象	产生原因		排除方法
执行元件运动速度不稳定（流量不稳定）	单向阀故障	在带单向阀的流量控制阀中，单向阀的密封性不好	研磨单向阀，提高密封性
	管路振动	1）系统中有空气； 2）由于管路振动使调定的位置发生变化	1）应将空气排净； 2）调整后用锁紧装置锁住
	泄漏	内泄漏和外泄漏使流量不稳定，造成执行元件工作速度不均匀	消除泄漏，或更换元件

二、新型液压控制阀

前面所述的方向控制阀、压力控制阀、流量控制阀均属普通液压控制阀，此外还有一些特殊的液压控制阀，如插装阀、比例阀和叠加阀等。

（一）插装阀（图 7.25）

插装阀是将插装阀基本组件插到特别设计加工的阀体内，配以盖板、先导阀组成的一种多功能的复合阀。因每个插装阀基本组件有且只有两个油口，故又称为二通插装阀。

图 7.25　插装阀实物图

1. 插装阀的结构和工作原理

插装阀的结构如图 7.26（a）所示，它由阀块体 1、插装单元（由阀套 2、阀芯 3、弹簧 4 及密封件组成）、控制盖板 5 和先导控制阀 6 组成。插装阀的工作原理相当于一个液控单向阀，图 7.26 中阀块体 1 上 A 和 B 为主油路的两个工作油口，K 为控制口（与先导阀相接）。

当 K 口无油液压力作用时，阀芯受到的向上的液压作用力大于弹簧力，阀芯开启，A 与 B 相通，至于液流的方向，视 A、B 口的压力大小而定。

反之，当 K 口有油液压力作用，且 K 口的油液压力大于 A 和 B 口的油液压力时，才能保证 A 与 B 之间关闭。

插装阀的图形符号如图 7.26（b）所示。

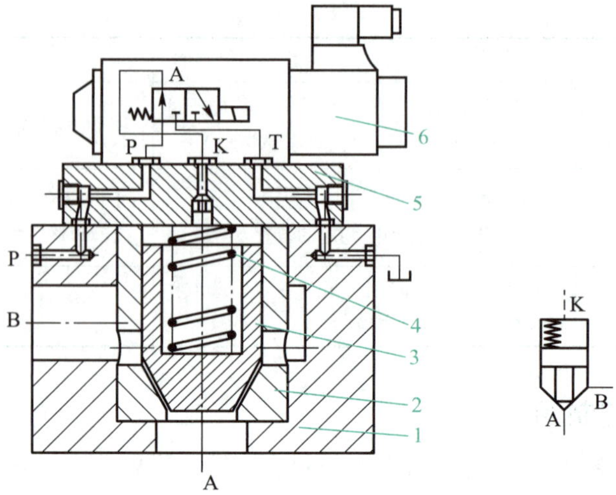

(a) (b)

1—阀块体；2—阀套；3—阀芯；4—弹簧；5—控制盖板；6—先导控制阀

图 7.26 插装阀

2. 插装阀的应用

插装阀与各种先导阀组合，便可组成方向控制阀、压力控制阀和流量控制阀。

（1）插装式方向控制阀

插装式方向控制阀

插装式方向控制阀如图 7.27 所示。图 7.27（a）所示为插装式单向阀，当 $p_A>p_B$ 时，阀芯关闭，A 与 B 不通；当 $p_B>p_A$ 时，阀芯开启，油液从 B 流向 A。图 7.27（b）所示为插装式液控单向阀，当电磁铁断电时，同普通单向阀作用；当电磁铁通电时，A、B 相通。图 7.27（c）所示为插装式二位三通换向阀，当电磁阀断电时，A 与 T 相通，P 封闭；当电磁阀通电时，P 与 A 相通，T 封闭。

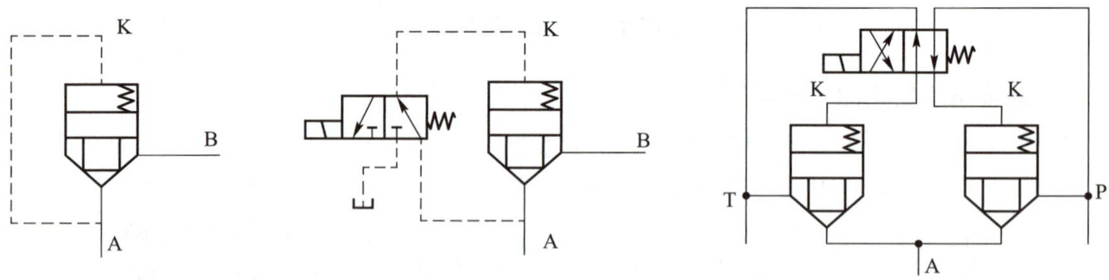

(a) 插装式单向阀　(b) 插装式液控单向阀　(c) 插装式二位三通换向阀

图 7.27 插装式方向控制阀

（2）插装式压力控制阀

插装式压力控制阀如图 7.28 所示。在图 7.28（a）中，如 B 接油箱，则插装阀作溢流阀用，其原理与先导式溢流阀相同；如 B 接负载，则插装阀起顺序阀作用。在图 7.28（b）

中，若二位二通换向阀通电，则插装阀作卸荷阀用；若二位二通换向阀断电，则插装阀作溢流阀用。

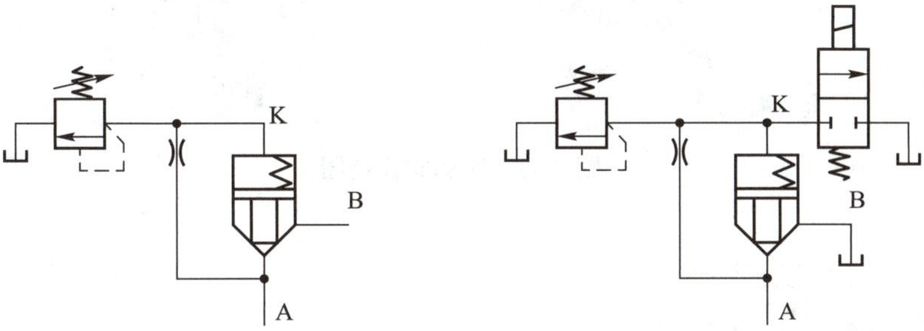

(a) 插装式溢流阀或顺序阀　　(b) 插装式卸荷阀或溢流阀

图 7.28　插装式压力控制阀

（3）插装式流量控制阀

如图 7.29 所示，插装阀基本组件与带行程调节器的盖板组合，由调节器上的调节杆限制阀芯的开口大小，就形成了插装式节流阀。控制插装阀基本组件阀芯的开启高度就能起到节流作用。

3. 插装阀的特点

插装阀具有主阀阀芯质量小、行程短、动作迅速、响应灵敏、结构紧凑、工艺性好、工作可靠、使用寿命长，便于实现无管化连接和集成化控制等优点，特别适用于高压大流量系统。插装阀控制技术在锻压机械、塑料机械、冶金机械、铸造机械，船舶、矿山以及其他工程领域得到广泛的应用。

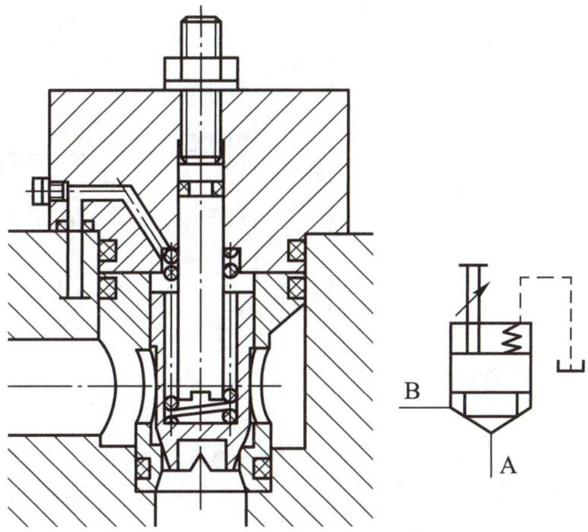

图 7.29　插装式节流阀

（二）比例阀（图 7.30）

电液比例阀简称比例阀，它由直流比例电磁铁与液压阀两部分组成，是一种把输入的电信号按比例地转换成力或位移，从而对压力、流量等参数进行连续控制的一种液压阀。比例阀按用途不同可分为比例压力控制阀、比例流量控制阀、比例方向控制阀三大类。

1. 比例阀的结构和工作原理

图 7.31（a）所示为先导式比例溢流阀的结构图。当有输入信号（通过线圈 2）时，比例电磁铁 1 便产生一个相应的电磁力，它通过推杆 3 和弹簧作用于先导阀阀芯 4，从而使先导阀的控制压力与电磁力成比例，即与输入信号电流成比例。分析溢流阀主阀阀芯 6 上的受力可知，进口压力和控制压力、弹簧力等相平衡，因此先导式比例溢流阀进口压力的升降与

图 7.30 比例阀实物图

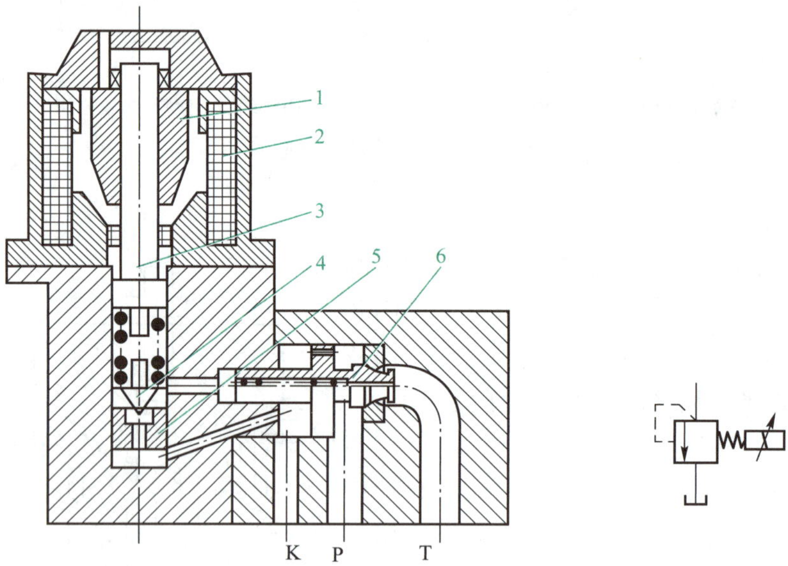

(a) (b)

1—比例电磁铁；2—线圈；3—推杆；4—先导阀阀芯；5—导阀座；6—主阀阀芯

图 7.31 先导式比例溢流阀

输入信号电流的大小成比例。若输入信号电流是连续、按比例或按一定程序变化的，则先导式比例溢流阀所调节的系统压力也连续、按比例或按一定程序地进行变化。图 7.31（b）所示为先导式比例溢流阀的图形符号。

2. 比例阀的应用

图 7.32（a）所示为采用比例溢流阀调压的多级调压回路，改变输入信号电流 I，即可控制系统获得多级工作压力。它比采用普通溢流阀的多级调压回路所用液压元件数量少，回路简单，且能对系统工作压力进行连续控制。

图 7.32（b）所示为采用比例调速阀的调速回路，改变比例调速阀的输入信号电流 I，即可使液压缸获得所需要的运动速度。比例调速阀可在多级调速回路中代替多个调速阀，也可用于远距离速度控制。

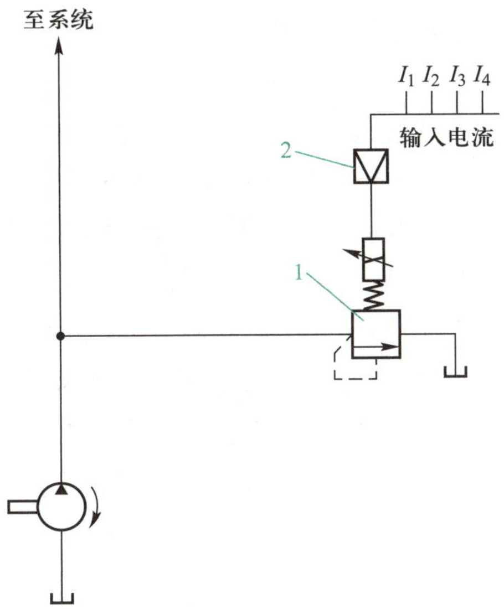

(a) 调压回路

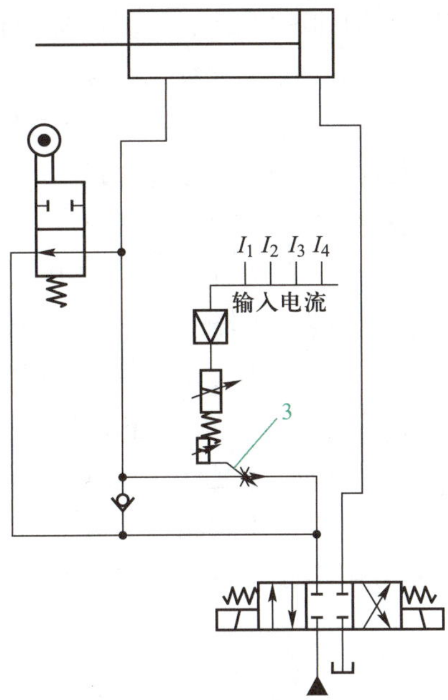

(b) 调速回路

1—比例溢流阀；2—电子放大器；3—比例调速阀

图 7.32　比例阀的应用

3. 比例阀的特点

与普通液压阀相比，采用比例阀的回路简单，元件数量少；其能简单地实现远距离控制，自动化程度高；能连续、按比例地对油液的压力、流量或方向进行控制，从而实现对执行元件的力、速度和位置的连续控制，并能防止或减小压力、速度变换时的冲击。比例阀广泛用于对液压参数连续控制或程序控制有要求，但不需要有很高控制精度的液压系统中。

（三）叠加阀（图 7.33）

叠加阀是在集成块的基础上发展起来的一种新型液压元件，叠加阀的结构特点是阀体

图 7.33　叠加阀实物图

本身既是液压阀的机体，又具有通道体和连接体的功能。使用叠加阀可实现液压元件间无管化集成连接，使液压系统连接方式大为简化，结构紧凑，功耗减少，设计安装周期缩短。按功用的不同，叠加阀可分为压力控制阀、流量控制阀和方向控制阀三种。

1. 叠加阀的结构和工作原理

叠加阀的工作原理与一般的液压阀相同，只是具体结构有所不同。图 7.34（a）所示为叠加式溢流阀，压力油从进油口 P 进入主阀阀芯 6 右端的 e 腔，并经阀芯上阻尼孔 d 流至阀芯 6 左端 b 腔，再经小孔 a 作用于先导阀阀芯 3 上。当系统压力低于溢流阀调定压力时，先导阀关闭，主阀也关闭，阀不溢流；当系统压力达到溢流阀的调定压力时，先导阀阀芯 3 打开，b 腔的油液经先导阀阀口及孔 c 由出油口 T 流回油箱，主阀阀芯 6 右腔的油液经阻尼孔 d 向左流动，于是使主阀阀芯的两端油液产生压差。此压差使主阀阀芯 6 克服弹簧 5 的作用力而左移，主阀阀口打开，实现了自进油口 P 向出油口 T 的溢流。调节弹簧 2 的预压缩量便可调节溢流阀的调定压力，即溢流压力。图 7.34（b）所示为叠加式溢流阀的图形符号。

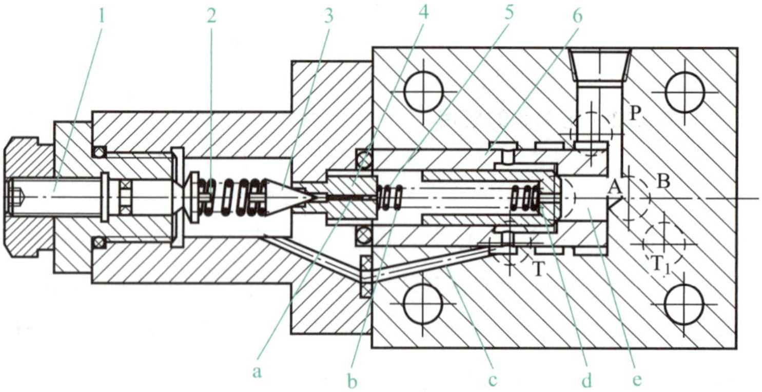

(a)

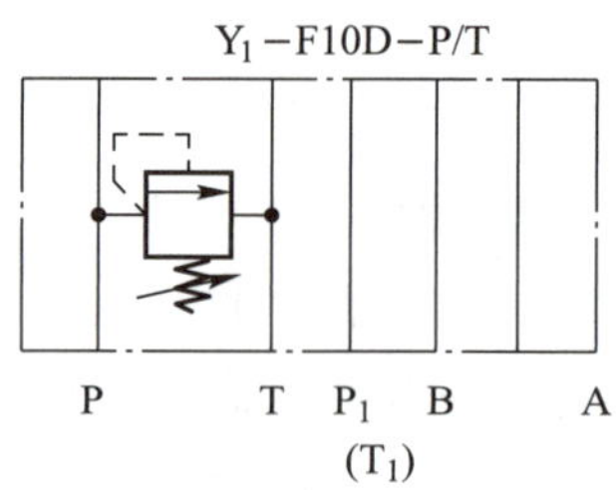

(b)

1—推杆；2、5—弹簧；3—先导阀阀芯；4—阀座；6—主阀阀芯

图 7.34　叠加式溢流阀

2. 叠加阀的组装

叠加阀自成体系，每一种通径系列的叠加阀，其主油路通道和螺孔的大小、位置、数量都与相应通径的板式换向阀相同。因此，将同一通径系列的叠加阀互相叠加，可直接连接组成集成化液压系统。

图 7.35 所示为叠加式液压装置示意图。最下面的是底板，底板上有进油孔、回油孔和通向液压执行元件的油孔，底板上面第一个元件一般是压力表开关，然后依次向上叠加各压力控制阀和流量控制阀，最上层为换向阀，用螺栓将它们紧固成一个叠加阀组。通常一个叠加阀组控制一个执行元件。如果液压系统有几个需要集中控制的液压元件，则用多联底板并排组成相应的几个叠加阀组。

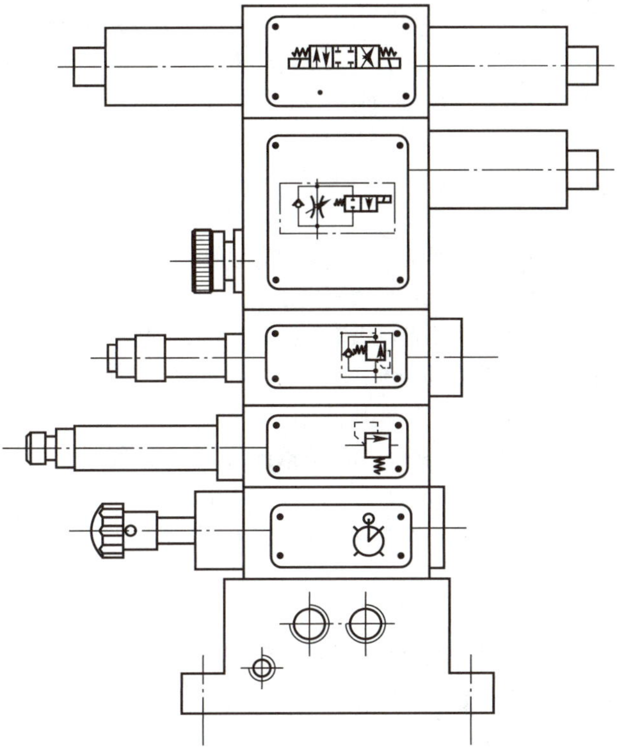

图 7.35　叠加式液压装置示意图

3. 叠加阀液压系统的特点

用叠加阀组装液压系统，不需要另外的连接块，因而系统结构紧凑，体积小，质量轻；系统的设计工作量小，绘制出叠加阀液压系统原理图后即可进行组装，且组装简便，周期短；调整、改换或增减系统的液压元件方便、简单；元件之间可实现无管件连接，省掉了大量管件，减少了压力损失、泄漏和振动，且外观整齐，便于维护保养。

巩固与提高

一、填空题

1. 流量控制阀是通过改变节流口的 ____________，从而实现流量控制的。

2. 调速阀是由 ____________ 与 ____________ 串联而成的组合阀，在负载变化时，可使通过调速阀的 ____________ 保持稳定。

3. 调速回路有 ____________、____________ 和 ____________ 三种形式。

4. 在定量泵供油的系统中，用 ____________ 实现对液压缸的速度控制，这种回路称为 ____________ 回路。

5. 节流调速回路其按节流阀的位置不同可分为 ____________ 节流调速、____________ 节流调速和 ____________ 节流调速回路三种。

6. 容积调速回路与节流调速回路相比，由于 ____________ 节流损失和溢流损失，故效率 ____________ ，回路发热量 ____________ ，适用于 ____________ 的液压系统中。

7. 容积节流调速是采用 ____________ 供油，____________ 调速，并使 ____________ 的流量自动与液压缸所需流量相适应。

二、判断题

1. 节流阀和调速阀分别用于节流和调速，属于不同类型的阀。（ ）
2. 通过节流阀的流量与节流阀的通流截面面积成正比，与阀两端压差的大小无关。（ ）
3. 在节流调速回路中，大量油液由溢流阀溢流回油箱，因此能量损失大、温升高、效率低。（ ）
4. 进油路节流调速回路容易实现自动控制。（ ）
5. 回油路节流调速回路有回油背压，因此其运动稳定性好。（ ）
6. 容积调速回路是利用液压缸的容积变化来调节执行元件运动速度的。（ ）
7. 容积调速比节流调速的效率低。（ ）
8. 容积调速回路中其主油路中的溢流阀起安全保护作用。（ ）

三、分析题

1. 如图 7.36（a）、（b）所示，节流阀串联在液压泵和执行元件之间，调节节流阀的通流截面面积，能否改变执行元件的运动速度？简述理由。

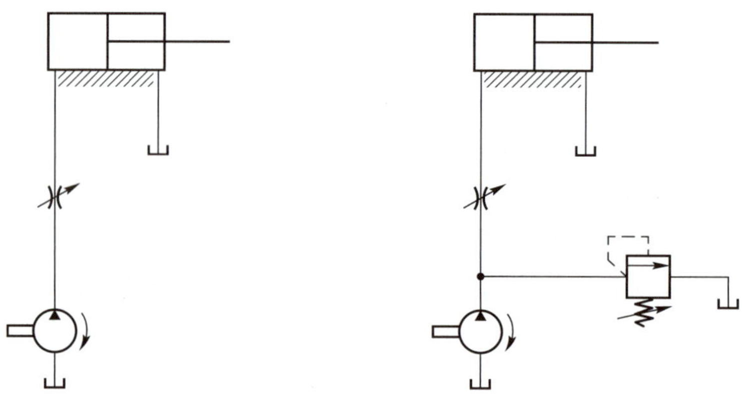

(a) (b)

图 7.36 调速回路

2. 如图 7.37 所示速度换接回路，能实现动作循环：快进—工进—快退—停止、卸荷。试列出其电磁铁动作顺序表，并分析油路，简述系统的特点。

3. 如图 7.38 所示速度换接回路，能实现动作循环：快进—工进 1—工进 2—快退—停止，其中工进 1 的速度比工进 2 的速度快，试列出其电磁铁动作顺序表。

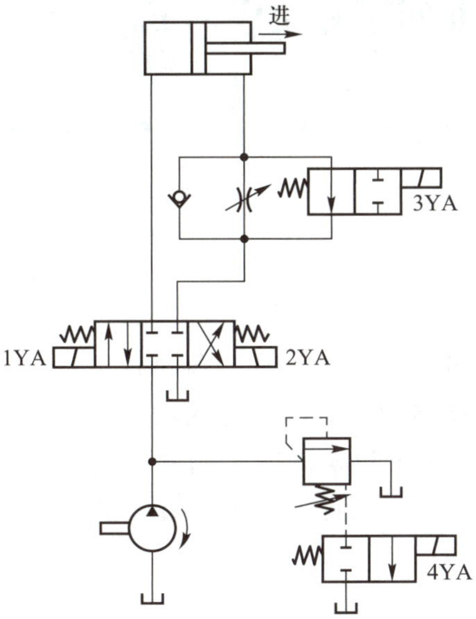

图 7.37　速度换接回路一

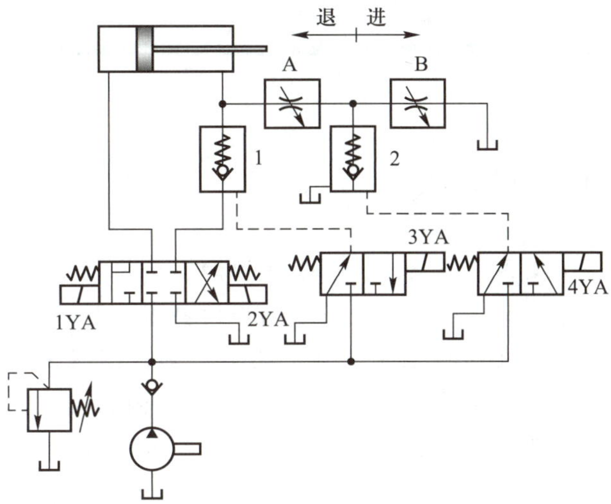

图 7.38　速度换接回路二

职业与素养——液压系统调试

在工程领域中，设备的液压系统调试是一项至关重要的工作，它不仅关系到设备的正常运行，更关乎整个生产过程的效率与安全。

液压系统调试是建立在对系统原理的深入理解上，调试人员需要了解每个液压元件的功能和特性，以及它们如何相互作用，从而确保整个系统的协调运行。

严谨的工作态度是液压系统调试过程中必备的素养。某调试项目中，由于一个小小的密封圈安装不当，导致液压油泄漏，使整个调试工作不得不暂停。调试人员经过仔细检查和重新安装，才解决了这个问题，这充分体现了保持严谨工作态度的重要性。

敏锐的观察力和分析能力同样不可或缺。某次调试一个液压升降台时，调试人员发现升降台上升速度比预期慢。通过分析系统运行数据，发现是液压油中的杂质堵塞了控制阀，及时清理后，问题得到了解决。

在液压系统调试过程中，团队合作精神亦是非常重要的。在大型液压系统的调试过程中，往往涉及多个部门和人员，包括机械工程师、电气工程师、液压调试人员等。大家需密切配合，才能共同完成调试任务。

此外，良好的沟通能力和问题解决能力也是液压系统调试人员必备的素养。在调试过程中，遇到问题需要与其他部门协调解决时，能够清晰地表达自己的观点和需求，快速找到解决方案，这对于调试工作的顺利进行至关重要。

项目八　多缸动作回路的搭建与调试

项目引入

在液压系统中，当一个油源向多个执行元件供油时，因工况需求，各执行元件在动作上可能有先后顺序或同步动作的要求，还可能会因回路中压力、流量的彼此影响，使执行元件在动作上受牵制，此时必须使用多缸动作回路才能实现预定的动作要求。在MJ-50数控车床中，液压系统控制了回转刀架的转位、夹紧与松开等动作，这些动作有什么样的顺序要求？应如何搭建和调试该顺序动作回路。

思维导图

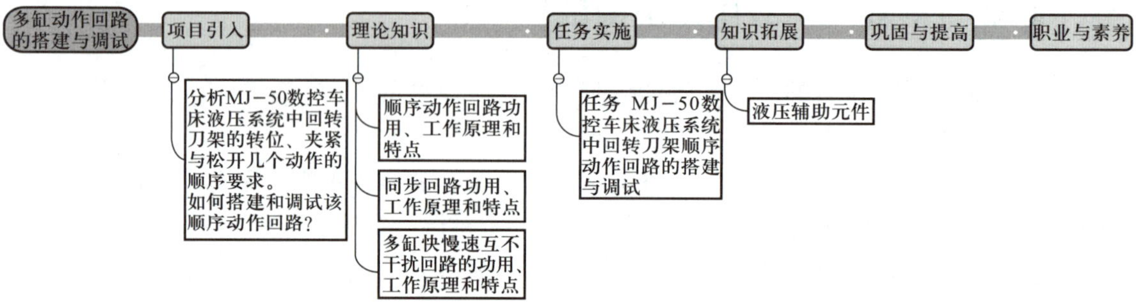

学习目标

1. 掌握顺序动作回路的功用、工作原理和特点。
2. 掌握同步回路的功用、工作原理和特点。
3. 掌握多缸快慢速互不干扰回路的功用、工作原理和特点。
4. 熟悉多缸动作回路的安装调试方法和步骤。
5. 了解液压辅助元件的工作原理、类型和图形符号。

理论知识

液压系统中，一个油源往往要驱动多个液压缸或液压马达工作。系统工作时，要求这些执行元件实现顺序动作，或同步动作，或互锁，或防止互相干扰，这些要求需要采用各种多缸动作回路实现。

一、顺序动作回路

顺序动作回路的功用是使多缸液压系统中的各液压缸按规定的顺序动作。图 8.1 所示为一专用零件装配设备，其中的两液压缸需完成先夹紧后装配的顺序动作。

按照控制的原理和方法不同，顺序动作的方式可分为压力控制、行程控制和时间控制三种。时间控制的顺序动作回路控制准度较低，应用较少，常用的是压力控制和行程控制的顺序动作回路。

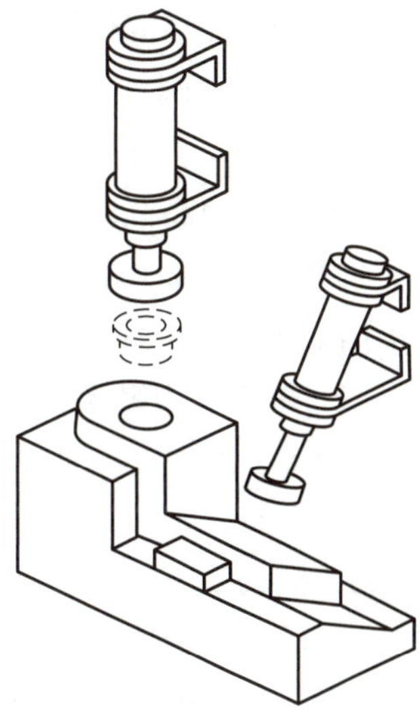

图 8.1　专用零件装配设备

（一）压力控制的顺序动作回路

压力控制是利用油路本身压力的变化来控制阀口的启闭，使执行元件按顺序动作的一种控制方式。其主要控制元件是顺序阀和压力继电器。

1. 采用顺序阀控制的顺序动作回路

图 8.2 所示为采用顺序阀控制的顺序动作回路，它可以实现图 8.1 所示设备先夹紧后装配的动作。阀 1 和阀 2 是由顺序阀与单向阀组成的组合阀，即单向顺序阀。系统中有液压缸 A（夹紧缸）和液压缸 B（装配缸）两个执行元件。两液压缸按顺序完成动作①、②、③、④。其工作过程如下：

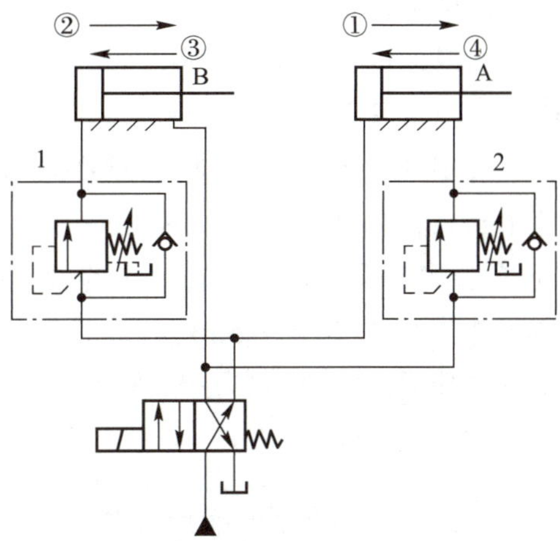

1、2—单向顺序阀；A、B—液压缸

图 8.2　采用顺序阀控制的顺序动作回路

动作①：二位四通电磁换向阀未通电，右位接入系统，压力油进入 A 缸左腔，A 缸活塞向右运动实现夹紧，回油经阀 2 的单向阀流回油箱。由于系统压力低于单向顺序阀 1 的调定压力，顺序阀未开启，B 缸不能动作。

动作②：当 A 缸活塞右移到达终点时，工件被夹紧，系统压力升高。当系统压力超过阀 1 中顺序阀的调定压力时，顺序阀开启，压力油进入 B 缸左腔，活塞向右运动进行装配，回油经二位四通电磁换向阀回油箱。

采用顺序阀控制的顺序动作回路

动作③：二位四通电磁换向阀通电，左位接入系统，压力油液进入 B 缸右腔，回油经阀 1 的单向阀流回油箱，B 缸活塞向左快速运动实现快退，装配动作完成。此时阀 2 的顺序阀未开启，A 缸不能动作。

动作④：B 缸活塞左移到达终点后，油压升高，使阀 2 的顺序阀开启，压力油液进入 A

缸右腔，回油经二位四通电磁换向阀回油箱，A 缸活塞向左运动松开工件。

采用顺序阀控制的顺序动作回路，其顺序动作的可靠程度主要取决于顺序阀的质量和调定压力值。为了保证顺序动作的可靠准确，应使顺序阀的调定压力比先动作的液压缸的最高工作压力高 0.8～1MPa，以避免因压力波动使顺序阀先行开启而产生误动作。

这种顺序动作回路动作灵敏，安装连接较方便，但可靠性不高，位置精度低，一般适用于液压缸数量不多、负载阻力变化不大的液压系统。

2. 采用压力继电器控制的顺序动作回路

图 8.3 所示为采用压力继电器控制的顺序动作回路。

按下按钮，使二位四通换向阀 1 电磁铁通电，阀 1 左位接入系统，压力油进入液压缸 A 左腔，推动活塞向右运动，回油经阀 1 流回油箱，完成动作①。

当活塞杆挡块碰上定位挡铁 4 时，系统压力升高，安装在液压缸 A 进油路上的压力继电器 3 动作，发出电信号，使二位四通换向阀 2 电磁铁通电，阀 2 左位接入系统，压力油进入液压缸 B 左腔，推动活塞向右运动，完成动作②，实现 A、B 两液压缸伸出的先后顺序动作。

如退回时两缸也有顺序动作要求，可再增加一压力继电器，安装至相应油路。

采用压力继电器控制的顺序动作回路，简单易行，应用较普遍。需要注意，压力继电器的调定压力值应比先动作的液压缸的最高工作压力高 0.3～0.5 MPa，同时又应较溢流阀调定压力值低 0.3～0.5 MPa，以防止压力继电器误发信号。

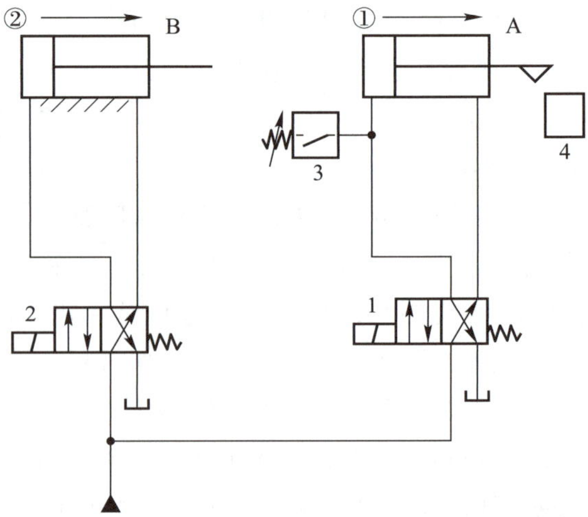

1、2—二位四通换向阀；3—压力继电器；4—定位挡铁；
A、B—液压缸

图 8.3 采用压力继电器控制的顺序动作回路

（二）行程控制的顺序动作回路

行程控制是利用执行元件运动到一定的位置时发出控制信号，启动下一个执行元件的动作，使各液压缸实现顺序动作的控制过程。

1. 采用行程阀控制的顺序动作回路

图 8.4 所示为采用行程阀控制的顺序动作回路。循环开始前，两液压缸活塞位于图 8.4 所示的位置。

二位四通换向阀 1 电磁铁通电后，左位接入系统，压力油经阀 1 进入液压缸 A 右腔，推动 A 缸活塞向左移动，实现动作①。此时行程阀 2 处于下位，液压缸 B 活塞在初始状态，不动作。

当 A 缸活塞到达终点时，活塞杆挡块压下行程阀 2 的滚轮，使其阀芯下移，行程阀 2 切换到上位工作，压力油经行程阀 2 进入液压缸 B 的右腔，推动 B 缸活塞向左运动，实现动作②。

当二位四通换向阀 1 电磁铁断电时，弹簧复位，使其右位接入系统，压力油经阀 1 进入液压缸 A 左腔，推动活塞向右运动，实现动作③。

当 A 缸活塞杆挡块离开行程阀 2 滚轮时，行程阀复位，压力油经行程阀 2 下位进入液压缸 B 左腔，推动活塞向右运动，实现动作④。

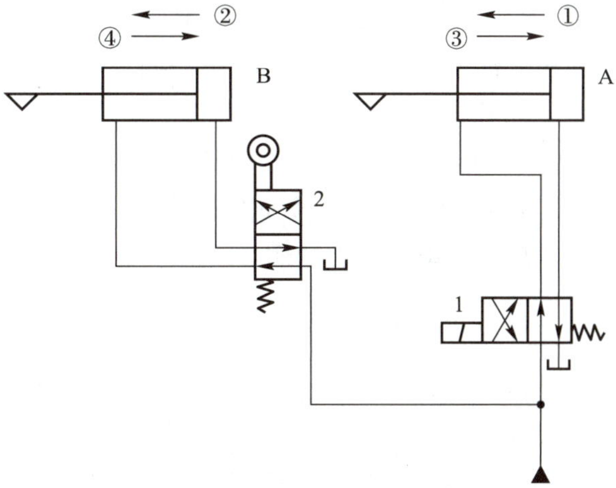

1—二位四通换向阀；2—行程阀；A、B—液压缸

图 8.4　采用行程阀控制的顺序动作回路

这种回路动作灵敏，动作顺序的换接平稳，工作可靠，但改变工作顺序困难，且管路长，压力损失大，不易安装，主要用于专用机械的液压系统中。

2. 采用行程开关控制的顺序动作回路

图 8.5 所示为采用行程开关控制的顺序动作回路，两液压缸按顺序完成动作①、②、③、④。其工作过程如下：

动作①：电磁铁 1YA 通电，阀 1 左位工作，A 缸活塞左移。

动作②：A 缸活塞左移至终点，活塞杆挡块 3 压下行程开关 S_1，S_1 发出控制信号使电磁铁 2YA 通电，阀 2 换至左位工作，B 缸活塞左移。

动作③：B 缸活塞左移至终点，活塞杆挡块 4 压下行程开关 S_2，S_2 发出控制信号使电磁铁 1YA 断电，阀 1 换至右位工作，A 缸活塞右移。

动作④：A 缸活塞右移至终点，活塞杆挡块 3 压下行程开关 S_3，S_3 发出控制信号使电

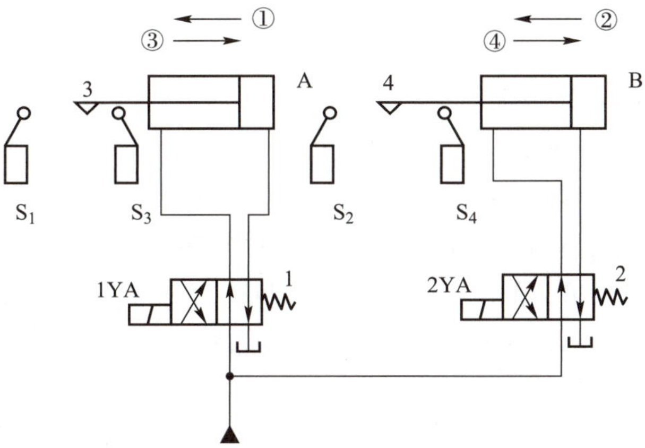

1、2—二位四通换向阀；3、4—活塞杆挡块；A、B—液压缸；S_1、S_2、S_3、S_4—行程开关

图 8.5　采用行程开关控制的顺序动作回路

采用行程开关控制的顺序动作回路

磁铁 2YA 断电，阀 2 换至右位工作，B 缸活塞右移。

B 缸活塞右移至终点，活塞杆挡块 4 压下行程开关 S_4，S_4 发出控制信号使电磁铁 1YA 通电，即开始下一个工作循环。

这种回路的优点是控制灵活方便，调节行程和动作顺序也方便，液压系统简单，易于实现自动控制，但顺序转换时有冲击，位置精度与工作部件的速度和质量有关，回路的可靠性也取决于电气元件的质量。

二、同步回路

使两个或两个以上的液压缸在运动中保持相同位移或相同速度的回路称为同步回路。在一泵多缸的系统中，尽管液压缸的有效作用面积相等，但是由于运动中所受负载不均衡、摩擦力不相等、泄漏也不同以及制造上的误差等，无法使液压缸同步动作。同步回路的作用就是克服这些影响，补偿它们所造成的流量变化。例如，龙门刨床的横梁、轧钢机的液压系统均需采用同步回路。

图 8.6 所示为一泵多缸组成的同步千斤顶，它是液压千斤顶系统中一个比较重要的部分，同步千斤顶克服了单个千斤顶起顶重物易发生倾斜，导致重物损坏并造成危险的缺点，使用时每台千斤顶所起重的负载均衡，保持起升或双向的速度同步。

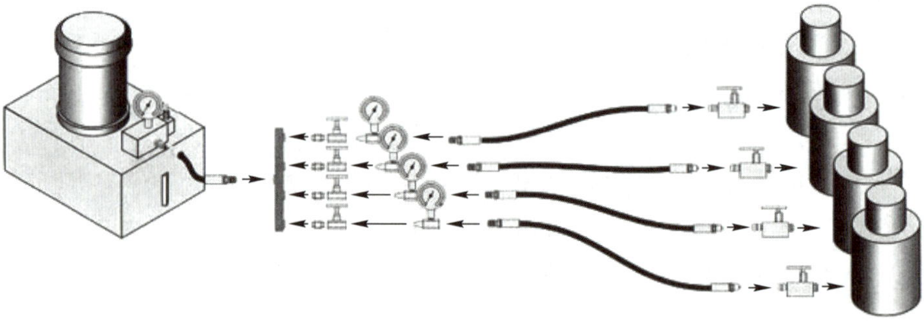

图 8.6 同步千斤顶

（一）液压缸机械联结的同步回路

图 8.7 所示为液压缸机械联结的同步回路，这种同步回路是利用刚性梁等机械零件在两个液压缸的活塞杆间实现刚性联结，以实现位移的同步。此方法比较简单经济，能基本保证位置同步的要求，但由于机械零件在制造、安装上的误差，同步精度不高；同时，两个液压缸的负载差异不宜过大，否则会造成卡死现象。

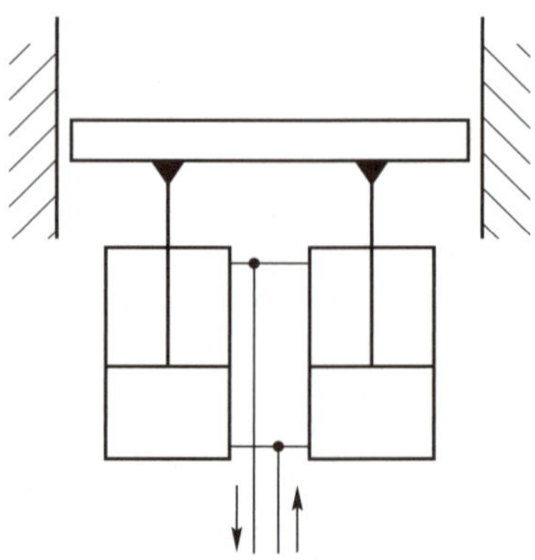

图 8.7 液压缸机械联结的同步回路

（二）采用调速阀的同步回路

图 8.8 所示是采用调速阀的同步回路。两个液压缸是

并联的，在它们的进油路上分别串接一个调速阀，调节两个调速阀的开口大小，便可控制或调节进入液压缸的流量，使两个液压缸在一个运动方向上实现同步，即单向同步。这种同步回路结构简单，但是两个调速阀的调节比较麻烦，且受油温、泄漏等因素的影响，故同步精度不高，一般为5%～7%，适用于同步精度要求不太高的场合。

采用调速阀的同步回路

（三）带补偿装置的串联液压缸同步回路

图8.9所示为带补偿装置的串联液压缸同步回路。

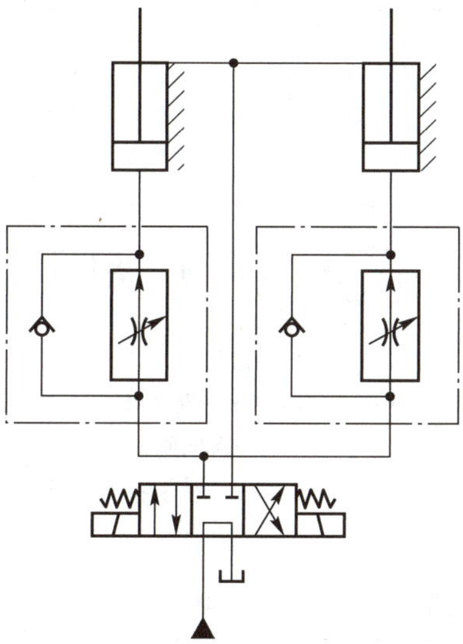

图8.8　采用调速阀的同步回路

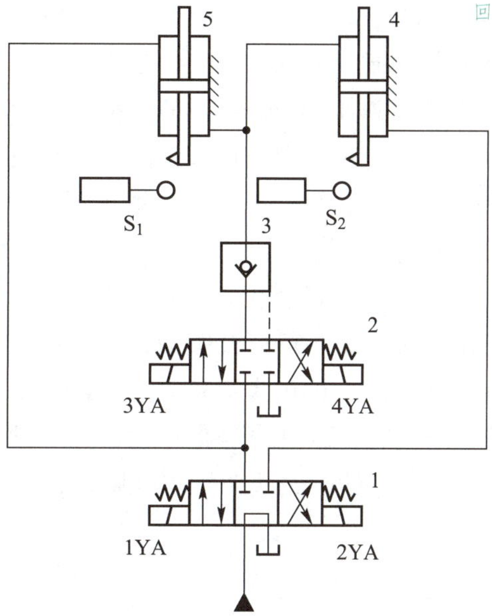

1、2—换向阀；3—液控单向阀；4、5—液压缸

图8.9　带补偿装置的串联液压缸同步回路

当两缸同时下行时，若液压缸5活塞先到达行程终点，则活塞杆挡块压下行程开关S_1，S_1控制电磁铁3YA通电，换向阀2左位工作，压力油经换向阀2和液控单向阀3进入液压缸4上腔，进行补油，使液压缸4活塞继续下行到达行程终点。

带补偿装置的串联液压缸同步回路

若液压缸4活塞先到达终点，活塞杆挡块压下行程开关S_2，S_2控制电磁铁4YA通电，换向阀2右位工作，压力油进入液控单向阀3控制腔，打开阀3，液压缸5下腔与油箱接通，使其活塞继续下行到达行程终点，从而消除累积误差。

这种回路适用于终点位置同步精度要求较高的小负载液压系统。

三、多缸快慢速互不干扰回路

在一泵多缸工作的液压系统中，一个液压缸转为快速运动的瞬间，吸入大量油液，往往会造成整个系统的压力下降，影响其他液压缸工作的平稳性。因此，在速度平稳性要求较高的多缸液压系统中，常采用快慢速互不干扰回路。

图 8.10 所示为双泵供油的多缸快慢速互不干扰回路，两缸各自要完成“快进—工进—快退”的自动工作循环。两缸的快速进、退皆由大流量泵 2 供油，进入工进时，则改由小流量泵 1 供油，因而避免了相互的干扰。

图示状态两缸原位停止。当电磁铁 3YA、4YA 通电时，换向阀 7、8 左位工作，两缸都由大流量泵 2 供油做差动快进，小流量泵 1 的供油在换向阀 5、6 处被堵截。设液压缸 A 先完成快进，由行程开关使电磁铁 1YA 通电、3YA 断电，此时大流量泵 2 对液压缸 A 的进油路被切断，而小流量泵 1 的进油路打开，液压缸 A 由调速阀 3 调速做工进，液压缸 B 仍做快进，互不影响。当各缸都转为工进后，它们全由小流量泵 1 供油。此后，若液压缸 A 又率先完成工进，行程开关应使电磁铁 1YA、3YA 通电，液压缸 A 即由大流量泵 2 供油快退。当各电磁铁皆断电时，两缸皆停止运动，并被锁于所在位置上。该回路的电磁铁动作顺序见表 8-1。

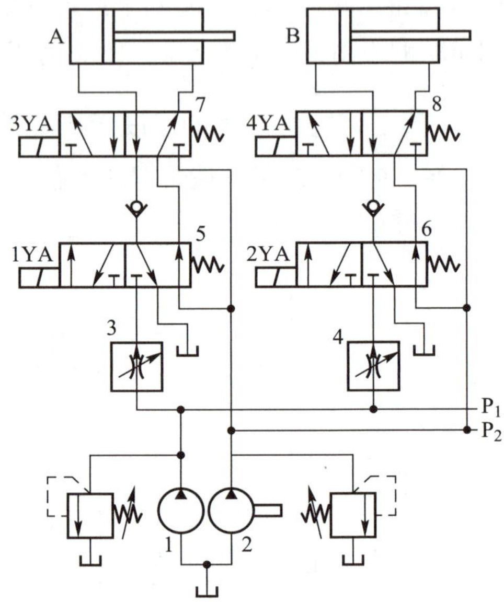

1—小流量泵；2—大流量泵；3、4—调速阀；5、6、7、8—换向阀；A、B—液压缸

图 8.10 多缸快慢速互不干扰回路

表 8-1 电磁铁动作顺序

动作	1YA	2YA	3YA	4YA	备注
快进	−	−	+	+	泵 2 供油，差动连接
工进	+	+	−	−	泵 1 供油
快退	+	+	+	+	泵 2 供油
停止	−	−	−	−	泵 1、泵 2 溢流

注：“+”表示通电；“−”表示断电。

任务实施

任务 MJ-50 数控车床液压系统中回转刀架顺序动作回路的搭建与调试

在 MJ-50 数控车床中，液压系统控制了回转刀架的转位、夹紧与松开等动作的顺序，分析回路选择的顺序动作方式及其特点，并用虚拟仿真软件仿真或实物搭建并调试该液压回路。

一、实施流程

（一）实施准备

1）液压实验台或 FluidSIM-H 虚拟仿真软件。

2）液压元件：液压泵、液压缸、液压马达、换向阀、单向调速阀、接近开关等（见图 8.11 所示动作顺序回路）。

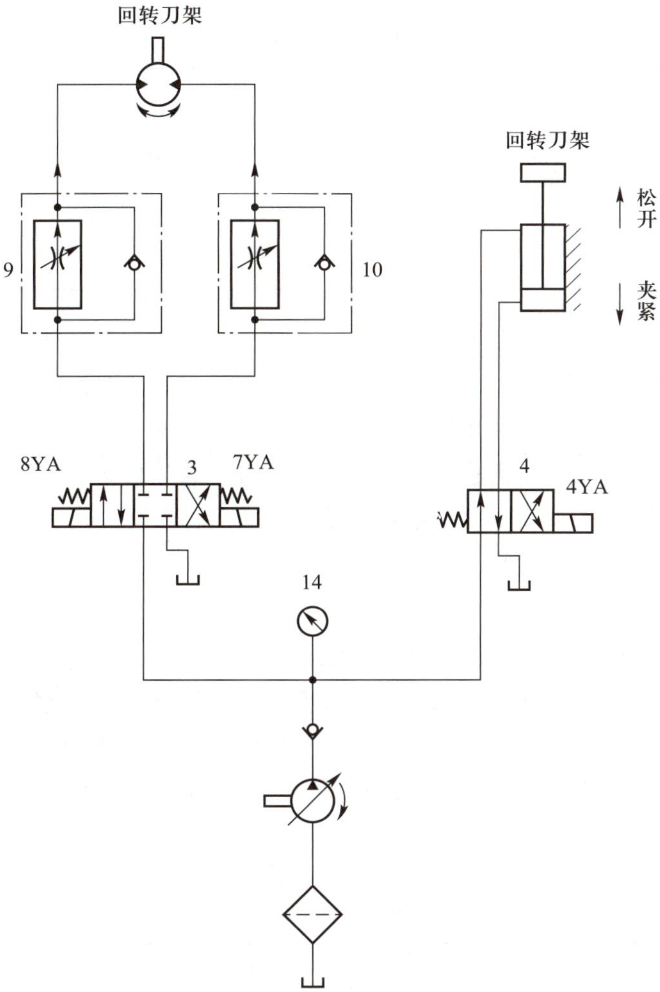

3、4—电磁换向阀；9、10—单向调速阀；14—压力表

图 8.11　MJ-50 数控车床液压系统中的顺序动作回路

（二）实施原理

经过对 MJ-50 数控车床回转刀架运动方式的研究可知，数控车床的回转刀架上有固定的车刀，需要换刀时，液压系统的动作为：① 回转刀架松开，以便进行换刀操作；② 旋转回转刀架至所需的刀位；③ 回转刀架夹紧，完成换刀，即：回转刀架松开—回转刀架转

位—回转刀架夹紧。

回转刀架的松开与夹紧由液压缸控制，转位由液压马达驱动。当数控系统在执行换刀指令时，电磁换向阀 4 得电，液压缸活塞上移，将回转刀架松开；当回转刀架接近开关检测到回转刀架完全松开后，转位电磁换向阀 3 得电，马达带动回转刀架正转或反转；当前刀位信号通过刀位接近开关不断被读入，当转至所要求刀位时，电磁换向阀 4 断电，液压缸活塞下移，回转刀架复位并实现夹紧。该回路的电磁铁动作顺序见表 8-2。

表 8-2 电磁铁动作顺序

动作		4YA	7YA	8YA
回转刀架	正转	+	−	+
	反转	+	+	−
	松开	+	−/+	+/−
	夹紧	−	−	−

注：“+”表示通电；“−”表示断电。

（三）实施步骤（表 8-3）

1）按照回路图选出所需液压元件，并检查型号是否正确。

2）将液压元件安装在液压实验台面板上，并布置在合适位置。

3）通过软管和快换接头按回路图连接回路。

4）连接电磁铁及对应按钮开关插线。

5）设置接近开关。

6）检查液压回路和电气回路连接是否完全正确。

7）在确认无误的情况下旋松溢流阀，打开电动机，启动泵站，调节溢流阀调定压力。

8）按电磁铁动作顺序控制按钮开关，实现液压缸及液压马达顺序动作。

9）实验完毕后完全松开溢流阀，关闭电动机，拆卸液压系统，清理相关的实验器材，保持清洁和归位。

表 8-3 工作任务单

工作任务	MJ-50 数控车床液压系统中回转刀架顺序动作回路的分析与搭建
任务描述	分组对 MJ-50 数控车床液压系统中回转刀架夹紧与松开和转位的动作顺序进行分析，讨论其顺序动作方式及特点，并用虚拟仿真软件仿真或实物搭建并调试该液压回路
任务要求	1）掌握顺序动作回路的工作原理和特性； 2）能正确选择液压元件； 3）熟悉顺序动作回路的安装调试方法和步骤
提交成果	用 FluidSIM-H 虚拟仿真软件（参考图 8.12）或液压实验台实物搭建、调试回转刀架夹紧与松开和转位的顺序动作回路，并分析其特点

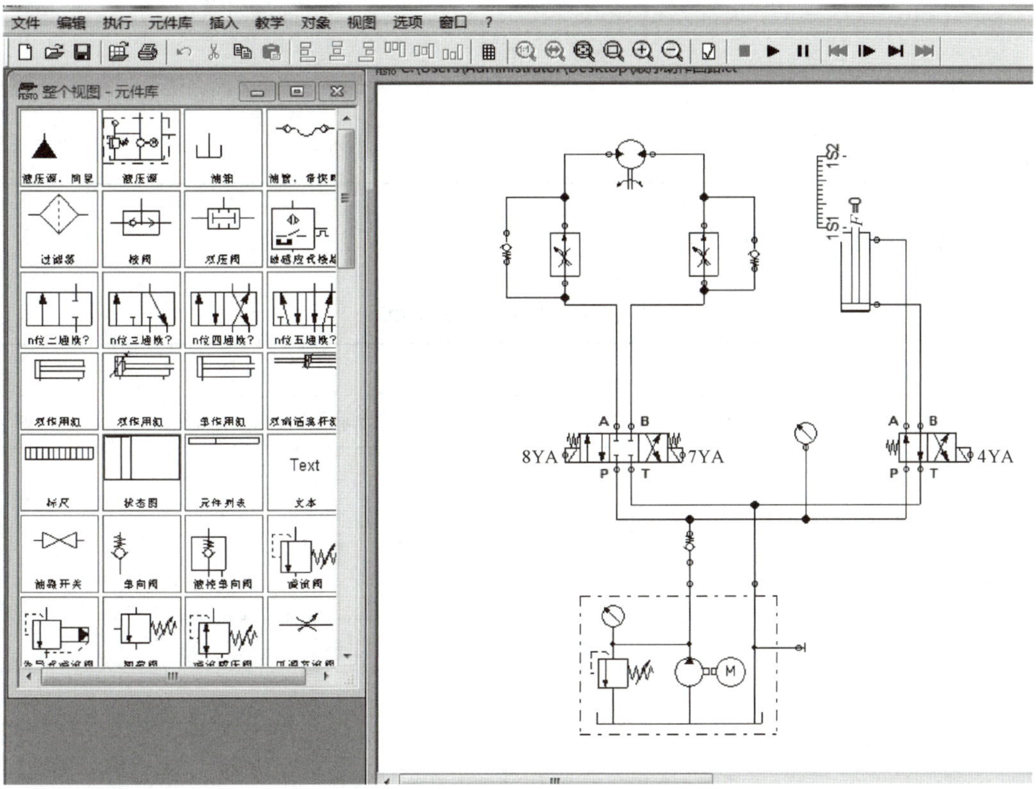

图 8.12　FluidSIM-H 虚拟仿真样例

（四）AI 助力

利用 AI 提问，判断 AI 描述内容的正误并把正确的答案填写在表 8-4 中。

问题 1：多缸顺序动作回路有哪些类型？各有什么特点？

问题 2：在 MJ-50 数控车床液压系统中，回转刀架夹紧与松开和转位的动作顺序是什么？

问题 3：回转刀架夹紧与松开和转位的动作顺序如何实现？

表 8-4　AI 助力任务实施

<table>
<tr><td rowspan="5">问题 1</td><td>回路类型</td><td>回路特点</td></tr>
<tr><td></td><td></td></tr>
<tr><td></td><td></td></tr>
<tr><td></td><td></td></tr>
<tr><td></td><td></td></tr>
<tr><td>问题 2</td><td colspan="2"></td></tr>
</table>

续表

问题 3	

二、任务评价（表 8-5）

表 8-5 实践考核评价单

姓名		班级		组别		日期	

序号	考核内容	小组评价（50%）	教师评价（50%）	总评
1	遵守实训室安全操作规程（10 分）			
2	能准确描述 MJ-50 数控车床液压系统中回转刀架夹紧与松开和转位的顺序动作回路的方式及特点（20 分）			
3	能正确选择液压元件（20 分）			
4	能正确搭建顺序动作回路（20 分）			
5	能对回路进行调试（20 分）			
6	做好 6S 管理工作（10 分）			

知识拓展

在液压系统中，辅助元件用来保证系统的正常工作。液压辅助元件主要包括蓄能器、过滤器、压力表及压力开关、油管和管接头、油箱等。辅助元件和其他元件一样，都是液压系统中不可缺少的组成部分，对系统的动态性能、工作稳定性、工作寿命、噪声和温升等都有直接影响，应予以重视。

一、蓄能器（图 8.13）

（一）蓄能器的功用

蓄能器是用来存储和释放液体压力能的装置，它在液压系统中的功用主要有以下方面。

1. 作辅助动力源

需实现周期性动作的液压系统中，在系统不需大量油液时，可以把液压泵输出的多余压力油存储在蓄能器内，到需要时再由蓄能器快速释放给系统。这样可减小电动机功率消耗，降低系统温升。

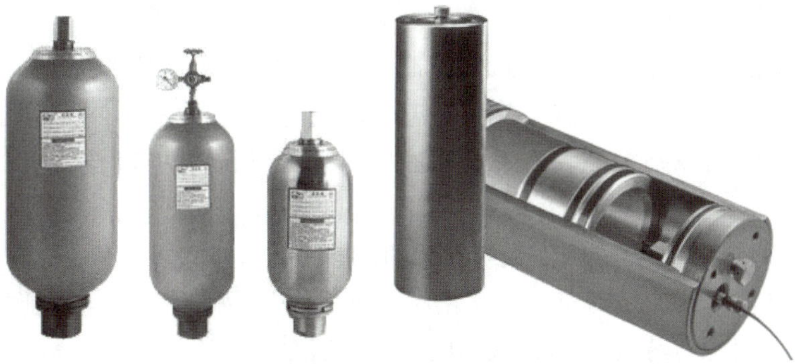

图 8.13　蓄能器实物图

2. 保持系统压力或作应急能源

在液压泵停止向系统提供油液的情况下，蓄能器能把存储的压力油供给系统，补偿系统泄漏或充当应急能源，使系统在一段时间内保持压力，避免因停电或系统发生故障时油源突然中断所造成的机件损坏。

3. 减小液压冲击或压力脉动

蓄能器可用于吸收由于液流速度急剧变化所产生的液压冲击，使其压力幅值大大减小，以避免造成元件损坏。在液压泵压油口处安装蓄能器，可吸收液压泵的脉动压力。

（二）蓄能器的类型和结构特点

蓄能器主要有弹簧式和充气式两大类，其中充气式又包括气瓶式、活塞式和气囊式三种。图 8.14（a）所示为气囊式蓄能器，它由充气阀、壳体、气囊、提升阀等组成。气囊用耐油橡胶制成，固定在壳体的上部，囊内充入惰性气体（一般为氮气）。提升阀是一个用弹簧加载并具有菌形头部的阀，压力油由该阀通入，在压力油全部排出时，该阀能防止气囊膨胀挤出油口。

这种蓄能器气囊惯性小，反应灵敏，容易维护，且最为常用。其缺点是容量较小，气囊和壳体的制造比较困难。图 8.14（b）所示为蓄能器的图形符号。

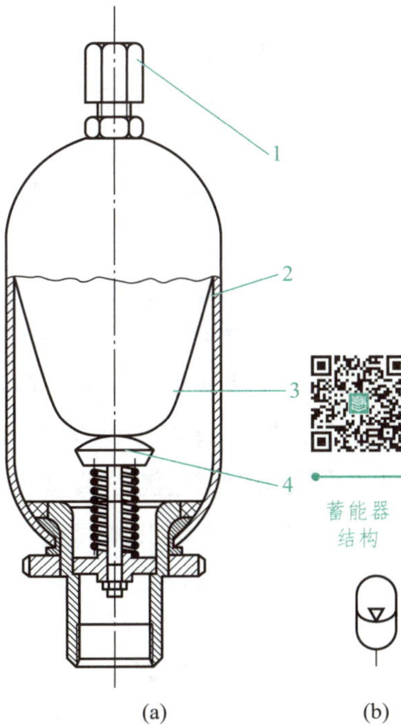

1—充气阀；2—壳体；3—气囊；4—提升阀

图 8.14　气囊式蓄能器

蓄能器结构

（三）蓄能器的安装使用

蓄能器在液压回路中的安放位置随其功用而不同：吸收液压冲击或压力脉动时，宜放在冲击源或脉动源近旁；补油保压时，宜放在尽可能接近有关的执行元件处。

使用蓄能器应注意以下几点：

1）充气式蓄能器中应使用惰性气体（一般为氮气），

允许工作压力视蓄能器结构形式而定，例如气囊式为 3.5～32 MPa。

2）不同的蓄能器各有其适用的工作范围，例如气囊式蓄能器的气囊强度不高，不能承受很大的压力波动，且只能在 −20～70℃的温度范围内工作。

3）气囊式蓄能器原则上应垂直安装（油口向下），只有在空间位置受限时才允许倾斜或水平安装。

4）装在管路上的蓄能器需用支板或支架固定。

5）蓄能器与管路系统之间应安装截止阀，供充气、检修时使用。蓄能器与液压泵之间应安装单向阀，防止液压泵停车时蓄能器内储存的压力油倒流。

二、过滤器（图 8.15）

（一）过滤器的功用

过滤器又称滤油器，其功用是清除油液中的各种杂质，以免其划伤、磨损，甚至卡死有相对运动的零件，或堵塞零件上的小孔及缝隙，影响系统的正常工作，降低液压元件的寿命，甚至造成液压系统的故障。

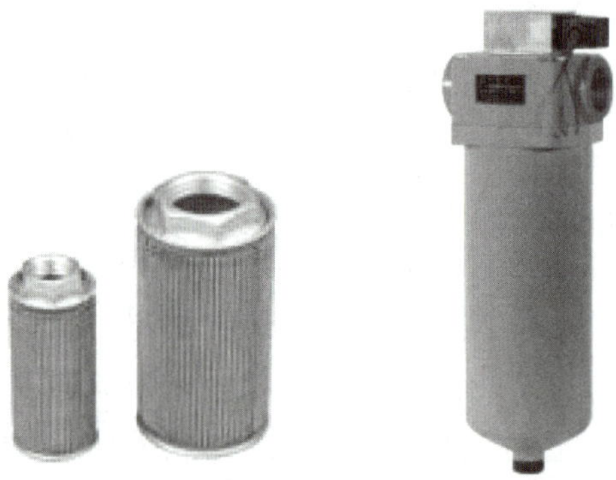

图 8.15 过滤器实物图

（二）过滤器的类型和结构特点

1. 网式过滤器

网式过滤器如图 8.16（a）所示，其圆筒形骨架 2 上包有一层或两层铜丝滤网 3。这种过滤器的特点是结构简单，通油能力大，清洗方便，但过滤精度较低，常用于泵的吸油路，对油液进行粗过滤。粗过滤器的图形符号如图 8.16（b）所示。

2. 线隙式过滤器

如图 8.17 所示，线隙式过滤器的滤芯由金属线（铜线或铝线）3 绕在圆筒形骨架 2 上而成（骨架上有许多纵向槽和径向孔），工作时依靠线间缝隙过滤。其特点是结构简单，通油能力大，过滤精度比网式过滤器高，但不易清洗，滤芯强度较低，一般用于中、低压液压系统。

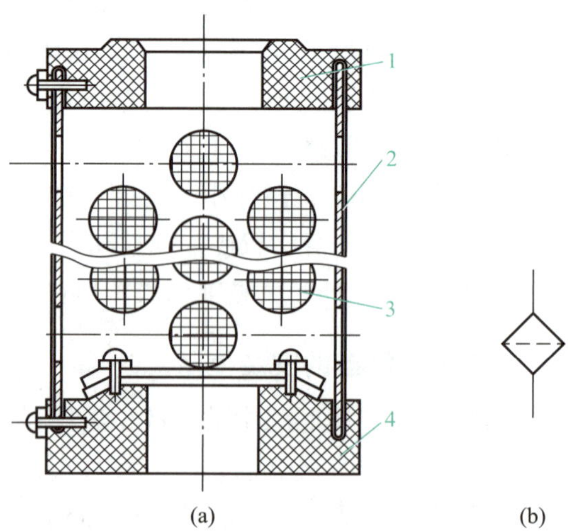

1—上盖；2—圆筒形骨架；3—滤网；4—下盖

图 8.16 网式过滤器

3. 烧结式过滤器

如图 8.18（a）所示，烧结式过滤器的滤芯 3 通常由青铜等颗粒状金属烧结而成，工作时利用颗粒间的微孔进行过滤。该过滤器的过滤精度高，耐高温，抗腐蚀性强，滤芯强度大，但易堵塞，难于清洗，颗粒易脱落。图 8.18（b）所示为精过滤器的图形符号。

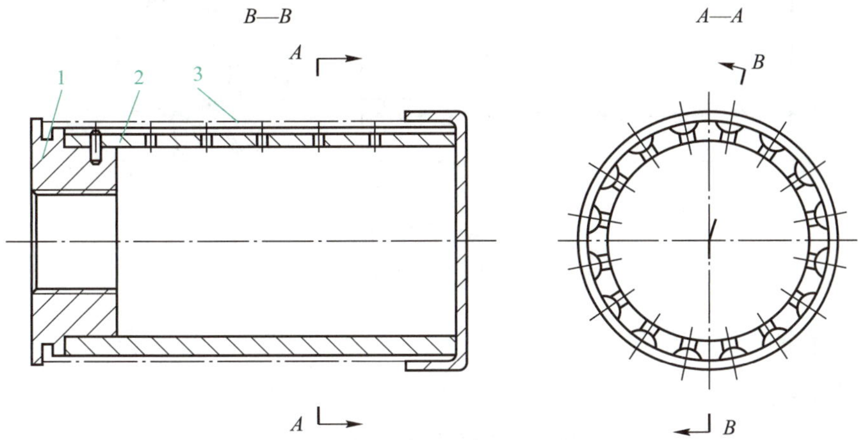

1—端盖；2—圆筒形骨架；3—金属线

图 8.17　线隙式过滤器

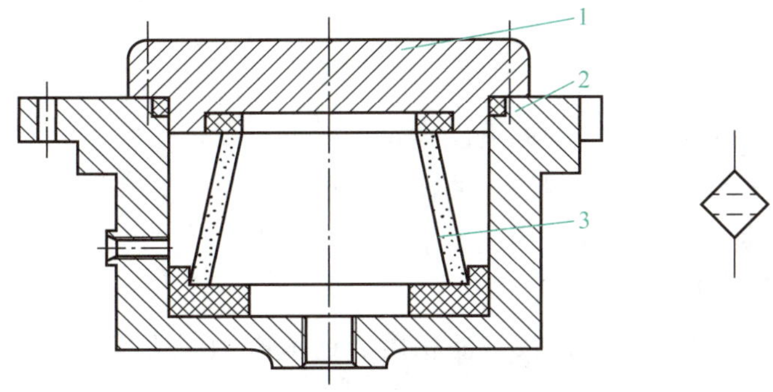

(a)　(b)

1—顶盖；2—壳体；3—滤芯

图 8.18　烧结式过滤器

4. 纸芯式过滤器

如图 8.19 所示，纸芯式过滤器的滤芯由微孔滤纸 1 组成，滤纸制成折叠式，以增加过滤面积。滤纸用骨架 2 支撑，以增大滤芯强度。其特点是过滤精度高，压力损失小，质量轻，成本低，但不能清洗，需定期更换滤芯，主要用于低压小流量液压系统的精过滤。

5. 磁性过滤器

磁性过滤器用于过滤油液中的铁屑。其滤芯由永久性磁铁制成，能吸住油液中的铁屑、铁粉和带磁性的磨料，常与其他形式滤芯配合制成复合式过滤器，特别适用加工钢铁件的机床液压系统。

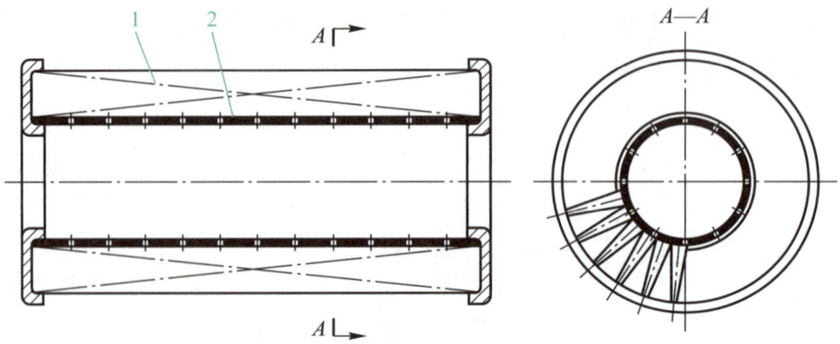

1—滤纸；2—骨架

图 8.19　纸芯式过滤器

（三）过滤器的选用和安装

1. 过滤器的选用

过滤器按其过滤精度（滤去杂质的颗粒大小）的不同，可分为粗过滤器、普通过滤器、精密过滤器和特精过滤器 4 种，它们分别能滤去＞100 μm、10～100 μm、5～10 μm 和 1～5 μm 大小的杂质。

选用过滤器时，要考虑以下几点：

1）过滤精度应满足预定要求。

2）能在较长时间内保持足够的通流能力。

3）滤芯具有足够的强度，不因液压的作用而损坏。

4）滤芯抗腐蚀性好，能在规定的温度下持久地工作。

5）滤芯清洗或更换简便。

应根据液压系统的技术要求，按过滤精度、通流能力、工作压力、油液黏度、工作温度等条件选定过滤器的型号。

2. 过滤器的安装

在液压系统中，过滤器的安装位置通常有以下几种：

1）安装在泵的吸油口处　泵的吸油路上一般都安装有粗过滤器，目的是滤去较大的杂质微粒以保护液压泵。过滤器的过滤能力应为泵流量的两倍以上，压力损失小于 0.02 MPa。

2）安装在泵的压油口处　此处安装过滤器的目的是滤除可能侵入阀类等元件的污染物。其过滤精度应为 10～15 μm，且能承受油路上的工作压力和冲击压力，压力降应小于 0.35 MPa。同时应安装安全阀以防过滤器堵塞。

3）安装在系统的回油路上　这种安装起间接过滤作用。一般与过滤器并联安装一背压阀，当过滤器堵塞达到一定压力值时，背压阀打开。

4）安装在系统分支油路上。

5）单独过滤系统　大型液压系统可专设一液压泵和过滤器组成独立过滤回路。

液压系统中除了整个系统所需的过滤器外，还常常在一些重要元件（如伺服阀、精密节流阀等）的前面单独安装一个专用的精过滤器来确保它们的正常工作。

三、压力表及压力表开关

（一）压力表

压力表用于观察液压系统中各工作点（如液压泵压油口、减压阀出油口等）的压力，以便于操作人员把系统的压力调整到要求的工作压力。

压力表的种类很多，最常用的是弹簧管式压力表，如图 8.20（a）所示。当压力油进入扁截面金属弯管 1 时，弯管变形而使其曲率半径加大，端部的位移通过杠杆 4 使齿扇 5 摆动，于是与齿扇 5 啮合的小齿轮 6 带动指针 2 转动，即可在刻度盘 3 上读出压力值。

图 8.20（b）所示为压力表的图形符号。

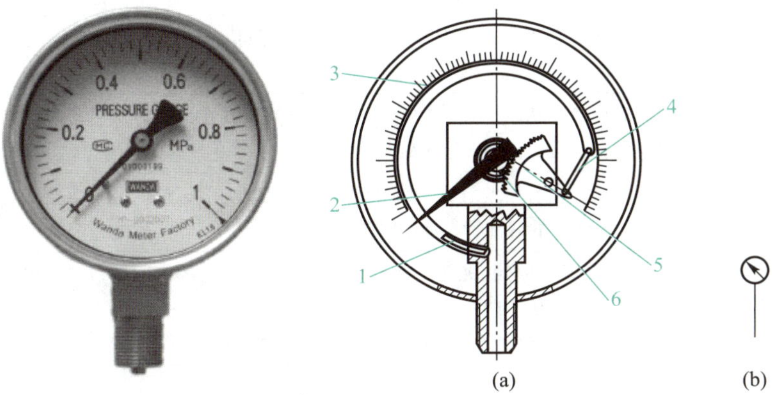

1—弯管；2—指针；3—刻度盘；4—杠杆；5—齿扇；6—小齿轮

图 8.20　弹簧管式压力表

（二）压力表开关

如图 8.21 所示，压力表开关用于接通或断开压力表与测量点油路的通道。压力表开关有一点式、三点式、六点式等类型。多点压力表开关可按需要分别测量系统中多点压力。

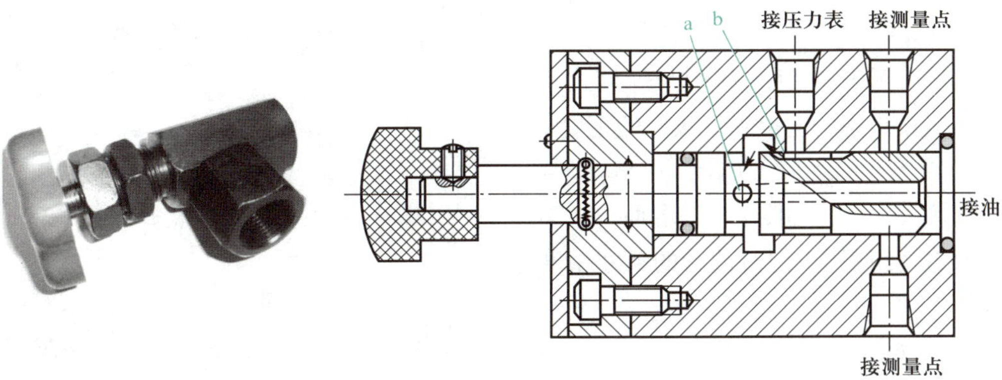

图 8.21　压力表开关

图 8.22 油管实物图

四、油管和管接头

（一）油管（图 8.22）

液压系统中使用的油管种类很多，有钢管、铜管、尼龙管、塑料管、橡胶管等，需按照安装位置、工作环境和工作压力来正确选用。油管的类型及特点见表 8-6。

表 8-6 油管的类型及特点

类型		特点和适用场合
硬管	钢管	能承受高压，价格低廉，耐油，抗腐蚀，刚性好，但装配时不能任意弯曲；常用于中、高压系统或低压系统中装配部位限制少的场合
	紫铜管	易弯曲成各种形状，但承压能力一般不超过 6.5～10 MPa，抗振能力较弱，又易使油液氧化；常用在液压装置内装配不便之处
软管	尼龙管	呈乳白色半透明，加热后可以随意弯曲成形或扩口，冷却后又能定形不变，承压能力因材质而异，自 2.5 MPa 至 8 MPa 不等
	塑料管	质轻耐油，价格便宜，装配方便，但承压能力低，长期使用会变质老化，只宜用作压力低于 0.5 MPa 的回油管、泄油管等
	橡胶管	高压管由耐油橡胶夹几层钢丝编织网制成，钢丝编织网层数越多耐压越高，价格高，用作中、高压系统中两个相对运动部件之间的压力管道； 低压管由耐油橡胶夹帆布制成，可用作回油管道

（二）管接头（图 8.23）

管接头是油管与油管、油管与液压元件之间的可拆式连接件，它应具有装拆方便、连接牢固、密封可靠、外形尺寸小、通流能力大、压降小、工艺性好等各项条件。

管接头的种类很多，图 8.24 所示为常用的几种类型。

图 8.24（a）所示为扩口式管接头，常用于中、低压的铜管和薄壁钢管的连接。

管接头类型

图 8.24（b）所示为焊接式管接头，用来连接管壁较厚的钢管。

图 8.24（c）所示为卡套式管接头，这种管接头拆装方便，在高压系统中被广泛使用，但对油管的尺寸精度要求较高。

图 8.24（d）所示为扣压式管接头，用来连接高压软管。

图 8.23 管接头实物图

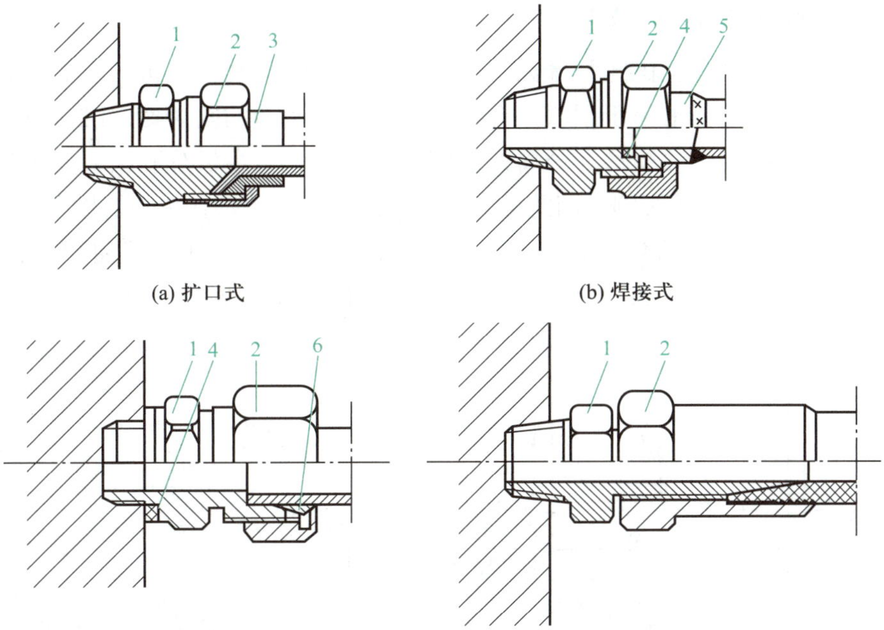

(a) 扩口式　(b) 焊接式

(c) 卡套式　(d) 扣压式

1—接头体；2—螺母；3—管套；4—密封垫；5—接管；6—卡套

图 8.24　管接头类型

如图 8.25 所示，快速接头用于经常需要装拆场合。图 8.25 所示为油路接通时的工作位置；当要断开油路时，可用力把外套 4 向左推，在拉出接头体 5 后，钢球 3 即从接头体 5 中退出。与此同时，单向阀的锥形阀芯 2 和 6 分别在弹簧 1 和 7 的作用下将两个阀口关闭，油路即断开。

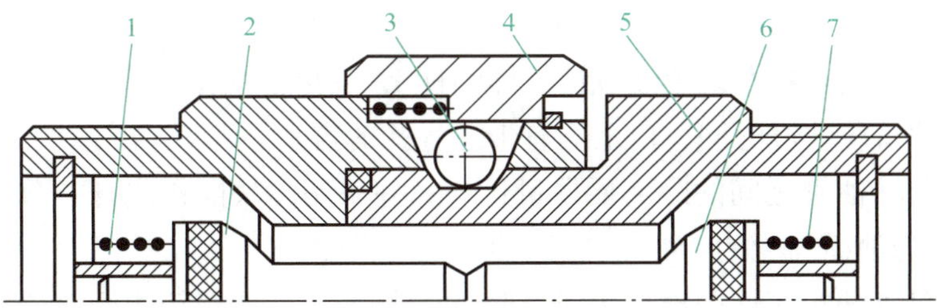

1、7—弹簧；2、6—阀芯；3—钢球；4—外套；5—接头体

图 8.25　快速接头

五、油箱

（一）油箱的功用

油箱的功用主要是储存油液，此外还起着散发油液中热量（在周围环境温度较低的情况下则是保持油液中热量）、释出混在油液中的气体、沉淀油液中污染物等作用。

（二）油箱的类型和结构特点

液压系统中的油箱有整体式和分离式两种。整体式油箱利用主机的内腔作为油箱。这种油箱结构紧凑，各处漏油易于回收，但增加了设计和制造的复杂性，维修不便，散热条件不好，且会使主机产生热变形。分离式油箱单独设置，与主机分开，减少了油箱发热和油源振动对主机工作精度的影响，因此得到了普遍的采用，特别在精密机械上。

图 8.26 所示为分离式油箱，油箱内部用隔板 6、8 将吸油管 1 与回油管 3 隔开。顶部、侧部和底部分别装有滤清器 2、液位计 5 和排放污油的放油塞 7。安装液压泵及其驱动电动机的箱盖 4 固定在油箱顶面上。

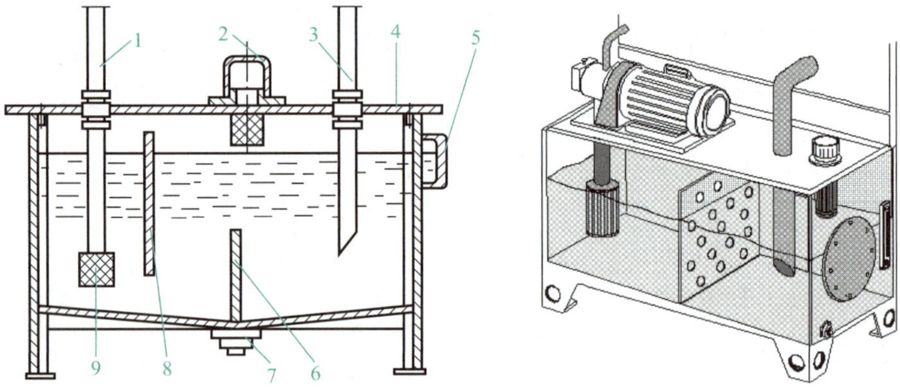

1—吸油管；2—滤清器；3—回油管；4—箱盖；5—液位计；6、8—隔板；7—放油塞；9—过滤器

图 8.26　分离式油箱

为了保证油箱的功能，在结构上应注意以下方面：

1）应便于清洗。油箱底部应有适当斜度，并在最低处设置放油塞，换油时可使油液和污染物顺利排出。

2）在易见的油箱侧壁上设置液位计（即油标），以指示油位高度。

3）油箱加油口应装过滤网，口上应有带通气孔的盖。

4）吸油管与回油管之间的距离要尽量远些，并采用多块隔板隔开，分成吸油区和回油区，隔板高度约为油面高度的 3/4。

5）吸油管口离油箱底面距离应大于 2 倍油管外径，离油箱箱边距离应大于 3 倍油管外径。吸油管和回油管的管端应切成 45°的斜口，回油管的斜口应朝向箱壁。

油箱正常工作温度应在 15～65℃之间，在环境温度变化较大的场合要安装热交换器。

巩固与提高

一、填空题

1. 液压系统中，一个油源往往驱动多个液压缸。按照系统要求，这些缸或 ____________ 动作，

或 ____________ 动作，或者多缸之间要求能避免在压力和流量上的相互干扰。

2. 顺序动作回路的功用在于使几个执行元件严格按预定顺序动作，按控制方式不同，可分为 ____________ 控制、____________ 控制和 ____________ 控制。

3. 行程控制的顺序动作回路是利用工作部件到达一定位置时，发出控制信号来控制液压缸的先后动作顺序的，它可以利用 ____________ 或者 ____________ 来实现。

4. 同步回路的功用是使多个执行元件在运动中保持相同 ____________ 或者相同 ____________ 。

二、判断题

1. 采用顺序阀控制的顺序动作回路中，其顺序阀的调定压力应比先动作液压缸的最大工作压力低。（　）

2. 采用行程开关控制的顺序动作回路，顺序转换时有冲击，可靠性则由电气元件的质量决定。（　）

3. 压力控制的顺序动作回路主要利用压力继电器或顺序阀来控制动作顺序。（　）

4. 凡液压系统中有顺序动作回路，则必定有顺序阀。（　）

5. 液压缸机械联结的同步回路宜用于两液压缸负载差别不大的场合。（　）

6. 对于速度平稳性要求较高的多缸液压系统，经常采用多缸快慢速互不干扰回路。（　）

三、分析题

分析图 8.27 所示顺序动作回路是怎样实现①→②→③→④顺序动作的。在液压元件数目不增加、排列位置允许变更的条件下，如何实现①→②→④→③的顺序动作。

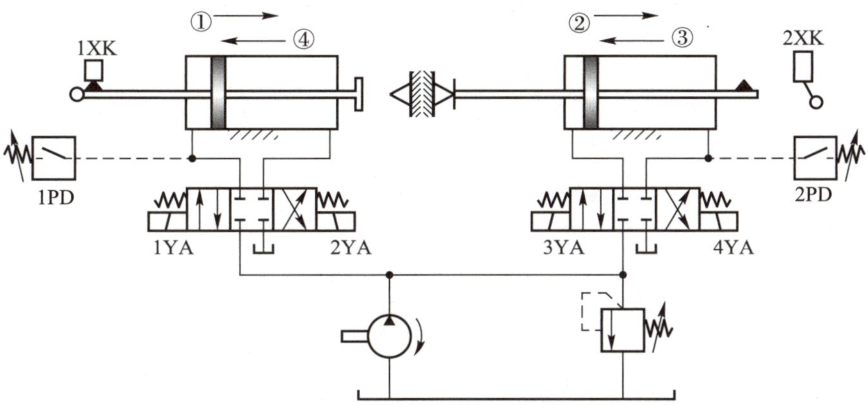

图 8.27　顺序动作回路

职业与素养——液压技术人员职业能力

液压技术人员职业能力主要涵盖以下几部分内容：

1）液压原理理解　深入了解液压系统的工作原理、液压元件结构和性能特点。

2）系统设计与调试　具备设计液压系统的能力，并能进行系统的安装、调试和优化。

3）故障诊断与维修　能够迅速准确地诊断液压系统故障，并进行维修和保养。

4）技术创新与改进　不断探索新的技术和方法，对液压系统进行改进和升级。

5）数据监测与分析　掌握液压系统运行数据的监测和分析方法，能及时发现问题并采取措施。

6）安全操作意识　严格遵守安全操作规程，确保液压系统操作的安全性。

7）团队协作与沟通　与其他相关专业人员有效协作，共同完成液压相关工作任务。

项目九　典型液压系统的应用分析

项目引入

为了使液压设备实现特定的运动循环或工作，将实现各种不同运动的执行元件及其液压回路拼集并汇合起来，用液压泵组集中供油，形成一个网络，以构成设备的液压系统。

在前述的项目里分析了 MJ−50 数控车床液压系统中液压元件的选择和基本液压回路的搭建，本项目介绍 MJ−50 数控车床整个液压系统的基本回路；利用电磁铁的通断电实现动作要求，以及该液压系统具有的特点。

思维导图

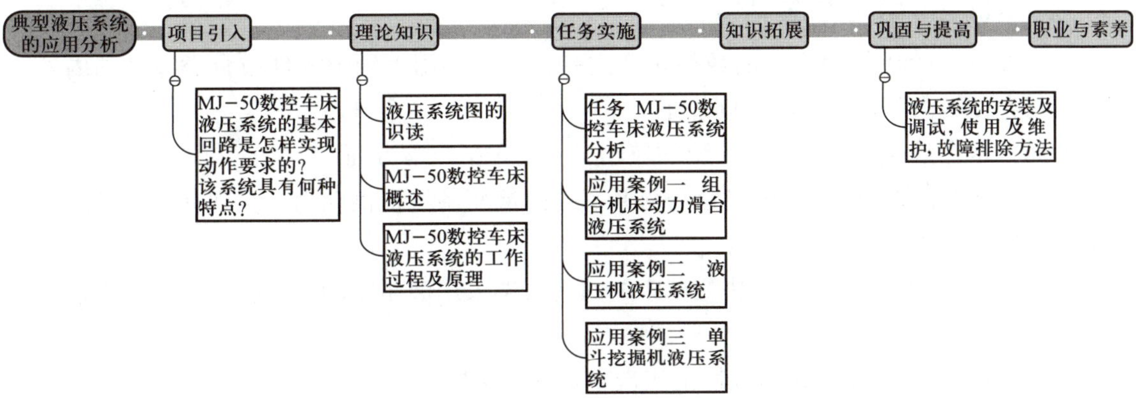

学习目标

1. 掌握液压系统图识读分析方法和步骤。
2. 读懂 MJ−50 数控车床液压系统图。
3. 掌握 MJ−50 数控车床液压系统的基本回路构成。
4. 总结 MJ−50 数控车床液压系统特点。
5. 能够分析典型液压系统。
6. 了解液压系统的安装调试方法。
7. 了解液压系统的故障分析方法。

理论知识

一、液压系统图的识读

对液压系统进行分析，重要的是阅读液压系统图。阅读一个复杂的液压系统图，大致可以按以下步骤进行：

1）明确机械设备的功能、工况及其对液压系统的要求，以及液压设备的工作循环。

2）识别液压元件，初步了解液压系统中包含哪些动力元件、执行元件和控制元件。

3）根据设备的工况及工作循环，将系统以执行元件为中心分解为若干子系统。

4）逐步分析各子系统，根据执行元件的动作要求，参照电磁铁动作顺序表，明确各个行程的动作原理及油路的流动路线，明确各液压元件的功能以及各液压元件之间的相互关系。

5）根据系统对各执行元件间互锁、同步、防干扰等要求，分析各子系统之间的联络以及如何实现这些要求。

6）在全面读懂液压系统图的基础上，归纳总结出各基本回路和整个液压系统的特点，以加深对液压系统的理解，为液压系统的调试、维护和使用打下基础。

二、MJ-50 数控车床概述

数控车床是使用较为广泛的数控机床之一，它主要用于轴类零件或盘类零件的内外圆柱面、复杂回转内外曲面等的切削加工。

液压技术在数控车床中有着广泛的应用，主要包括以下方面：

1）动力卡盘和尾座套筒的夹紧与松开　通过液压系统提供动力，实现动力卡盘对工件的装夹和尾座顶尖对工件的顶紧。

2）回转刀架的驱动　一些数控车床的回转刀架采用液压驱动，以实现快速、准确的换刀动作。

3）主轴变速　液压系统可以协助实现主轴的变速操作。

4）进给系统　为进给运动提供动力，保证加工的平稳性和精度。

应用液压技术的数控车床具有以下优点：① 动力强劲，能够提供较大的驱动力，满足加工过程中的各种需求；② 响应迅速，动作执行快，提高加工效率；③ 夹紧力稳定，动力卡盘和尾座套筒的夹紧力均匀且稳定，保证加工精度；④ 过载保护，在遇到过载情况时，能起到一定的保护作用；⑤ 运行平稳，有助于减少振动，提高加工表面质量。

在 MJ-50 数控车床中，动力卡盘的夹紧与松开、夹紧力的高低压转换，回转刀架的松开与夹紧、正转与反转，尾座套筒的伸出与缩回等动作都是由液压系统驱动的。MJ-50 数控车床如图 0.2 所示。

三、MJ-50 数控车床液压系统的工作过程及原理

MJ-50 数控车床液压系统满足规定的工况要求，能够完成工作循环：动力卡盘夹紧工

件—尾架套筒伸出顶住工件—回转刀架转位选刀加工。这种型号的数控车床的液压系统是由一个泵源和三个工作机构组成的，每个组成部分都有自己的工作形式，要求系统在工作过程中运行稳定，可以实现无级调速，功率利用合理，拥有较高的工作效率和较少的热量损失。

MJ−50 数控车床液压系统图如图 9.1 所示。在 MJ−50 数控车床液压系统中，各换向阀电磁铁的通断电由 PLC 控制实现，其电磁铁动作顺序见表 9−1。

表 9−1 电磁铁动作顺序

动作			1YA	2YA	3YA	4YA	5YA	6YA	7YA	8YA
动力卡盘正卡	高压	夹紧	+	−	−	−	−	−	−	−
		松开	−	+	−	−	−	−	−	−
	低压	夹紧	+	−	+	−	−	−	−	−
		松开	−	+	+	−	−	−	−	−
动力卡盘反卡	高压	夹紧	−	+	−	−	−	−	−	−
		松开	+	−	−	−	−	−	−	−
	低压	夹紧	−	+	+	−	−	−	−	−
		松开	+	−	+	−	−	−	−	−
回转刀架	正转		−	−	−	+	−	−	−	+
	反转		−	−	−	+	−	−	+	−
	松开		−	−	−	+	−	−	−/+	+/−
	夹紧		−	−	−	−	−	−	−	−
尾座套筒	伸出		−	−	−	−	−	+	−	−
	退回		−	−	−	−	+	−	−	−

注：“+”表示通电；“−”表示断电。

MJ−50 数控车床的液压系统采用单向变量叶片泵供油，系统工作压力调至 4 MPa，压力由压力表 14 显示。泵输出的压力油经过单向阀进入系统，其工作原理如下。

（一）动力卡盘的夹紧与松开

在要求动力卡盘处于正卡且在高压大夹紧力状态下工作时，电磁铁 3YA 失电，阀 2 左位工作，此时夹紧力的大小由减压阀 6 来调整，由压力表 12 显示。

在要求动力卡盘处于正卡且在低压小夹紧力状态下工作时，电磁铁 3YA 通电，阀 2 右位工作，此时夹紧力的大小由减压阀 7 来调整，由压力表 12 显示。注意减压阀 7 调定压力值要小于减压阀 6 调定压力值。

在要求动力卡盘处于反卡时，压力调整与正卡相同。动力卡盘夹紧和松开时，活塞杆运动方向与正卡相反。

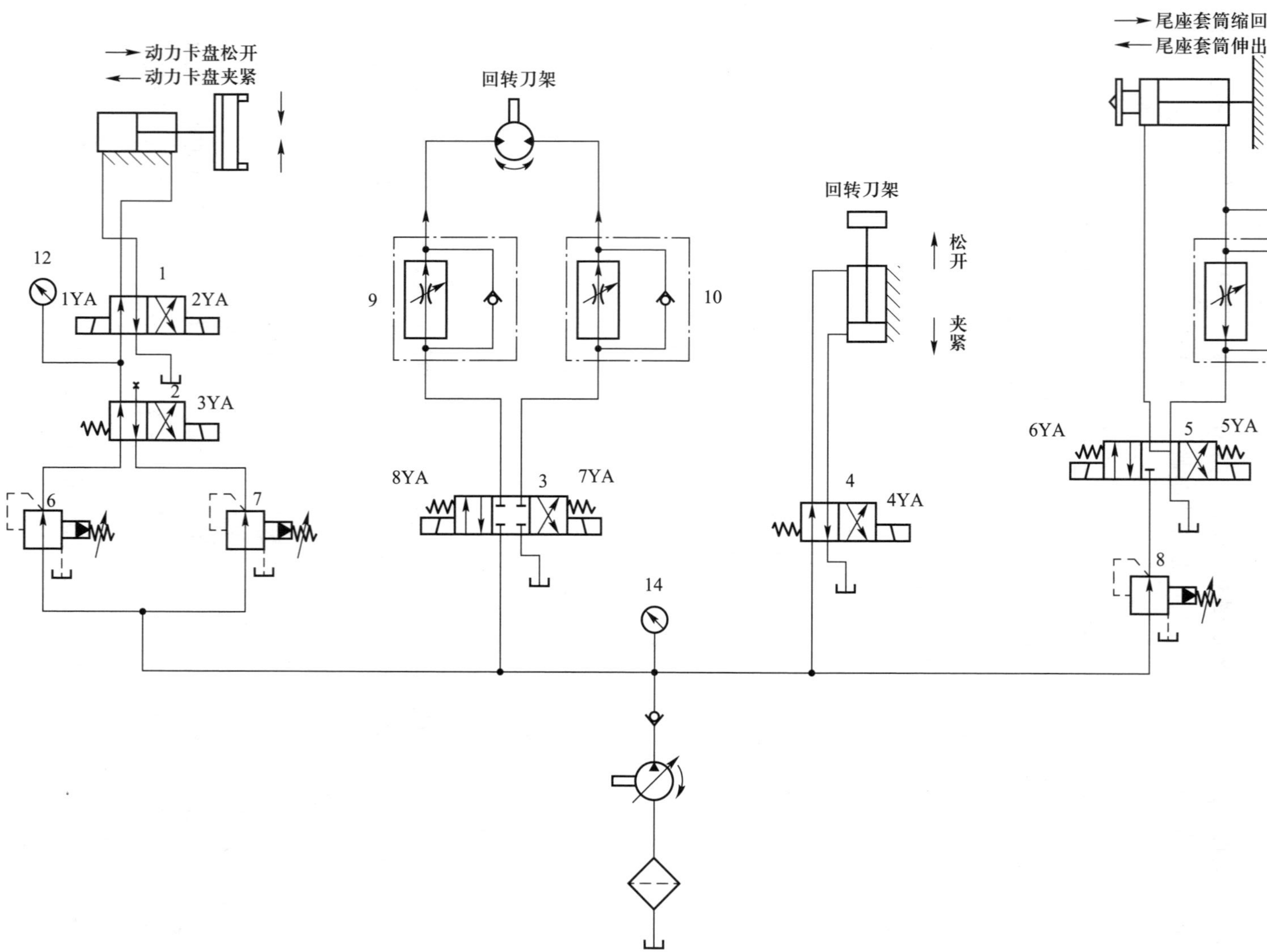

1、2、4—二位四通换向阀；3、5—三位四通换向阀；6、7、8—减压阀；9、10、11—单向调速阀；12、13、14—压力表

图 9.1　MJ-50 型数控车床液压系统图

（二）回转刀架的换刀

回转刀架换刀时，首先是将回转刀架松开，然后使回转刀架转位到指定的位置，最后回转刀架下拉复位夹紧。

当电磁铁 4YA 通电时，阀 4 右位工作，回转刀架松开；电磁铁 8YA 通电，液压马达正转带动回转刀架转位，转速由单向调速阀 9 控制（若电磁铁 7YA 通电，则液压马达带动回转刀架反转，转速由单向调速阀 10 控制），到位后电磁铁 4YA 断电，阀 4 左位工作，液压缸使回转刀架夹紧。正转换刀还是反转换刀由数控系统按路径最短原则判断。

（三）尾座套筒的伸出与缩回

当电磁铁 6YA 通电时，阀 5 左位工作，尾座套筒伸出，顶紧工件。顶紧力的大小由减压阀 8 调整，调定压力值由压力表 13 显示。

当电磁铁 5YA 通电时，阀 5 右位工作，尾座套筒快速缩回。

任务实施

任务　MJ-50 数控车床液压系统分析

MJ-50 数控车床液压系统包括哪些基本回路？怎样利用电磁铁的通断电实现动作要求？ MJ-50 数控车床液压系统具有哪些特点？

一、实施流程

（一）实施准备

在 MJ-50 数控车床液压系统中，根据液压系统图（图 9.1）和电磁铁动作顺序表（表 9-1），对动力卡盘液压缸、回转刀架液压缸和液压马达及尾座套筒液压缸进行油路分析，确定组成该液压系统的基本回路，并总结由此形成的 MJ-50 数控车床液压系统的特点。

（二）实施步骤（表 9-2）

1）明确 MJ-50 数控车床的功能、工况及其对液压系统的要求，以及液压设备的工作循环。

2）识别液压元件，初步了解 MJ-50 数控车床液压系统中包含哪些动力元件、执行元件和控制元件。

3）根据液压设备的工况及工作循环，将系统以执行元件为中心分解为若干子系统。

4）逐步分析各子系统，根据执行元件的动作要求，参照电磁铁动作顺序表，明确各个行程的动作原理及油液的流动路线。

5）分析各个子系统之间的联系以及如何实现这些要求。

6）在全面读懂液压系统的基础上，归纳总结出 MJ-50 数控车床液压系统的特点。

表 9-2 工作任务单

工作任务	分析 MJ-50 数控车床液压系统的工作原理并总结其特点
任务描述	根据液压系统图和电磁铁动作顺序表，对 MJ-50 数控车床液压系统中动力卡盘液压缸、回转刀架液压缸和液压马达及尾座套筒液压缸进行油路分析，确定组成该液压系统的基本回路，并总结 MJ-50 数控车床液压系统的特点
任务要求	1）掌握液压系统图识读分析方法和步骤； 2）读懂并分析 MJ-50 数控车床液压系统图； 3）掌握 MJ-50 数控车床液压系统的基本回路构成； 4）总结 MJ-50 数控车床液压系统特点
提交成果	写出 MJ-50 数控车床液压系统的油路分析并总结其特点

二、任务评价（表 9-3）

表 9-3 实践考核评价单

姓名		班级		组别		日期	

序号	考核内容	小组评价（50%）	教师评价（50%）	总评
1	遵守纪律，小组内工作积极主动（10 分）			
2	能正确说出回路中各液压元件的名称及作用（10 分）			
3	能进行各分支回路的油路路径分析（20 分）			
4	能分析出该液压系统包含的基本回路（20 分）			
5	能总结出该液压系统的特点（20 分）			
6	能团队协作，演示成果（20 分）			

应用案例一 组合机床动力滑台液压系统

如图 9.2 所示，组合机床是一种高效率的专用机床，它由通用部件和部分专用部件组成，其工艺范围广，自动化程度高，在成批大量生产中得到了广泛的应用。

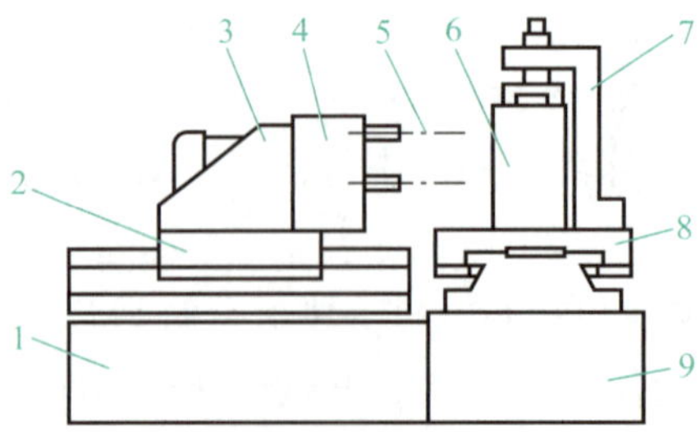

(a) 示意图

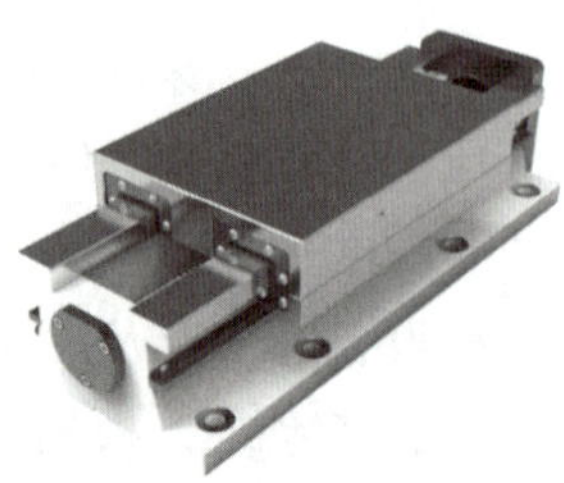

(b) 动力滑台实物图

1—床身；2—动力滑台；3—动力头；4—主轴箱；5—刀具；6—工件；7—夹具；8—工作台；9—底座

图 9.2 组合机床

动力滑台是组合机床上用以实现进给运动的一种通用部件，其运动由液压缸驱动。动力滑台液压系统是一种以速度变化为主的典型液压系统，它对液压系统性能的主要要求是速度换接平稳、进给速度稳定、功率利用合理、效率高、发热小。

一、组合机床动力滑台概述

动力滑台台面上可安装动力箱、多轴箱及各种用途的切削头或工件，用以完成钻、扩、铰、镗、铣、车、刮端面、攻螺纹等工序的机械加工，并能按多种进给方式实现自动工作循环。

图 9.3 所示为 YT4543 组合机床动力滑台液压系统。组合机床一般为多刀加工，切削载荷变化大，快慢速差异大。要求切削时速度低而平稳，空行程进退速度快。该动力滑台能完成的典型工作循环为：快进→一工进（第一次工作进给）→二工进（第二次工作进给）→止挡块停留→快退→原位停止。其电磁铁、行程阀和压力继电器动作顺序见表 9-4。

表 9-4 电磁铁、行程阀和压力继电器动作顺序

动作	电磁铁			行程阀	压力继电器
	1YA	2YA	3YA		
快进	+	−	−	−	−
一工进	+	−	−	+	−
二工进	+	−	+	+	−
止挡块停留	+	−	+	+	+
快退	−	+	−	±	±
原位停止	−	−	−	−	−

注：“+”表示通电；“−”表示断电。

二、YT4543 组合机床液压系统的工作过程及原理

（一）快进

在图 9.3 所示液压系统中，按下启动按钮，电磁铁 1YA 通电，电液换向阀的先导阀 4 左位工作，从而使主阀 3 也处于左位工作，其主油路如下。

进油路：1 → 2 → 3（左位）→ 11（下位）→ 14（左腔）；

回油路：14（右腔）→ 3（左位）→ 7 → 11（下位）→ 14（左腔）。

这时液压缸两腔连通，动力滑台差动快进。由于快进阻力小，系统压力低，液控顺序阀 6 关闭，变量泵 1 输出最大流量。

（二）一工进

在快进完成时，动力滑台上的挡块压下行程阀 11，切断了快速运动的进油路。压力油只能通过调速阀 8 和电磁换向阀 10（左位）进入液压缸 14 左腔，系统压力升高，液控顺序

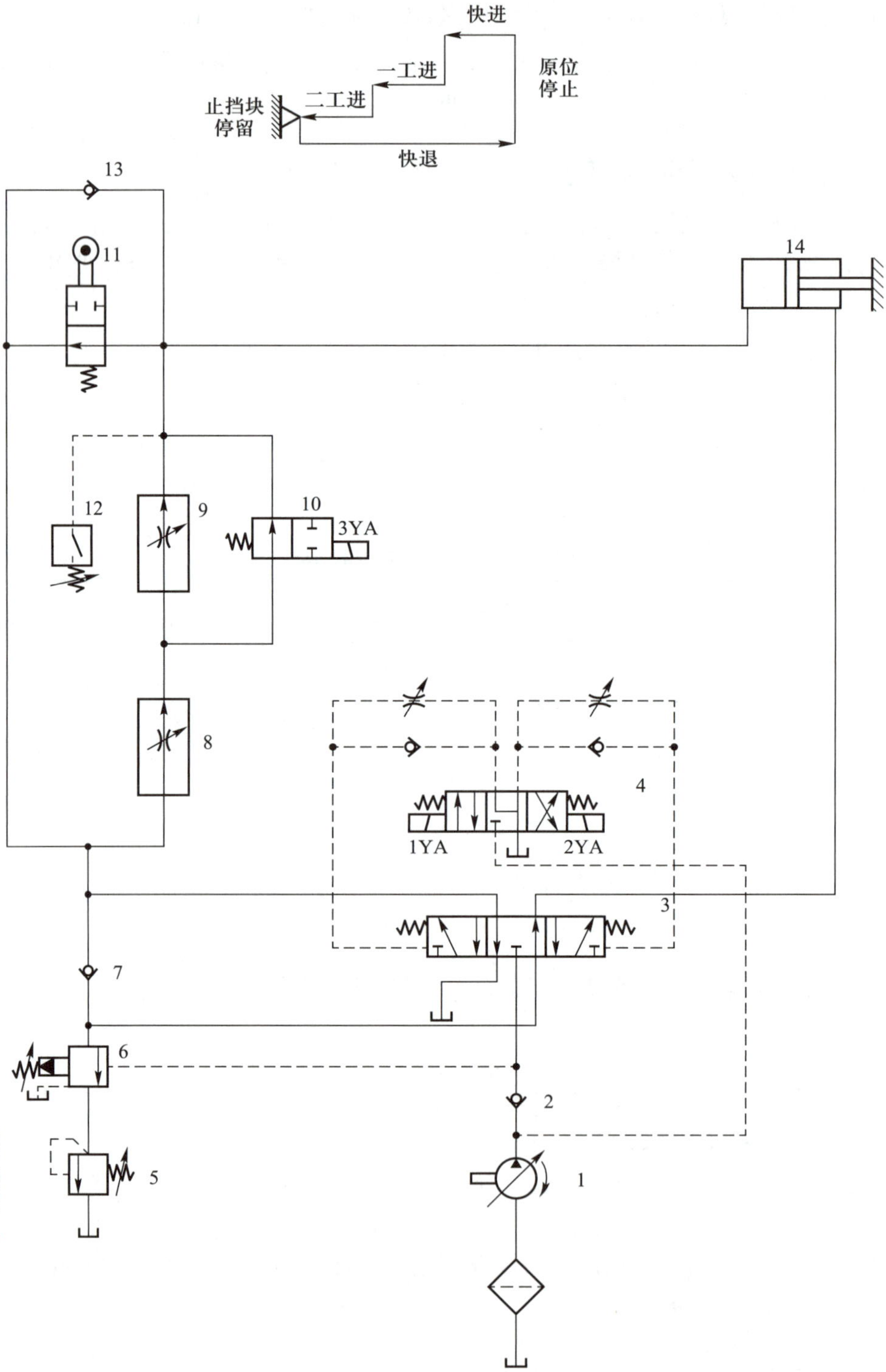

1—变量泵；2、7、13—单向阀；3—主阀；4—先导阀；5—背压阀；6—液控顺序阀；
8、9—调速阀；10—电磁换向阀；11—行程阀；12—压力继电器；14—液压缸

图 9.3 YT4543 组合机床动力滑台液压系统图

YT4543 组合机床动力滑台液压系统

阀 6 开启，且泵的流量也自动减小。其主油路如下。

进油路：1→2→3（左位）→8→10（左位）→14（左腔）；

回油路：14（右腔）→3（左位）→6→5→油箱。

动力滑台实现由调速阀 8 调速的第一次工作进给（一工进），回油路上液控顺序阀 6 作背压阀。

（三）二工进

当第一次工作进给完成时，挡块压下行程开关，使电磁铁 3YA 通电，电磁换向阀 10 右位工作，压力油须通过调速阀 8 和 9 进入液压缸 14 左腔。其主油路的进油路如下。

进油路：1→2→3（左位）→8→9→14（左腔）；

回油路：14（右腔）→3（左位）→6→5→油箱。

由于调速阀 9 的通流截面面积比调速阀 8 的通流截面面积小，因而动力滑台实现由调速阀 9 调速的第二次工作进给（二工进）。

（四）止挡块停留

动力滑台以第二次工作进给速度前进，当液压缸 14 碰到动力滑台座前端的止挡块后停止运动。这时液压缸 14 左腔压力升高，当压力升高到压力继电器 12 的开启压力时，压力继电器 12 发出控制信号给时间继电器，由时间继电器延时控制动力滑台停留时间。

这时的油路与第二次工作进给的油路相同，但系统内油液已停止流动，液压泵的流量已减至很小，仅用于补充泄漏油液。

（五）快退

时间继电器经延时后发出控制信号，使电磁铁 2YA 通电，1YA、3YA 断电。这时电液换向阀的先导阀 4 右位工作，主阀 3 也换为右位工作，其主油路如下。

进油路：1→2→3（右位）→14（右腔）；

回油路：14（左腔）→13→3（右位）→油箱。

因动力滑台返回时为空载，系统压力低，变量泵 1 的流量又自动恢复到最大值。动力滑台快速退回到第一次工作进给的起点时，行程阀 11 复位。

（六）原位停止

当动力滑台快速退回到原始位置时，挡块压下原位行程开关，使电磁铁 2YA 断电，先导阀 4 恢复至中位，主阀 3 也恢复至中位，液压缸两腔油路被封闭，动力滑台被锁紧在起始位置上。

三、YT4543 动力滑台液压系统的特点

动力滑台液压系统是能完成较复杂工作循环的典型单缸中压系统，其特点是：

1）系统采用了限压式变量叶片泵和调速阀组成的容积节流调速回路，把调速阀装在进油路上，且在回油路上设置背压阀，能获得较好的速度刚性和运动平稳性，有较大的调速范围和较高的效率，并可减少系统发热。

2）采用电液换向阀的换向回路，发挥了电液联合控制的优点，而且主油路换向平稳、无冲击。

3）采用液压缸差动连接的快速回路，不仅使快进速度和快退速度相同（差动缸），而且比不采用差动连接的流量可减小一半，其能量得到合理利用，系统效率进一步得到提高。

4）采用行程阀和液控顺序阀，实现快进与工进速度的转换，使速度转换平稳、可靠且位置准确。采用两个串联的调速阀及用行程开关控制的电磁换向阀实现两种工进速度的转换，由于进给速度较低，故也能保证换接精度和平稳性的要求。

5）采用压力继电器发信号，控制动力滑台反向退回，方便可靠。采用止挡块还能提高动力滑台工进结束时的位置精度。

应用案例二　液压机液压系统

一、液压机概述

压力机是锻压、冲压、冷挤、校直、弯曲、粉末冶金、成形、打包等加工工艺中广泛应用的压力加工机械设备。液压压力机（简称液压机）是压力机的一种类型，它通过液压系统产生很大的静压力实现对工件进行挤压、校直、冷弯等加工。液压机的结构类型有单柱式、三柱式、四柱式等形式，其中以四柱式液压机最为典型，它主要由充液筒 1，上横梁 2，立柱 5，上、下液压缸 3 和 7，上、下滑块 4 和 6，电气操纵箱 8 等部件组成，其结构如图 9.4 所示。

图 9.5 所示为 YA32-200 四柱式万能液压机液压系统图。液压机要求液压系统完成的主要动作是：上滑块液压缸（主缸）的快速下行、慢速加压、保压、泄压、快速回程及在任意点停止；下滑块液压缸（顶出缸）的顶出、退回等。在薄板拉伸时，有时还需用顶出缸将坯料压紧。液压机液压系统是一种以压力变换为主的中、高压系统，且流量大，为此应特别注意原动机的功率利用和系统的安全可靠。

YA32-200 四柱式万能液压机液压系统的电磁铁动作顺序见表 9-5。

表 9-5　电磁铁动作顺序

		1DT	2DT	3DT	4DT	5DT
主缸	快速下行	+	−	−	−	+
	慢速加压	+	−	−	−	−
	保压	−	−	−	−	−

续表

		1DT	2DT	3DT	4DT	5DT
主缸	泄压、快速回程	−	+	−	−	−
	停止	−	−	−	−	−
顶出缸	顶出	−	−	+	−	−
	退回	−	−	−	+	−
	压边	+	−	±	−	−

注：“+”表示通电；“−”表示断电。

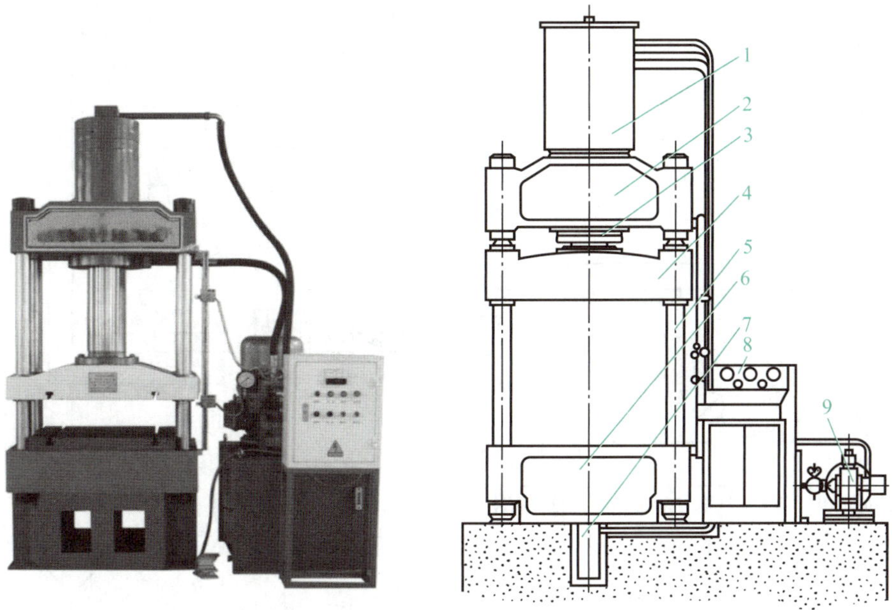

1—充液筒；2—上横梁；3—上液压缸；4—上滑块；5—立柱；6—下滑块；
7—下液压缸；8—电气操纵箱；9—动力机构

图 9.4　四柱式液压机

二、液压机液压系统的工作过程及原理

图 9.5 所示的液压系统中有两个泵，主泵（恒功率变量泵 1）是一个高压大流量恒功率（压力补偿）变量泵，最高工作压力为 32 MPa，由远程调压阀 5 调定；辅助泵（定量泵 2）是一个低压小流量的定量泵，主要用以供给电液换向阀的控制油液，其工作压力由溢流阀 3 调定。

（一）主缸运动

1. 快速下行

按下启动按钮，电磁铁 1DT、5DT 通电吸合，低压油使电液换向阀 6 切换至右位，同时经电磁换向阀 8 使液控单向阀 9 打开。泵 1 供油经电液换向阀 6 右位、单向阀 13 至主

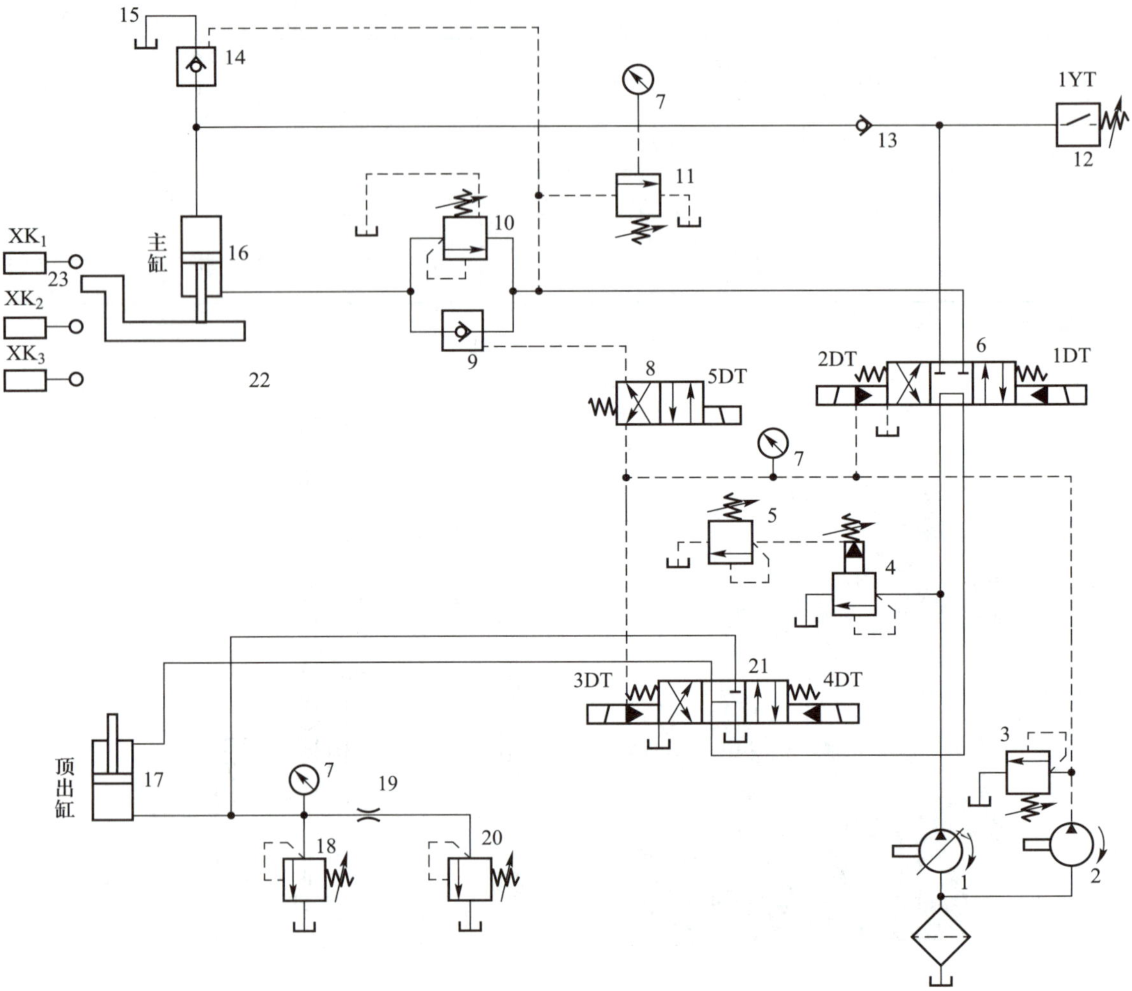

1—恒功率变量泵；2—定量泵；3、4—溢流阀；5—远程调压阀；6、21—电液换向阀；7—压力表；8—电磁换向阀；9—液控单向阀；10—顺序阀；11—卸荷阀（带阻尼孔）；12—压力继电器；13—单向阀；14—充液阀（带卸荷阀芯）；15—充液箱；16—主缸；17—顶出缸；18—溢流阀；19—节流器；20—背压阀；22—滑块；23—挡铁

图 9.5　YA32-200 四柱式万能压力机液压系统图

缸 16 上腔，主缸下腔油液经液控单向阀 9、电液换向阀 6 右位、电液换向阀 21 中位回油。实际上，此时主缸滑块 22 在自重作用下快速下降，泵 1 的全部流量不足以补充主缸上腔空出的容积，上腔形成局部真空，置于液压缸顶部的充液箱 15 内的油液在大气压及液位作用下，经充液阀 14（液控单向阀）进入主缸上腔。其主油路如下。

进油路：1 → 6（右位）→ 13 → 16（上腔）；

15 → 14 ↗（汇入 16）

回油路：16（下腔）→ 9 → 6（右位）→ 21（中位）→油箱。

2. 慢速加压

当主缸滑块 22 上的挡铁 23 压下行程开关 XK_2 时，电磁铁 5DT 断电，电磁换向阀 8 处于常态位，液控单向阀 9 关闭。主缸回油经顺序阀 10、电液换向阀 6 右位、电液换向阀 21 中位至油箱。由于回油路上有背压力，滑块 22 单靠自重不能下降，由泵 1 供给的压力油使之下行，速度减慢。这时主缸 16 上腔压力升高，充液阀 14 关闭，压力油推动活塞使滑块 22 慢速接近工件，当滑块 22 抵住工件后，阻力急剧增加，主缸 16 上腔油压进一步提高，泵 1 的排油量自动减小，主缸活塞的速度变得更慢，以极慢的速度对工件加压。其主油路如下。

进油路：1 → 6（右位）→ 13 → 16（上腔）；

回油路：16（下腔）→ 10 → 6（右位）→ 21（中位）→油箱。

3. 保压

当主缸 16 上腔油液压力达到预定值时，压力继电器 12 发出控制信号，使电磁铁 1DT 断电，电液换向阀 6 恢复中位，封闭主缸 16 上、下油腔。同时泵 1 流量经电液换向阀 6、电液换向阀 21 中位卸荷。单向阀 13 保证主缸 16 上腔有良好的密封性，使其可保持高压。保压时间由压力继电器 12 控制的时间继电器调整。其主油路如下。

进油路：1 → 6（中位）→ 21（中位）→油箱。

4. 泄压、快速回程

保压过程结束，压力继电器 12 发出控制信号，使电磁铁 2DT 通电（当定程压制成形时，可由行程开关 XK_3 发控制信号），主缸 16 处于回程状态。由于液压机油压高，主缸的直径大，行程长，缸内液体在加压过程中受到压缩而存储了相当大的能量。如果此时主缸 16 上腔立即与回油路相通，则系统内液体积蓄的能量会突然释放，产生液压冲击，造成机器和管路剧烈振动，发出很大噪声。为此，保压后应先卸压再回程。当电液换向阀 6 切换至左位后，主缸 16 上腔还未卸压，压力很高，卸荷阀 11（带阻尼孔）呈开启状态，主泵 1 的供油经卸荷阀 11 中的阻尼孔回油。这时主泵 1 在较低压力下运转，此压力不足以使主缸活塞回程，但能够打开充液阀 14（液控单向阀）中的卸荷阀芯，主缸 16 上腔的高压油经此卸荷阀芯的开口泄回充液箱 15，完成卸压过程。其主油路如下。

进油路：1 → 6（左位）→ 11 →油箱；

回油路：16（上腔）→ 14（卸荷阀芯）→ 15。

这一过程持续到主缸 16 上腔压力降低，卸荷阀 11 关闭为止。此时主泵 1 经卸荷阀 11 的循环通路被切断，油压升高并推开充液阀 14（液控单向阀）中的主阀阀芯，主缸 16 开始快速回程。其主油路如下。

进油路：1 → 6（左位）→ 9 → 16（下腔）；

回油路：16（上腔）→ 14（主阀阀芯）→ 15。

5. 停止

当主缸滑块 22 上的挡铁 23 压下行程开关 XK_1 时，电磁铁 2DT 断电，主缸被 M 型中位机能的电液换向阀 6 锁紧，主缸活塞停止运动，回程结束。此时泵 1 油液经电液换向阀 6、电液换向阀 21 回油箱，泵处于卸荷状态。实际使用中随时都可使主缸 16 处于停止状态。

（二）顶出缸运动

顶出缸 17 只在主缸 16 停止运动时才能动作。由于压力油需先经电液换向阀 6 中位，才能进入控制顶出缸运动的电液换向阀 21，实现主缸和顶出缸运动互锁。

1. 顶出

按下启动按钮，电磁铁 3DT 通电吸合，压力油由泵 1 经电液换向阀 6 中位、电液换向阀 21 左位进入顶出缸 17 下腔，上腔油液则经电液换向阀 21 左位回油，活塞上升。其主油路如下。

进油路：1 → 6（中位）→ 21（左位）→ 17（下腔）；

回油路：17（上腔）→ 21（左位）→油箱。

2. 退回

电磁铁 3DT 断电、4DT 通电吸合时，油路换向，顶出缸活塞下降。其主油路如下。

进油路：1 → 6（中位）→ 21（右位）→ 17（上腔）；

回油路：17（下腔）→ 21（右位）→油箱。

3. 浮动压边

在薄板拉伸压边时，要求顶出缸 17 既保持一定压力，又能随着主缸滑块 22 的下压而下降。这时电磁铁 3DT 通电后又立即断电。顶出缸 17 下腔的油液被电液换向阀 21 封住。主缸滑块 22 下压时，顶出缸 17 活塞被迫随之下行。顶出缸 17 下腔回油经节流器 19 和背压阀 20 流回油箱，从而建立起所需的压边力。溢流阀 18 是当节流器 19 堵塞时起安全保护作用的。其主油路如下。

进油路：16（下腔）→ 6（右位）→ 21（中位）→ 17（上腔）；
油箱 ↗（油箱 → 21（中位））

回油路：17（下腔）→ 19 → 20 →油箱。

三、液压机液压系统的特点

液压机液压系统特点如下：

1）主系统采用变量泵—液压缸容积调速回路。所用的液压泵为高压大流量恒功率变量泵，空载快速时，油压低而供油流量大；压制工件时，压力高，泵流量自动减小。控制系统由单独的低压小流量的定量泵供油，供给电液换向阀控制油液。系统效率高，功率利用合理。

2）两液压缸均采用电液换向阀换向。用反应灵敏的小规格电磁换向阀方便控制大流量的液动换向阀换向，兼具了电磁换向阀和液动换向阀的优点，控制方便、流量大。

3）采用充液阀和充液箱组成的快速运动回路结构简单，使用元件少。

4）系统采用单向阀进行保压。由于单向阀密封好，结构尺寸小，工作可靠，使用和维护也比较方便。

5）为了减少由保压转换为快速回程时的液压冲击，采用了卸荷阀和带卸荷阀芯的液控单向阀组成的卸压回路，使主缸上腔卸压后才能换向。换向平稳，无噪声和液压冲击。

6）顶出缸与主缸运动互锁。当主缸工作时，顶出缸油路被断开，停止运动；而当电液换向阀 6 处于中位工作，主缸停止运动时，顶出缸才能动作。这样能避免因操作不当而引起事故，保证了安全生产。

应用案例三　单斗挖掘机液压系统

一、单斗挖掘机概述

挖掘机是目前国内外工程建设施工的主要工程机械机型，据统计，我国 70% 以上的土石方开挖离不开此类设备。一般来说，单斗挖掘机不仅可进行土石方的挖掘工作，通过工作装置的更换，还可以用作起重、装载、抓取、打桩和破碎钻孔等多种作业。

单斗挖掘机主要由工作装置、回转机构、行走机构和液压系统四大部分组成。其中工作装置包括斗杆缸 1、动臂 2、液压管路 3、动臂缸 4、铲斗 5、斗齿 6、侧齿 7、连杆 8、摇杆 9、铲斗缸 10、斗杆 11 等，如图 9.6 所示。

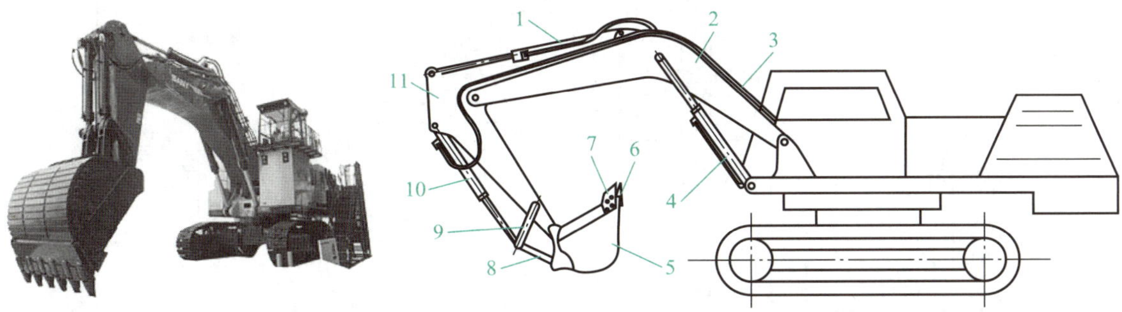

1—斗杆缸；2—动臂；3—液压管路；4—动臂缸；5—铲斗；6—斗齿；7—侧齿；8—连杆；9—摇杆；10—铲斗缸；11—斗杆

图 9.6　挖掘机结构

二、单斗挖掘机液压系统的工作过程及原理

图 9.7 所示为 EX400 型液压挖掘机液压系统图。其动力装置是一台四冲程六缸水冷带涡轮增压器、额定功率为 206 kW 的柴油发动机。挖掘机铲斗容量为 1.82 m^3，整机工作装置包括动臂、斗杆、铲斗、回转及行走机构等。整机的液压系统由各工作装置的液压系统组成，属多泵变量系统。泵组 22 包含三台液压泵，前、后泵为主泵，是恒功率斜轴式轴向柱塞泵，主要用于向各工作装置回路提供压力油；中间是辅助泵，主要用于向各工作装置提供操作控制用液压油。各工作装置液压回路介绍如下。

（一）主泵液压回路

在由两台主泵供油的两组多路换向阀出油口端各设有一个固定节流阀 F、G，它的作用

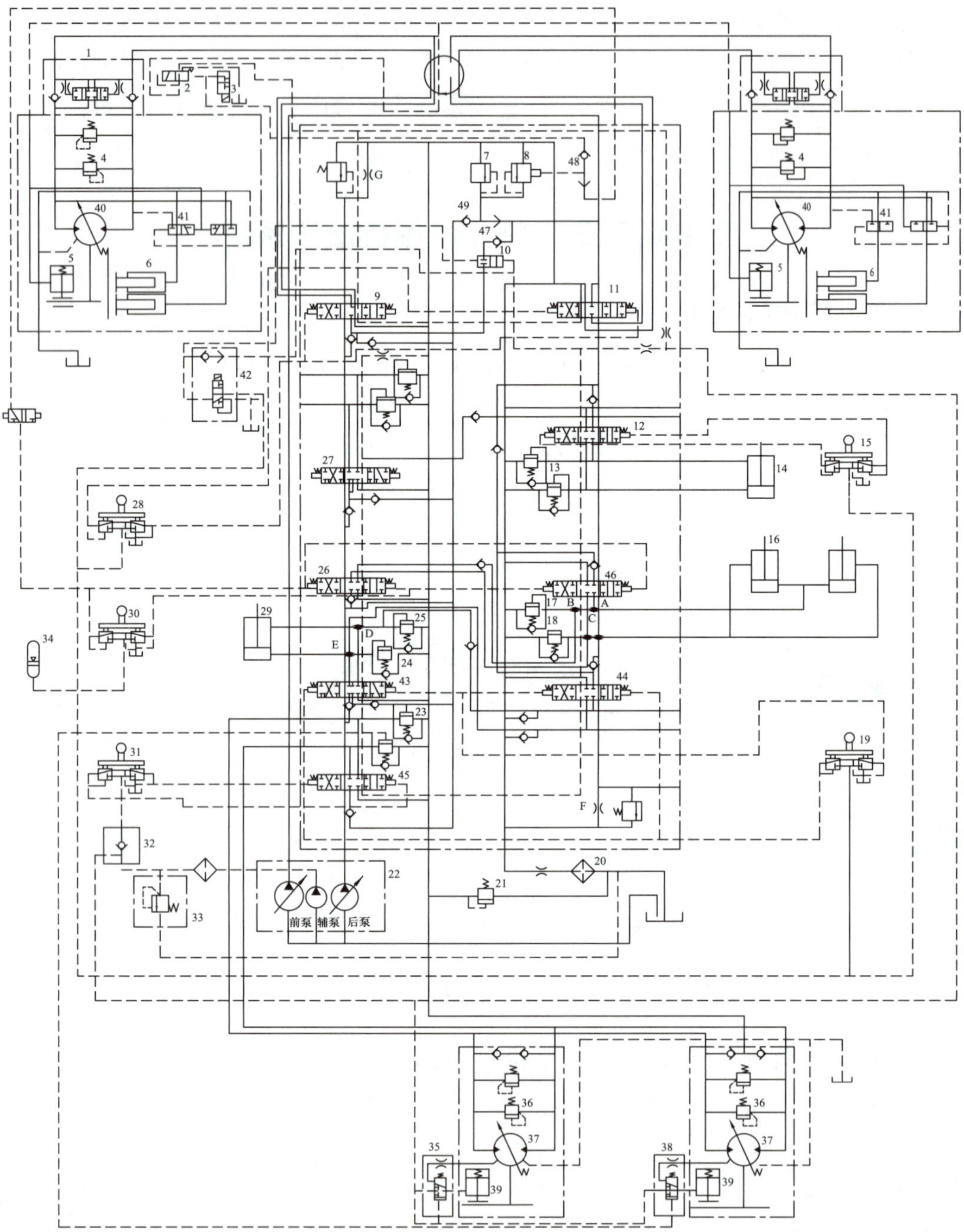

1—平衡阀；2—二位三通液动换向阀；3—二位三通电磁换向阀；4、36—过载阀；5—斜轴式液压马达制动缸；6—斜轴式液压马达转角控制缸；7—高压主安全阀；8—低压主安全阀；9、11、12、26、44、45、46—三位八通液动换向阀；10—液压开关液动换向阀；13、17、18、23、24、25—过载补油阀；14—铲斗缸；15、19、28、30、31—手动减压阀式远控操纵阀；16—动臂缸；20—油温冷却器；21—背压阀；22—泵组（前泵、后泵、辅助泵）；27—三位九通液动换向阀；29—斗杆缸；32、47—单向阀；33—溢流阀；34—蓄能器；35、38—二位三通液动换向阀；37—回转液压马达；39—制动液压缸；40—斜轴式行走液压马达；41—速度调节阀；42—电液换向阀；43—液控三位十通换向阀；48、49—梭阀

图 9.7 EX400 型液压挖掘机液压系统图

是调节液压泵在空载时的流量，使之流量减小。当各换向阀处于中位不工作状态时，由于节流阀节流作用，阀前压力增大；此增大的压力油反馈进入变量泵控制调节缸内，推动调节缸移动，使斜轴式轴向柱塞泵倾斜角变小，从而减少了该泵的输出流量。只有当多路换向阀内任一阀工作时，节流阀前后压差增加不大，不影响或不改变泵的斜倾角，从而使泵输出流量增加，以满足挖掘机各工况的速度要求。

（二）动臂液压回路

动臂的动作由阀 26、46 联合供油，液动换向阀由手动减压阀远控操纵阀 30 控制，其控制油由辅助泵（齿轮泵）供给。当阀 30 向左操纵时，从辅助泵来的操纵压力油经单向阀 32 到达阀 30 及阀 26 的左端、阀 46 的右端，使阀 26 左位工作，阀 46 右位工作。从前泵来的液压油经换向阀 46 到达 A 点，从后泵来的压力油经换向阀 26 到达 B 点，共同流入动臂的无杆腔，使动臂举升，有杆腔的油液分别经阀 26、46 回油箱。同理，当阀 30 向右操纵时，动臂下降。

动臂举升的设定压力由过载补油阀 17 保证，设定压力为 32 MPa；动臂下降的设定压力由过载补油阀 18 保证，设定压力为 30 MPa。

（三）斗杆液压回路

当阀 19 右位工作时，同上述工作原理一样，阀 44 左位、阀 43 右位工作，两主泵压力油在 E 点汇合后进入斗杆缸 29 的无杆腔，斗杆伸出，有杆腔回油经换向阀回油。此工况下过载补油阀 24 的设定压力为 32 MPa。

当阀 19 左位工作时，阀 44 右位、阀 43 左位工作，两主泵压力油在 D 点汇合后进入斗杆缸的有杆腔，斗杆缩回，无杆腔回油经各自换向阀直接回油箱。此工况下过载补油阀 25 的设定压力为 30 MPa。

（四）铲斗液压回路

铲斗液压回路由手动减压阀式远控操纵阀 15、三位八通液动换向阀 12、铲斗缸 14 及前泵等组成。同上述工作原理一样，阀 15 操纵在左、右侧不同位置，阀 12 分别在左位或右位工作，从而使铲斗缸大腔或小腔进油，铲斗即进行挖掘或卸料作业。挖掘时过载补油阀 13 的设定压力为 30 MPa。

（五）回转液压回路

回转液压回路由手动减压阀式远控操纵阀 31、三位八通液动换向阀 45、回转液压马达 37、二位三通液动换向阀 38、制动液压缸 39 及后泵等组成。

当阀 31 处于左、右侧时，阀 45 分别在右位或左位工作，从而使液压马达向左或向右转动。液压马达的过载及真空补油由各自回转液压马达回路上的过载阀 36 及单向阀解决，过载压力设定为 24.5 MPa，两个反向单向阀供真空补油用。

当阀 45 处于中位时，从辅助泵来的压力油流到阀 38 液控端，使阀 38 处于下位工作，此时从辅助泵来的压力油又进入制动液压缸 39 的下腔（有杆腔），压缩制动液压缸上腔（无杆腔）弹簧，活塞上升，从而带动制动机构装置抱紧回转液压马达 37，实现回转液压马达制动，停止运转。当阀 45 处于左或右位工作时，由于阀 38 无控制液压油，阀 38 处于上位工作，制动液压缸处于不制动的放松状态。

（六）行走液压回路

行走液压回路由泵组 22（前泵、后泵、辅助泵）、三位八通液动换向阀 9 和 11、平衡阀 1、过载阀 4、二位三通电磁换向阀 3、二位三通液动换向阀 2、速度调节阀 41、斜轴式行走液压马达 40、斜轴式液压马达转角控制缸 6、斜轴式液压马达制动缸 5、高压主安全阀 7、低压主安全阀 8、梭阀 48 和 49 及手动减压阀式远控操纵阀 28 等组成。

当操纵阀 28 处于左、右不同位置时，阀 9 和 11 也同时处于右、左不同工作位置，后泵和前泵供给的压力油经液动换向阀到达左、右行走液压马达，驱动履带朝前或朝后运动。

行走液压回路中，为了满足限速、平衡、调速、制动等要求，设立了较多的控制阀或阀钮，它们的简要工作原理及作用介绍如下：

为了使行走液压马达能实现限速和真空补油，设有平衡阀 1（含单向阀及液控三位四通平衡阀）；为了能选择回路压力，设有二位三通电磁换向阀 3，以便通过梭阀能实现选择高压主安全阀 7 及低压主安全阀 8 的控制；为了能实现制动液压马达及控制斜轴式行走液压马达的倾斜角，回路中设置了二位三通液动换向阀 2 和速度调节阀 41、斜轴式液压马达制动缸 5 及斜轴式液压马达转角控制缸 6。

整机液压系统内的许多回路，可以实现合流复合操作，它们是：动臂液压回路与斗杆液压回路的合流复合操作；回转液压回路与行走液压回路的合流复合操作：动臂液压回路与行走液压回路的合流复合操作；斗杆液压回路与行走液压回路的合流复合操作；铲斗液压回路与行走液压回路的合流复合操作。

动臂液压回路与斗杆液压回路的合流复合动作是通过手动减压阀式远控操纵阀 30、19 左位，以实现动臂和斗杆的上举及外伸；回转液压回路与行走液压回路的合流复合动作是通过手动减压阀式远控操纵阀 31 的操作，使三位八通液动换向阀 45 处左、右位工作后，可使二位二通液动换向阀 10 右位工作，从而使既要供回转液压回路，又要供左行走液压马达的负荷大的后泵得到了由前泵通过三位八通液动换向阀 9 供给的补充流量；动臂液压回路与行走液压回路的合流复合动作、斗杆液压回路与行走液压回路的合流复合动作以及铲车液压回路与行走液压回路的合流复合动作，其基本工作原理与上述相同。

三、单斗挖掘机液压系统的特点

1）采用节流阀自动调节变量液压泵空载和工作时的流量，使之与工况相适应。

2）通过远控操纵阀与液动换向阀联合控制，实现动臂缸、斗杆缸、铲斗缸及回转马达、行走马达动作，控制灵活方便，主油路可实现大流量。

3）动臂缸、斗杆缸、铲斗缸及回转液压马达、行走液压马达回路分别设置过载补油阀，起到限定压力和过载保护作用。

4）回转液压马达及行走液压马达处设置了制动液压缸，可在液压马达不供油时通过制动装置实现快速停转。

5）利用前、后泵合流，可实现单个执行元件的快速运动或多回路的联合动作。

知识拓展

一、液压系统的安装及调试

（一）液压系统的安装

液压系统安装质量的好坏是关系到液压系统能否可靠工作的关键。须科学、合理、正常地完成安装过程中的每个环节，才能使液压系统正常运行，充分发挥其效能。

1. 安装前的准备工作

1）明确安装现场施工程序及施工进度方案。

2）熟悉安装图样，掌握设备分布及设备基础情况。

3）落实好安装所需人员、机械、物资材料的准备工作。

4）做好液压设备的现场交货验收工作，根据设备清单进行验收。通过验收掌握设备名称、数量、随机备件、外观质量等情况，发现问题及时处理。

5）根据设计图纸对设备基础和预埋件进行检查，对液压设备地脚尺寸进行复核，对不符合要求的地方进行处理，防止影响施工进度。

2. 液压设备的就位

1）液压设备应根据平面布置图对号吊装就位，大型成套液压设备应由里向外依次进行吊装。

2）根据平面布置图测量调整设备安装中心线及标高点，可通过调整安装螺栓旁的垫板，将设备调平找正，达到图纸要求。

3）由于设备相关尺寸存在误差，需在设备就位后进行微调，保证泵吸油管处于水平、正直对接状态。

4）油箱放油口及各装置集油盘放污口的位置应在设备微调时给予考虑，其应处于设备水平状态时的最低点。

5）应对安装好的设备做适当防护，防止现场污染物侵入系统。

6）设备就位并调整完成后，一般需对设备底座下面进行混凝土浇灌，即二次灌浆。

3. 液压管道的安装与要求

1）管道的布置要整齐，油路走向应平直、距离短，直角转弯应尽量少，同时应便于拆装、检修。各平行与交叉的油管间距离应大于 10 mm，长管道应用支架固定。各管接头要紧固可靠，密封良好，不得出现泄漏。

2）吸油管与液压泵吸油口处应涂以密封胶，保证良好的密封；液压泵的吸油高度一般不大于 500 mm；吸油路上应设置过滤器，过滤精度为 0.1～0.2 mm，要有足够的通油能力。

3）回油管应插入油面以下足够的深度，以防油液飞溅形成气泡，伸入油中的一端管口应切成 45°，且斜口朝向箱壁一侧，使回油平稳，便于散热；凡外部有泄油口的阀（如减压阀、顺序阀等），其泄油路不应有背压，应单独设置泄油管通油箱。

4）溢流阀的回油管口与液压泵的吸油管口不能靠得太近，以免吸入温度较高的油液。

5）管路安装完成后要对管道进行酸洗处理。酸洗的目的是通过化学作用将金属管内表面的氧化物及油污除去，使金属表面光滑，保证管道内壁的清洁。

（二）液压系统的调试

液压设备安装合格后，要按实际生产工艺要求对液压系统进行必要的调整试车，使其在满足各项技术参数的前提下，能在重载荷下正常运转。

1. 调试前的准备工作

1）需调试的液压系统须循环冲洗合格。

2）液压驱动的主机设备应全部安装完毕，运动部件状态良好并检查合格。

3）控制液压系统的电气设备及线路应全部安装完毕并检查合格。

4）熟悉调试所需技术文件，如液压系统图、管路安装图、系统使用说明书和系统调试说明书等。根据以上技术文件，检查管路连接是否正确、可靠，选用的液压油是否符合技术文件的要求，油箱内液位是否达到规定高度，根据液压系统图、管路安装图确认各液压元件的安装位置。

5）清除主机及液压设备周围的杂物，调试现场应有明显的安全设施和标志，并由专人负责管理。

6）调试人员应分工明确，统一指挥，对操作人员进行必要的培训，必要时配备对讲机，方便联络。

2. 液压系统调试步骤

（1）调试前的检查

1）根据系统原理图、管路安装图，检查并确认每个液压缸由哪个支路的电磁换向阀操纵。

2）电磁换向阀分别进行空载换向，确认电气动作是否正确、灵活，是否符合动作顺序要求。

3）将泵吸油路、回油路上的截止阀开启，将泵压油口溢流阀及系统中安全阀手柄全部松开，将减压阀置于最低压力位置。

4）流量控制阀置于小开口位置。

5）按照使用说明书要求，向蓄能器内充氮。

（2）启动液压泵

1）用手转动电动机和液压泵之间的联轴器，确认无干涉并转动灵活。

2）点动电动机，以检查电动机转向是否与液压泵转向标志一致，确认后连续点动几次，无异常情况后按下电动机“启动”按钮，液压泵开始工作。

（3）系统排气

启动液压泵后，将系统工作压力调到 1.0 MPa 左右，分别控制电磁换向阀换向，使油液分别循环到各支路中，拧动管道上设置的排气阀，将管道中的气体排出；当油液连续溢出时，关闭排气阀。液压缸排气时可将液压缸活塞杆伸出侧的排气阀打开，电磁换向阀动作，通过活塞杆的运动，将空气挤出，活塞杆运动至终点时，关闭排气阀；打开另一侧排气阀，使液压缸活塞杆退回，排出无杆腔中的空气。重复上述排气方法，直到将液压缸中的空气排净为止。

（4）系统耐压试验

系统耐压试验主要是指现场管路的耐压试验，液压设备的耐压试验应在制造厂进行。对于液压管路，耐压试验的压力应为最高工作压力的 1.5 倍；工作压力≥21 MPa 的高压系统，耐压试验的压力应为最高工作压力的 1.25 倍。如系统自身液压泵可以达到耐压值时，可不必使用电动试压泵。升压过程中应逐渐分段进行，不可一次达到峰值，每升高一级时，应保持几分钟，并观察管路是否正常。试压过程中严禁操纵换向阀。

（5）空载调试

试压结束后，将系统压力恢复到准备调试状态，然后按调试说明书中规定的内容，分别对系统的压力、流量、速度和行程进行调整与设定，可逐个支路按先手动后电动的顺序进行，其中还包括压力继电器和行程开关的设定。手动调整结束后，应在设备机、电、液单独无负载试车完毕后，开始进行空载联动试车。

（6）负载试车

设备开始运行后，应逐渐加大负载，如情况正常，才能进行最大负载试车。最大负载试车成功后，应及时检查系统的工作情况是否正常，对压力、噪声、振动、速度、温升和液位等进行全面检查，并根据试车要求做出记录。

3. 液压系统的验收

液压系统试车过程中，应根据设计内容对所有设计值进行检验，根据实际记录结果判定液压系统的运行状况，由设计、用户、制造厂和安装单位进行交工验收，并在有关文件上签字。

二、液压系统的使用及维护

（一）油液清洁度的控制

油液的污染是导致液压系统出现故障的主要原因。油液污染造成的元件故障占系统总故障率的 70%～80%，它给设备造成的危害是严重的。因此，液压系统的污染控制越来越受到人们的关注和重视。实践证明，提高系统油液清洁度是提高系统工作可靠性的重要途径，必须认真做好油液清洁度的控制。

1. 污染物的来源与危害

液压系统中的污染物，指在油液中对系统可靠性和元件使用寿命有害的各种物质。主要有以下几类：固体颗粒、水、空气、化学物质、微生物和能量污染物等。不同的污染物会给系统造成不同程度的危害。

2. 控制污染物的措施

针对各类污染物的来源采取相应的措施是很有必要的，对侵入系统的污染物主要以预防为主，残留和生成的污染物主要靠滤油过程加以清除。

3. 油液的过滤

在防止污染物侵入油液的基础上，对系统残留和生成的污染物进行强制性清除是非常重要的，而对油液进行过滤是清除油液中污染物最有效的方法。过滤器可根据系统和元件的要求，分别安装在系统不同位置上，如泵吸油管、压力油管、回油管、伺服阀的进油口及系统循环冷却支路上。控制油液中颗粒污染物的数量，是确保系统性能可靠、工作稳定，延长使用寿命最有效的措施。选择过滤器时，应考虑以下方面的问题：

1）过滤精度应保证系统油液能达到所需的清洁度等级。

2）油液通过过滤器所引起的压力损失应尽可能小。

3）过滤器应具有一定纳污容量，防止频繁更换滤芯。

（二）液压系统泄漏的控制

1. 系统泄漏的原因

液压系统泄漏的原因是错综复杂的，主要与振动、温升、压差、间隙和设计、制造、安装及维护不当有关。泄漏可分为外泄漏和内泄漏两种。外泄漏是指油液从元件或管件接口内部向外部泄漏；内泄漏是指元件内部由于间隙、磨损等原因有少量油液从高压腔流到低压腔。外泄漏会造成能源浪费、污染环境、危及人身安全或造成火灾；内泄漏能引起系统性能不稳定，如使压力、流量不正常，严重时会造成停产事故。为控制内泄漏，对元件制造厂家生产的各类元件的出厂试验有严格的标准规定，同时标准对元件的内泄漏作出了详细的评级规定；对于控制外泄漏，常以提高几何精度、表面粗糙度和合理的设计以及正确使用密封件来防止和解决漏油问题。液压系统外泄漏的主要部位及原因可归纳为：

1）管接头和油堵在液压系统中使用较多，在漏油事故中因二者所引起的占比也很高，可达 30%，甚至 40% 以上。

2）元件等接合面的泄漏也是常见的，如板式阀、叠加阀、阀盖板和方法兰等密封形式。

3）轴向滑动表面的漏油是较难解决的。

4）液压泵、马达旋转轴处的漏油。

5）温升发热往往会造成液压系统较严重的泄漏现象。

2. 液压系统防漏与治漏的主要措施

1）尽量减少油路管接头及法兰的数量，在设计中广泛选用叠加阀、插装阀和板式阀，采用集成块组合的形式，减少管路泄漏点，是防漏的有效措施之一。

2）将液压系统中的液压阀安装在与执行元件较近的地方，可以大大缩短液压管路的总长度，从而减少管接头的数量。

3）液压冲击和机械振动直接或间接地影响系统，造成管接头松动，产生泄漏。液压冲击往往是由于快速换向所造成的，因此在工况允许的情况下，尽量延长换向时间，即使用阀芯上设有缓冲槽、缓冲锥体结构或在阀内装有延长换向时间的控制阀。液压系统应远离外界振源，管路应合理设置管夹，泵源可采用减振器、高压胶管、补偿接管或脉动吸收器来消除压力脉动，减少振动。

4）定期检查、维护和及时处理是防止泄漏、减少故障的最基本保障。

（三）液压系统噪声的控制

噪声是公害，它不仅使人感到烦躁，也使大脑产生疲劳，降低工作效率，还会因未及时听清报警信号而造成工伤事故。液压系统产生的噪声对系统本身的工作性能影响较大，它往往与振动同时发生，会造成较严重的压力振摆，致使系统无法正常工作，降低零件的使用寿命。

液压系统产生噪声的因素较多，如冲击噪声、压力脉动噪声、气穴噪声和元件噪声等。在液压系统噪声中，70%左右是由液压泵引起的。液压泵输出功率越大，转速越高或泵内的空气量吸入越多，噪声就越大；液压换向冲击产生的噪声也往往会引起管路振动及油箱的共鸣。采取如下措施可降低液压系统的噪声：

1）设计时选用低噪声泵和元件，降低泵的转速。

2）采用上置式油箱、改善泵吸油阻力，排除系统空气，设置泄荷回路，延长阀的换向时间，使换向阀阀芯带缓冲槽或缓冲锥体结构，采用滤波器，加大管径，设置蓄能器等。

3）采用立式电动机，将液压泵浸入油液中，泵的进、压油口采用橡胶软管连接，泵组下设置减振器，管路中使用管夹，采用隔声、吸声等措施控制噪声的传播。

（四）液压系统的检查和维护

在液压设备中，很多设备会受到不同程度的外界伤害，如风吹、雨淋、烟尘和高热等。为了充分保障和发挥这些设备的工作效能，减少故障，延长使用寿命，应加强设备的定期检查和维护，使设备始终保持在良好的工作状态下。检修液压系统时的注意事项如下：

1）系统工作时、停机未泄荷时或未切断控制电源时，禁止对系统进行检修，防止发生人身伤亡事故。

2）检修现场一定要保持清洁，拆除元件或松开管件前应清除其外表面污染物，检修过程中要及时用清洁的护盖把所有暴露的通道口封好，防止污染物浸入系统，不允许在检修现场进行打磨、施工及焊接作业。

3）检修或更换元件时应保持清洁，不得有砂粒、污垢或焊渣等，可以先漂洗一下，再进行安装。

4）更换密封件时，不允许用锐利的工具，注意不得碰伤密封件或工作表面。

5）拆卸、分解液压元件时要注意零部件拆卸时的方向和顺序并妥善保存，不得丢失，不要将其精加工表面碰伤。装配元件时，各零部件应清洗干净。

6）安装元件时，拧紧力要均匀适当，防止造成阀体变形、阀芯卡死或接合部位漏油。

7）进行油箱内液压油的更换或补充时，应将新油通过高精度过滤器过滤后再注入油箱，液压油牌号应符合系统要求。

8）不允许在蓄能器壳体上进行焊接和加工，维修不当可能造成严重事故，如发现问题应及时送回生产厂修理。

9）检修完成后须对检修部位进行确认，无误后按液压系统调试相关内容进行调整，并观察检修部位，确认正常后，方可投入运行。

三、液压系统的故障排除

（一）液压系统的故障分析方法

由于液压设备由机械、液压和电气等装置组合而成，因此出现的故障也是多种多样的。某一种故障现象可能由许多因素共同影响造成，因此分析液压故障必须能看懂液压系统图，对系统中各元件的作用有一个大致的了解，然后根据故障现象进行分析与判断，针对多因素引起的故障原因需逐一分析，抓住主要矛盾，才能较好的解决和排除。液压系统中液压油在元件和管路中的流动情况，外界是很难了解的，给分析与诊断带来了较多困难，因此要求技术人员具备较强分析、判断故障的能力，能在机械、液压和电气诸多复杂的关系中找出故障原因和部位并及时、准确加以排除。

1. 简易故障诊断法

简易故障诊断法是目前采用最普遍的故障分析方法，它是靠技术人员凭个人的经验，利用简单仪表，根据液压系统出现的故障，客观的采用问、看、听、摸、闻等方法了解系统工作情况，进行分析、诊断并确定产生故障的原因和部位，具体做法如下：

1）询问设备操作人员，了解设备运行状况。包括液压系统工作是否正常；液压泵有无异常现象；液压油检测清洁度的时间及结果；滤芯清洗和更换情况；发生故障前是否对液压元件进行了调节；是否更换过密封件；故障前后液压系统出现过哪些不正常现象；过去该系统出现过什么故障，是如何排除的等，需逐一进行了解。

2）看液压系统工作的实际状况，观察系统压力、速度、油液、泄漏和振动等是否存在问题。

3）听液压系统的声音，如冲击声、泵的噪声及异常声，判断液压系统工作是否正常。

4）摸温升、振动、爬行及连接处的松紧程度，判定运动部件工作状态是否正常。

简易故障诊断法是一个简单的定性分析，对快速判断和排除故障具有较广泛的实用性。

2. 液压系统图分析法

液压系统图分析法是根据液压系统图分析液压系统故障，找出故障产生的部位及原因，并提出排除故障的方法。它是目前应用最为普遍的方法，它要求技术人员具有一定液压知识基础并能看懂液压系统图，掌握各图形符号所代表元件的名称、功能，对元件的原理、结构及性能有一定的了解，然后结合电磁铁动作循环表分析、判断故障就很容易了。所以认真学习液压基础知识，掌握液压系统图是故障诊断与排除最有力的助手，也是其他故障分析法的基础。

3. 其他分析法

近年来，随着液压系统向大型化、连续生产及自动控制方向的发展，又出现了多种现代故障分析方法。如铁谱诊断，可从油液中分离出来的各种磨粒的数量、形状、尺寸、成分以及分布规律等情况，及时、准确地判断出系统中元件的磨损部位、形式和程度等；而且可对液压油进行定量的污染分析和评价，做到在线检测和故障预防。再如，基于人工智能的专家诊断系统，它通过计算机模仿在某一领域内专家解决问题的方法，将故障现象通过人机接口输入计算机，计算机根据输入的现象以及知识库中的知识，可推算出引起故障的原因，然后通过人机接口输出该原因，并提出维修方案或预防措施。这些方法给液压系统故障诊断带来广阔的前景，为液压系统故障诊断自动化奠定了基础。

（二）液压系统常见故障及排除方法（表 9-6）

表 9-6　液压系统常见故障及排除方法

故障现象	产生原因	排除方法
系统中压力不足或完全没有压力	检查液压泵是否存在如下问题： 1）转向错误； 2）吸油或压油管泄漏； 3）液压泵零件磨损或损坏	1）改正转向； 2）保证接合处密封； 3）修复或更新元件
	检查溢流阀是否存在如下问题： 1）压力调整错误； 2）溢流阀被污染物卡住不能关闭； 3）弹簧变形或折断	1）调整正确； 2）清洗干净，使阀芯动作灵活； 3）更换弹簧
	检查液压缸是否存在如下问题： 1）密封间隙过大； 2）密封圈损坏	1）修配活塞； 2）更换密封圈
	检查压力表是否失灵	更换压力表
	检查蓄能器，确认其中的空气是否已泄漏	修复漏气处，充气

续表

故障现象	产生原因	排除方法
系统中压力不足或完全没有压力	油路集成块开孔有误	检查、修理油路集成块
	油液通过系统内的某个阀返回油箱	检查各阀的动作，改正不良工作状况
工作机构运动速度不够或完全不动	液压泵供油不足： 1）泵转向错误； 2）泵转速不足	1）改正转向； 2）增加转速
	液压泵吸油不足： 1）吸油管或吸油过滤网堵塞； 2）吸油管密封不好； 3）泵安装位置过高； 4）油液黏度过高； 5）油箱内液面过低	1）清除堵塞； 2）检查管道连接部分，清除泄漏； 3）降低安装高度； 4）降低油液黏度； 5）加油至适当的液面高度
	变量泵流量调整太小	调整变量机构，增大流量
	液压泵内部机构磨损或损坏	修理或更换零件
系统产生噪声和振动	液压泵故障： 1）齿轮泵的齿形精度不够高； 2）叶片泵的叶片配合不良； 3）柱塞泵柱塞移动不灵或被卡死	1）修复或更换零件； 2）修复或更换零件； 3）修复或更换零件
	液压泵吸空： 1）补油泵供油不足； 2）泵吸油口管路漏气； 3）吸油管浸入油面太少； 4）泵吸油高度过高； 5）过滤器堵塞或通流截面面积过小； 6）油箱中的油液不足； 7）油液黏度过大	1）检查补油泵； 2）拧紧吸油口螺母； 3）吸油口应浸入油箱 2/3 处； 4）高度应小于 500 mm； 5）经常清洗过滤器或增大通流截面面积； 6）加油； 7）降低油液黏度
	溢流阀动作失灵： 1）阻尼孔被堵塞； 2）弹簧变形、卡死或损坏； 3）阀座损坏，配合间隙不合适	1）清洗，换油； 2）更换弹簧； 3）修研阀座
	机械振动： 1）油管振动； 2）油管互相碰击； 3）液压泵与电动机安装不同轴； 4）液压泵和电动机的振动引起共振； 5）系统进入空气	1）适当加设支承； 2）将碰击油管分开； 3）重新安装联轴器，保证同轴度不小于 0.1 mm； 4）平衡各运转部件； 5）排除系统内的空气
工作机构产生爬行现象	空气进入系统： 1）液压泵吸空； 2）液压缸两端油封不严密	1）见液压泵吸空排除方法； 2）调整油封，或拧紧液压缸两端螺母

续表

故障现象	产生原因	排除方法
工作机构产生爬行现象	液压组件故障： 1）节流阀性能不好，最小流量不稳定； 2）板式阀内部串腔； 3）液压缸拉毛	1）更换节流阀； 2）检修、排除故障； 3）修磨液压缸
	导轨精度不够，局部阻力变化大，接触不良，油膜不易形成	恢复导轨规定精度
	油液不干净	保持系统清洁，换油
	回油无背压	增加回油背压
液压系统中的油温过高	系统工作压力调整不当，比实际需要的高得多	合理调整系统工作压力
	泵与阀漏损多，容积损失大	修理泄漏处，严防泄漏
	泵、阀运动部件机械摩擦生热	改善润滑条件，注意加工精度
	1）油箱容积小，散热差； 2）油箱内油量不足	1）加大油箱容积，改善散热条件； 2）加油
	1）冷却器容量不足； 2）冷却水量不足	1）加大冷却器； 2）加大冷却水量
	加热器工作不良引起发热	检修加热器
	管路的阻力大	采用适当的管径
	周围温度高，由其他热源传来的辐射热	减少或隔离外界热源

巩固与提高

一、填空题

1. 液压系统试车过程中，应根据 ____________ 对所有设计值进行检验，根据液压系统的运行状况，由 ____________ 、____________ 、____________ 、____________ 进行交工验收，并在有关文件上签字。

2. 液压系统中的污染物，指在油液中对系统 ____________ 和 ____________ 有害的各种物质，主要有以下几类：____________ 、____________ 、____________ 、____________ 、____________ 和 ____________ 等。

3. 简易故障诊断法是靠技术人员凭 ____________ ，利用 ____________ 根据液压系统出现的故障，客观地采用 ____________ 、____________ 、____________ 、____________ 、____________ 等方法了解系统工作情况，进行分析、诊断、确定产生故障的原因和部位。

二、判断题

1. 液压系统安装质量的好坏是关系到液压系统能否可靠工作的关键。 (　　)
2. 液压系统调试前流量控制阀应置于大开口位置。 (　　)
3. 油液的污染是导致液压系统出现故障的主要原因。 (　　)

三、分析题

图 9.8 所示的液压系统可实现“快进—工进—快退—原位停止”工作循环，分析并回答以下问题：

（1）写出元件 2、3、4、7、8 的名称及其在系统中的作用；

（2）列出电磁铁动作顺序表（通电用“+”表示；断电用“−”表示）；

（3）分析系统由哪些液压基本回路组成；

（4）写出快进时的主油路线。

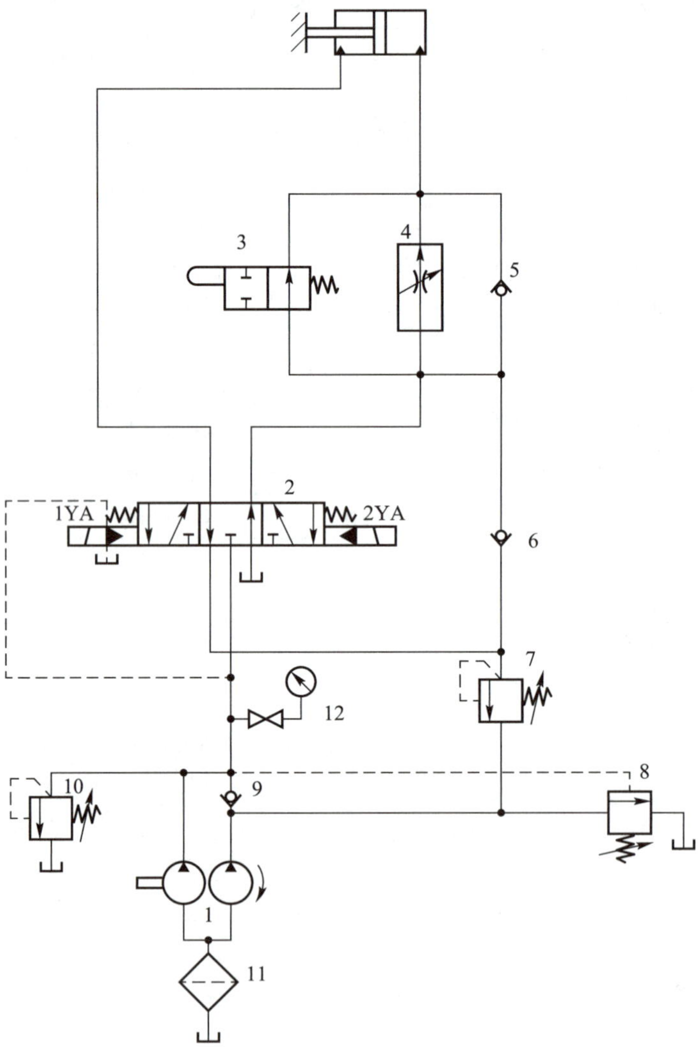

图 9.8　液压系统图

职业与素养——液压系统故障诊断

液压系统故障诊断是一项复杂而关键的工作，需要综合运用多种技能和方法。技术人员要通过对系统的运行状况、压力变化、噪声异常等方面的观察和分析，判断可能出现故障的部位和原因。同时，还要结合相关的测试数据和经验进行推理和判断，逐步缩小故障范围，最终准确找出故障点并采取有效的措施排除故障。

液压系统故障诊断技术人员需要具备以下专业技能：

1）熟悉液压系统结构：了解各种液压元件的原理、功能和位置。

2）掌握液压系统图：能准确解读液压系统图。

3）掌握液压测试技术：熟练使用各种测试仪器和工具，如压力表、流量计等。

4）掌握故障排查方法：如观察法、听诊法、测量法等。

5）元件维修与更换：具备对液压元件进行维修和更换的能力。

6）系统调试能力：能够对修复后的液压系统进行调试和优化。

在实际工作中，技术人员还需要不断学习和积累经验，提升自己的专业水平，以应对各种复杂的液压故障情况。

附录 常用液压元件图形符号（摘自 GB/T 786.1—2021）

附表 1 基本符号、管路及连接

名称	图形符号	名称	图形符号
供油管路、回油管路、元件框线、符号框线	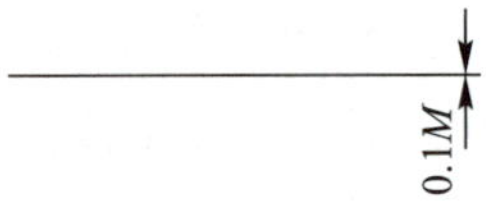	弹簧（缸用）	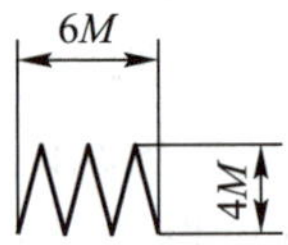
内部和外部先导（控制）管路、泄油管路、冲洗管路、排气管路		流体管路中的堵头	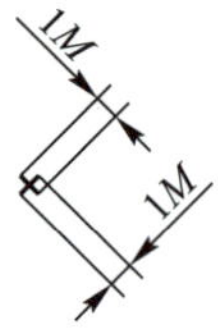
两条管路的连接应标出连接点	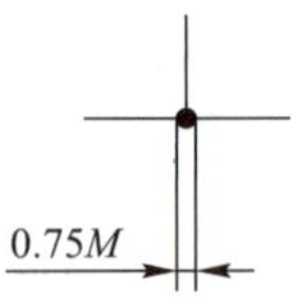	旋转连接	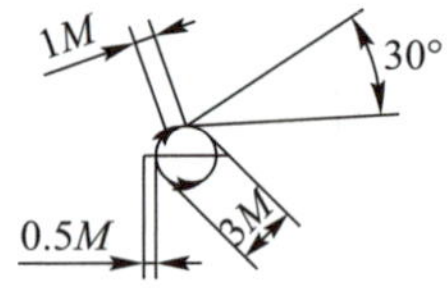
两条管路交叉但没有连接点		三通旋转式接头	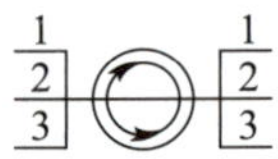
软管总成		液压油源	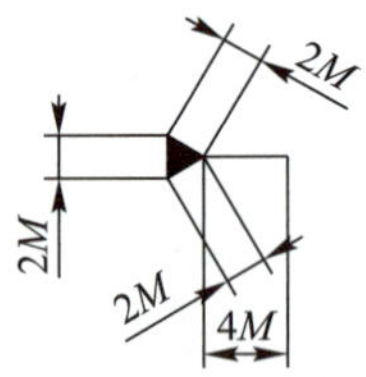
快换接头（带有两个单向阀，上图为断开状态，下图为连接状态）	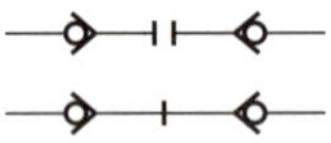	快换接头（不带有单向阀，上图为断开状态，下图为连接状态）	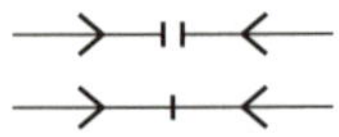
可调节（节流）	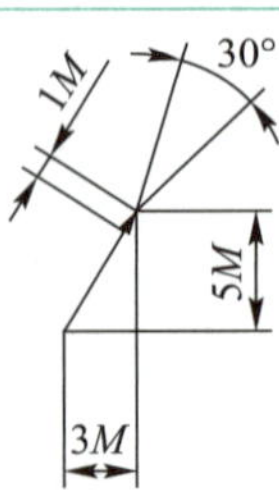	可调节（泵/马达）	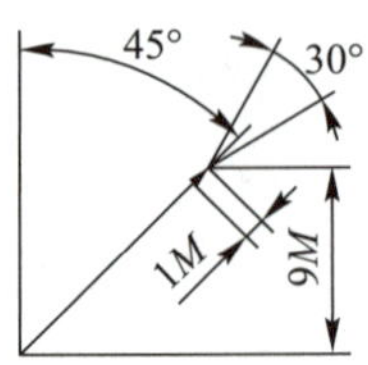

附表 2 控制机构和控制方法

名称	图形符号	名称	图形符号
带有可拆卸把手和锁定要素的控制机构	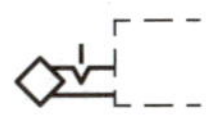	带有可调行程限位的推杆	
带有定位的推 / 拉控制机构	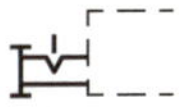	用于单向行程控制的滚轮杠杆	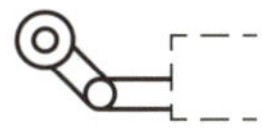
带有一个线圈的电磁铁（动作指向阀芯，连续控制）		带有一个线圈的电磁铁（动作指向阀芯）	
带有两个线圈的电气控制装置（一个动作指向阀芯，另一个动作背离阀芯）		带有一个线圈的电磁铁（动作背离阀芯）	
外部供油的电液先导控制机构	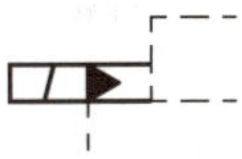	带有两个线圈的电气控制装置（一个动作指向阀芯，另一个动作背离阀芯，连续控制）	
外部供油的带有两个线圈的电液两级先导控制机构（双向工作，连续控制）	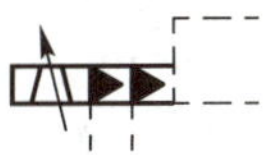	使用步进电动机的控制机构	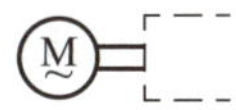
泵的驱动轴位于左边（首选位置）或右边，且可延伸 2M 的倍数	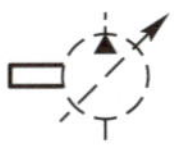	电动机的轴位于右边（首选位置）或左边	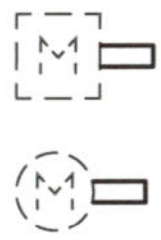

附表 3 液压泵、液压马达和液压缸

名称	图形符号	名称	图形符号
定量泵 / 马达（顺时针单向旋转）	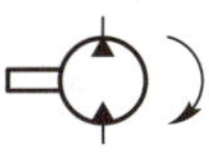	变量泵（顺时针单向旋转）	
变量泵（双向流动，带有外泄油路，顺时针单向旋转）	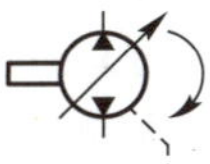	变量泵 / 马达（双向流动，带有外泄油路，双向旋转）	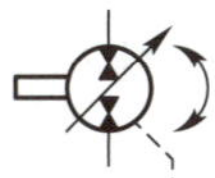
摆动执行器 / 旋转驱动装置（带有限制旋转角度功能，双作用）	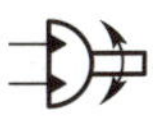	静液压传动装置（简化表达）泵控马达闭式回路驱动单元（由一个单向旋转输入的双向变量泵和一个双向旋转输出的定量马达组成）	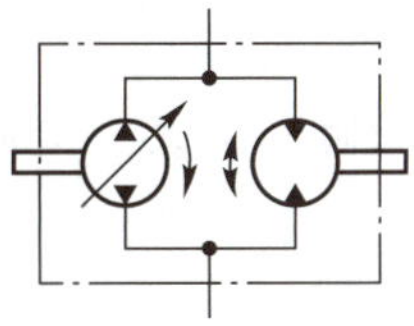
单作用单杆缸（靠弹簧力回程，弹簧腔带连接油口）		双作用单杆缸	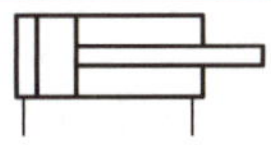
双作用双杆缸（活塞杆直径不同，双侧缓冲，右侧缓冲带调节）	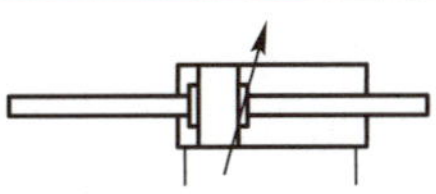	单作用柱塞缸	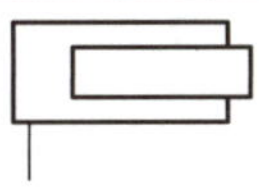
单作用多级缸	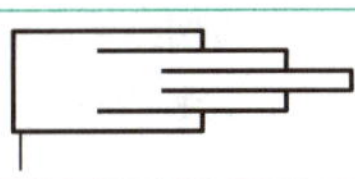	双作用多级缸	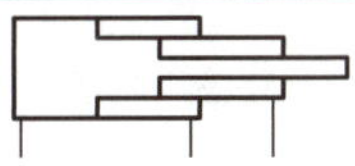

附表 4 液 压 阀

名称	图形符号	名称	图形符号
单向阀（只能在一个方向自由流动）		单向阀（带有弹簧，只能在一个方向自由流动，常闭）	
液控单向阀（带有弹簧，先导压力控制，双向流动）	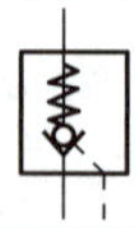	梭阀（逻辑为“或”，压力高的入口自动与出口接通）	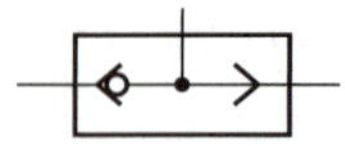
二位二通方向控制阀（双向流动，推压控制，弹簧复位，常闭）	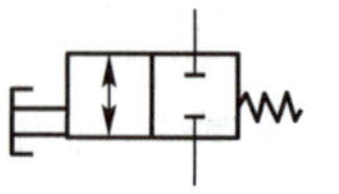	二位二通方向控制阀（电磁铁控制，弹簧复位，常开）	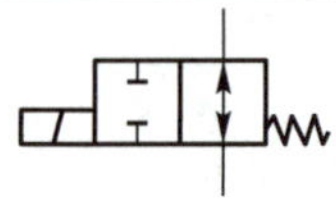
二位四通方向控制阀（电磁铁控制，弹簧复位）		二位三通方向控制阀（单向行程的滚轮杠杆控制，弹簧复位）	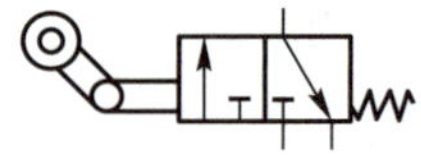
二位三通方向控制阀（单电磁铁控制，弹簧复位，手动越权锁定）	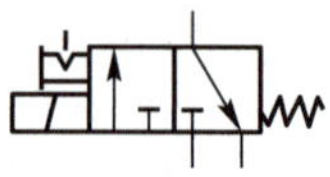	二位四通方向控制阀（单电磁铁控制，弹簧复位，手动越权锁定）	
二位四通方向控制阀（电液先导控制，弹簧复位）	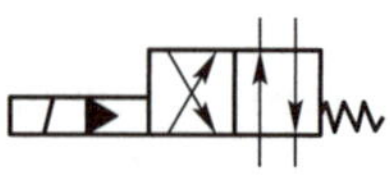	三位四通方向控制阀（电液先导控制，先导级电气控制，主级液压控制，先导级和主级弹簧对中，外部先导供油，外部先导回油）	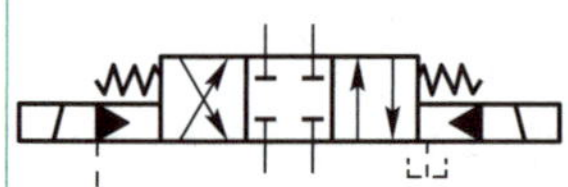
二位四通方向控制阀（液压控制，弹簧复位）	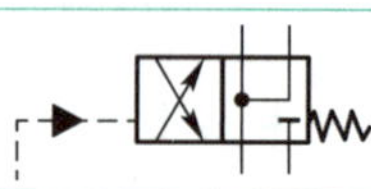	三位四通方向控制阀（液压控制，弹簧对中）	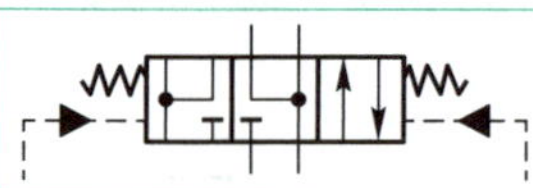
溢流阀（直动式，开启压力由弹簧调节）	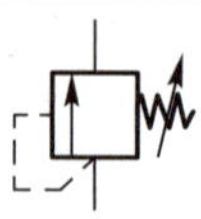	二通减压阀（直动式，外泄型）	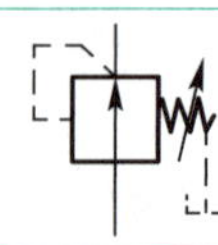
二通减压阀（先导式，外泄型）	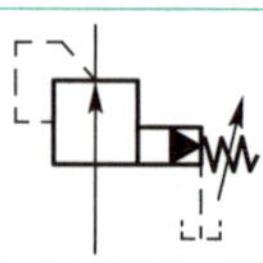	三通减压阀（超过设定压力时，通向油箱的出口开启）	
顺序阀（直动式，手动调节设定值）		顺序阀（带有旁通单向阀）	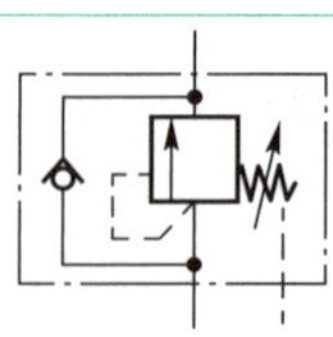
节流阀		单向节流阀	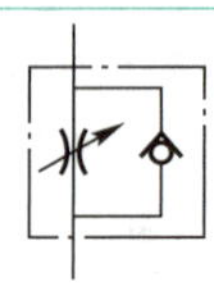
分流阀（将输入流量分成两路输出流量）	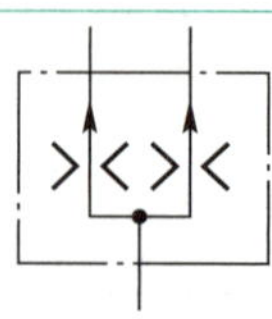	集流阀（将两路输入流量合成一路输出流量）	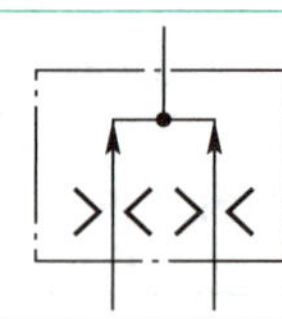

附表 5　液压辅助元件

名称	图形符号	名称	图形符号
液位指示器（油标）		过滤器	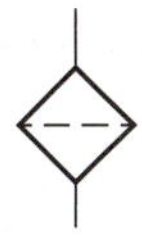
转速计	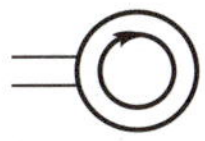	不带有冷却方式指令的冷却器	
采用液体冷却的冷却器	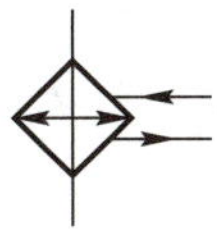	采用电风扇冷却的冷却器	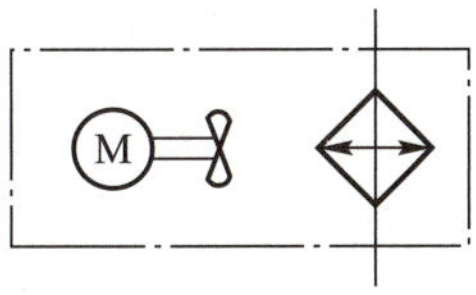
扭矩仪	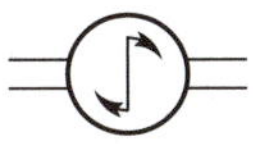	加热器	
压力表		温度调节器	
压差表		气囊式蓄能器	
温度计		流量计	
压力开关（机械电子控制，可调节）	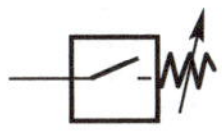	电调节压力开关（输出开关信号）	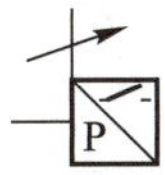

参考文献

［1］ 张兴军，吴晓路. 液压传动［M］. 北京：高等教育出版社，2012.

［2］ 李会清，李芝. 液压传动［M］. 3版. 北京：机械工业出版社，2020.

［3］ 单淑梅，孟宪臣. 液压与气压传动［M］. 长春：吉林大学出版社，2017.

［4］ 黄志坚. 液压故障速排方法、实例与技巧［M］. 北京：化学工业出版社，2019.

［5］ 车君华，李莉，商义叶. 液压与气压传动项目化教程［M］. 北京：北京理工大学出版社，2019.

［6］ 王秋敏，赵秀华. 液压与气压传动［M］. 北京：北京理工大学出版社，2021.

［7］ 田长留，王兴，刘江波. 液压与气压传动［M］. 哈尔滨：哈尔滨工程大学出版社，2020.

［8］ 石金艳，谢永超. MJ-50数控车床液压系统液压泵故障分析［J］. 机械工程与自动化，2013，(2)：126-127.

郑重声明

高等教育出版社依法对本书享有专有出版权。任何未经许可的复制、销售行为均违反《中华人民共和国著作权法》，其行为人将承担相应的民事责任和行政责任；构成犯罪的，将被依法追究刑事责任。为了维护市场秩序，保护读者的合法权益，避免读者误用盗版书造成不良后果，我社将配合行政执法部门和司法机关对违法犯罪的单位和个人进行严厉打击。社会各界人士如发现上述侵权行为，希望及时举报，我社将奖励举报有功人员。

反盗版举报电话 （010）58581999 58582371

反盗版举报邮箱 dd@hep.com.cn

通信地址 北京市西城区德外大街4号
高等教育出版社知识产权与法律事务部

邮政编码 100120

读者意见反馈

为收集对教材的意见建议，进一步完善教材编写并做好服务工作，读者可将对本教材的意见建议通过如下渠道反馈至我社。

咨询电话 400-810-0598

反馈邮箱 gjdzfwb@pub.hep.cn

通信地址 北京市朝阳区惠新东街4号富盛大厦1座
高等教育出版社总编辑办公室

邮政编码 100029

授课教师如需获得本书配套教辅资源，请登录“高等教育出版社产品信息检索系统”（https://xuanshu.hep.com.cn/）搜索下载，首次使用本系统的用户，请先进行注册并完成教师资格认证。